VPD 调控温室 SPAC 系统水分运移机制与蔬菜作物生产力研究

李建明　张大龙　杜清洁　焦晓聪　张嘉宇　著

科 学 出 版 社

北 京

内 容 简 介

水汽压亏缺（VPD）可以用来表征空气的干燥程度，是影响植物生长发育的重要环境因素之一。本书汇编了笔者课题组近7年来的研究成果，总结了VPD调控在温室蔬菜作物环境调控中的作用与意义；阐述了土壤–植物–大气连续体（SPAC）在温室水分调控中的影响及VPD调控水分传输的动力学机制；解析了植物器官解剖结构、CO_2传输通道、光合作用、营养元素吸收及CO_2耦合效应对VPD调控的响应；同时，通过构建有关的温室水分传输模型，进一步对VPD与温室内各环境因子的关系进行了深入探讨。相关研究成果可为温室蔬菜作物水分科学管理提供一定的理论与技术支撑。

本书适合从事设施农业工程、农田水利、园艺作物栽培等研究领域的大专院校师生、科研工作者、技术推广人员阅读、参考。

图书在版编目（CIP）数据

VPD调控温室SPAC系统水分运移机制与蔬菜作物生产力研究/李建明等著 . 一北京：科学出版社，2022.1
ISBN 978-7-03-070858-8

Ⅰ.① V… Ⅱ.①李… Ⅲ.①蔬菜–温室栽培 Ⅳ.① S626.5

中国版本图书馆 CIP 数据核字（2021）第 269900 号

责任编辑：陈 新 尚 册／责任校对：宁辉彩
责任印制：吴兆东／封面设计：无极书装

科学出版社 出版
北京东黄城根北街 16 号
邮政编码：100717
http://www.sciencep.com

北京中科印刷有限公司 印刷
科学出版社发行 各地新华书店经销

*

2022 年 1 月第 一 版 开本：720×1000 1/16
2022 年 1 月第一次印刷 印张：17
字数：343 000

定价：268.00 元
（如有印装质量问题，我社负责调换）

第一作者简介

李建明　博士，西北农林科技大学三级教授、博士生导师，国家大宗蔬菜产业技术体系岗位专家，陕西省蔬菜产业技术体系首席科学家，中国设施园艺科技与产业创新联盟副秘书长，全国蔬菜质量标准中心专家委员会委员，全国农业机械化产业联盟专家委员会委员，中国园艺学会设施园艺分会常务理事，陕西省园艺学会常务理事，杨凌设施农业协会理事长，西北农林科技大学延安蔬菜试验站首席专家，西北农林科技大学青海乐都现代设施农业试验站首席专家，先后获评杨凌优秀青年、陕西省青年突击手等荣誉称号。

　　主要从事设施蔬菜生理生态、设施农业环境工程、蔬菜有机栽培、现代设施农业园区规划等方面的研究工作。在新型温室大棚设计与新能源利用、温室蔬菜灌溉制度、设施蔬菜水肥需求机制及温室作物生长模型方面进行了大量的研究工作。从生理学和环境工程角度研究提出了温室番茄、辣椒、黄瓜不同生长时期的灌溉指标。在蔬菜作物水分生理研究的基础上，进行了温室甜瓜光、温、水驱动的生长发育模拟模型的研究，VPD 与蔬菜作物水分消耗机制的研究，探明了温室温、光、水综合影响的相关作用。在蔬菜作物有机栽培方面，主要进行有机营养液及有机无土栽培技术的研究。主持完成国家自然科学基金面上项目、国家科技支撑计划项目、948 项目、星火计划和国家 863 计划子课题及陕西省科技统筹创新工程计划项目等各类课题 40 余项。获得国家专利授权 16 项，获得陕西省科学技术进步奖一等奖 2 项（排名分别为第一、第二），全国农牧渔业丰收奖一等奖 1 项（排名第一），陕西省科学技术推广奖一等奖 1 项（排名第一）、二等奖 2 项（排名均为第二），国家级教学成果奖二等奖 1 项（排名第二），陕西省教学成果奖一等奖 1 项、二等奖 2 项（排名均为第二）。在《农业工程学报》《农业机械化学报》《中国农业科学》《生态学报》《应用生态学报》及 Journal of Experimental Botany、Agricultural Water Management、Scientia Horticulture、BMC Plant Biology 等国内外学术期刊上发表论文 140 余篇，编撰学术著作 3 部，主编《高级设施农业环境工程学》、《设施农业概论》、《设施农业实践与实验》（普通高等教育"十二五"规划教材）等 4 部教材，参编国家级规划教材 6 部，编写科技类图书 13 部。

序

设施农业是我国现代农业发展的重要标志，为菜篮子供应、农业增效、农民增收发挥了重要作用。设施农业是一种可控农业，也称为环境调控农业，所以环境调控是设施农业的核心技术。环境是影响作物产量、品质及经济效益的主要因素，人们不断综合利用现代工程技术和信息技术调控改善温室内部环境，为作物生长提供最适宜的条件。因此，温室环境的最优调控是设施农业高产优质栽培的重要措施。研究分析设施温度、湿度、光照、水肥和空气 CO_2 浓度等与作物相互耦合及互作关系是设施农业智能化管理的重要内容。这些基础性的研究对我国设施蔬菜作物环境精准化管理将起到极大的推动作用。

水汽压亏缺（VPD）是温室环境的重要因子，是土壤-植物-大气连续体（SPAC）的稳定驱动力，对植物的生理代谢和物质运输过程至关重要。VPD 调控会影响系统中的水分运输，进而决定作物的蒸腾规律和生长发育，对蔬菜光合作用、CO_2 耦合效应、营养元素吸收、蔬菜水分利用效率及产量均有显著影响。VPD 调控温室 SPAC 系统水分运移机制与蔬菜生产力的研究是一项十分复杂的系统工程，其理论研究相对薄弱。该专著从蔬菜生理生态、水分传输动力、器官解剖结构、环境因子互作等方面较为全面地阐明了 VPD 调控温室作物水分运移的机制，明确了水分传输阻力产生的主要因素及其对光合作用和主要营养元素吸收运输的机制。

作为国家大宗蔬菜产业技术体系岗位专家、陕西省蔬菜产业技术体系首席科学家，李建明教授带领科研团队长期开展设施蔬菜作物水分生理的研究与应用，在 VPD 调控温室 SPAC 系统水分运移机制与蔬菜作物生产力方面开展了大量研究，积累了丰富的实验数据，在温室 VPD 调控这个新领域取得了较为系统和全面的研究成果。全书为广大科研工作者提供了该领域新颖的研究思路、研究方法，对推进中国设施园艺水分环境精准调控起到了一定的技术支撑作用。

该专著系统介绍了 VPD 调控温室 SPAC 系统水分运移的相关机制，从水分运输与蒸腾、植物光合作用、叶片解剖结构、气孔导度、叶肉导度、CO_2 耦合效应、营养元素吸收、土壤水分胁迫、蔬菜作物水分利用效率及产量等多个方面，较为全面系统地总结了 VPD 对温室蔬菜作物环境调控的作用和意义，全书通俗易懂、内容新颖、思路清晰，是一本值得一读的学术著作。

是为序，祝贺该专著的出版，相信这本书将对全面提升温室水分和环境科学管理起到积极的作用，并将推动设施农业产业的进步。

邹学校

中国工程院院士

2021 年 5 月

前　　言

　　设施农业是人类实现人工较大幅度地调控作物生长环境的重要措施，而环境是影响农作物生长发育、产量和品质的重要因素，所以温室环境调控是温室生产的关键。在温室环境调控中，人们综合利用现代工程技术和信息技术调控改善温室内部环境，为作物生产提供最适宜的温度、湿度、光照、水肥和空气 CO_2 浓度等生长条件，从而实现作物品质的提升及产量和经济效益的提高。水分是最重要的环境因素之一，对植物的生理代谢和物质运输过程至关重要。大气的水分状态常用外界水汽压亏缺（VPD）来表示，VPD 是指在一定温度下饱和水汽压与空气中实际水汽压之间的差值，可以较为直观地反映空气中水分亏缺的程度。在我国西北地区，晴天 9:00 ～ 17:00 温室内 VPD 一般在 2 ～ 5kPa，最高可达 8kPa，而适宜大部分作物生长的最优 VPD 在 0.5 ～ 1.5kPa。因此，VPD 的最优调控是实现温室环境最优管理和设施农业高产优质栽培的关键因素之一。

　　现代农业水分循环研究是以连续的、系统的、动态的、定量的方式为基础，把土壤、植物、大气作为一个物理连续体（即 SPAC 系统），研究水分从根系吸收到地上木质部运输，再到叶片气孔蒸腾，最后进入大气的水分传输过程；而水分动态运输的复杂性表现在多层次方面，系统外部环境条件多变，系统内部的结构与层次是可以分解和划分的，而且都是开放系统，互相之间存在着频繁的物质交换与能量交换。对于温室生产，SPAC 系统有独特的封闭或半封闭特点，且环境具有可控性，水分运输机制与自然环境下有很大不同。VPD 调控是 SPAC 系统的驱动力，通过影响系统中的水分运输，进而决定作物的蒸腾规律和生长发育。为促进水分在 SPAC 系统中的良性循环转化与高效利用，必须开展温室 VPD 驱动的水分运移过程和定量描述运动过程的研究，探索水分循环过程与蔬菜生产力耦合过程及其机制，这无疑有助于加强对植物生命活动的完整描述和理解，可以为设施园艺栽培提供新的理论支撑。VPD 调控温室 SPAC 系统水分运移机制与蔬菜生产力的研究，不仅是对水文循环理论的新发展，而且是将水文学理论应用于设施园艺环境主动调控与精准调控的重要进展和开拓。

　　本书主要介绍了 VPD 调控对温室蔬菜环境调控的作用与意义；以 SPAC 系统为主线，系统解析了 VPD 调控对蔬菜水分吸收、运输与蒸腾的影响，观察并分析了水分运输途径、器官解剖结构的变化；阐述了 VPD 变化对蔬菜光合作用、CO_2 耦合效应、营养元素吸收、土壤水分胁迫、蔬菜水分利用效率及产量的影响机制。同时，运用物理动力学方法、数学方法分别分析了水分运输动力与环境条件变化的关系、器官解剖结构变化与环境条件变化的关系；通过将土壤、植物、大气作为一个物理连续体，构建了一系列温室环境因子驱动的作物水分运移变化的模型；综合分析了土壤和大气环境与植物茎流、光合速率、养分吸收、干物质积累的关系，明确了水分传输阻力产生的主要因素及其对光合作用、主要营养元素吸收与运输的影响机制。研究揭示了调控大气 VPD 提高蔬菜水分吸收与运输的生物学动力机制，为温室环境蔬菜水分的科学管理提供理论依据。

VPD 调控温室 SPAC 系统水分运移机制与蔬菜生产力的研究是一项十分复杂的系统工程，本书系统梳理了课题组近年来在该方面研究的初步成果，对某些问题的探索和理解还有待深入，以本书抛砖引玉，希望能够给广大科研工作者提供一些创新研究思路，共同推进中国设施园艺产业更好更快发展。在查阅文献、会议访谈、科学合作等过程中，我们受到多位专家、学者的教诲与启示，在此，一并致谢！

尽管我们力求完美，但是由于我们知识水平、研究能力的限制，书中不足之处恐难避免，恳请各位读者批评指正。

李建明

2021 年 3 月

目　　录

第一章 温室环境水分调控的机制与意义

【导读】本章主要介绍了 SPAC 系统的概念与系统构成，SPAC 系统中水分运输的动力作用与影响，SPAC 系统在水分传输理论中的应用；阐述了 SPAC 系统在环境调控中的作用，介绍了温室环境水分调控的研究进展、主要问题及未来展望；阐述了通过环境调控协同提升温室系统内水分利用效率与作物生产力的理论基础，探讨了温室水资源高效利用的途径及其需要研究的主要技术问题。

第一节 SPAC 系统的概念及其作用

一、SPAC 系统的概念与特点

水分由土壤经过植物进入大气，是一个统一的动态过程，即土壤–植物–大气连续体（soil-plant-atmosphere continuum，SPAC）水分运移过程。Philip（1966）提出了较完整的关于 SPAC 系统的概念。在 SPAC 中，水分逆着水势梯度传输，其水流路径：由土壤到达植物根系表面，由根表面穿过表皮、皮层、内皮层进入根木质部，由根木质部进入植物茎，经茎木质部到达叶片，在叶气孔腔内汽化，由叶气孔或角质层扩散到宁静空气层，最后参与大气的湍流交换，形成一个统一的、动态的、互相反馈的连续系统，即 SPAC 系统（康绍忠和刘晓明，1993）。尽管系统介质不同、界面不一，但在物理上都是一个统一的连续体。水在该系统中的各种流动过程就像连环一样，互相衔接，而且完全可以用统一的能量指标——水势来定量研究整个系统中各个环节的能量水平的变化。SPAC 系统水分传输理论的分析有利于进一步探明连续体内的水分运移机制和水分运转的定量关系，以及连续体内水分运移的调控机制，促进该系统中水分和能量的良性运转，并为农田灌溉提供一种定量解决作物与水分的环境关系问题的现实途径。水分从土壤进入根系，经过茎秆到达植物顶端，由叶片或其他组织表皮蒸腾、蒸发到大气中。大部分低矮的草本植物和灌木植物高度一般在几米之内，而高大的乔木或者蔓类植物（如温室无土栽培的茎秆高 20 多米的番茄）高度可达到几十米甚至上百米。植物在完成水分吸收、运输、蒸腾散失这一过程中，需要克服土壤的毛管力、水分重力、原生质体和质外体传输阻力等多种阻力，如果没有足够的动力来源，则无法完成水分的正常代谢过程。一般认为根压和蒸腾拉力是植物吸水的主要动力，也有人认为植物水分吸收运输的动力是渗透泵原理（尚念科，2012）。所以，研究认为植物水分传输的驱动力为水分沿导管或管胞上升要受到的蒸腾拉力、重力、根压、毛管力、渗透势等各种力的矢量和。

（一）土壤水势

土壤水势指土壤水所具有的势能，即可逆地和等温地在大气压下从特定高度的纯水池转移极少量的水到土壤水中，单位数量纯水所需做的功。作用于土壤水的力主要有重力、土壤颗粒的吸力和土壤水所含溶质的渗透力，因此土壤的总水势通常表示为以上各种力构成的分水势的总和。土壤水势一般表示为负的压力，因此也称为土壤水分张力。土壤饱和时土壤水势的绝对值小，土壤含水量低时土壤水势的绝对值大。因此，土壤水势绝对值的大小反映了土壤水分运动和植物吸水的难易（周健民，2013）。

土壤水势中的重力势由与某一参照面的相对高度而定。习惯上把参照面设在土壤剖面之下的某一适当高度，以使重力势为正或零值，在非饱和土壤中重力势在土壤水势中所占比重很小，通常忽略不计。基质势由土壤基质对水的吸附力和土粒间形成的毛管作用共同决定。在非饱和土壤中，除毛管作用外，土粒上吸附着水膜，对砂质土壤吸附作用较小。渗透势亦称溶质势，即土壤水因溶质的存在而产生的化学势能，这些溶质可以影响土壤水的热力学性质，特别是影响其水汽压。渗透势通常不显著影响水的液态流动，但当存在渗透膜而形成扩散障碍时，渗透势即起作用。因此渗透势在植物根与土壤的相互作用中及土壤水的气态扩散过程中是重要的。

以纯自由水为参照状态时，土壤水势代表了单位质量土壤水所具有的能量相对高低。若以纯自由水的能量为零，则饱和土壤的水势多为正值，而非饱和土壤的水势则多为负值。

土壤水总是由水势高处向低处流动。当已知土体内的土壤水势时，便可由土壤水势分布情况判断水流方向，而由水势随距离的变化率确定驱使土壤水分运动的动力。因此，土壤水势对研究土壤水分状态及其运动规律十分重要。

土壤水势的定量单位取决于土壤水单位的表示方法。当选用单位质量的土壤水时，土壤水势单位为 J/g 或 erg/g；选用单位容积的土壤水时，土壤水势单位和压强单位相同，如 Pa、bar、atm 等；bar、Pa 及其他常用压力单位之间的关系：$1bar=10^5Pa=0.987atm=750mmHg=1020cm\ H_2O$。选用单位质量的土壤水时，土壤水势则相当于一定压力的水柱高度，常用 cm 表示。

根据影响土壤水势的因素不同，一般可将土壤水势分为下列几个分势。

1）压力势

土壤承受的压力超过参照状态下的标准压力而产生的势。土壤中的静水压力、气体压力及荷载压力均可形成压力势。

2）基质势

基质势是由土壤基质的吸附力和毛管力而产生的势。

3）重力势

重力势是土壤水受重力作用而产生的势。

4）溶质势

溶质势是土壤水含有可溶性盐类时，会使土壤水分失去一部分自由活动的能力，由此而产生的势（负值）。

在恒温条件下，以上4个分势的代数和称为土壤总水势。在实际应用中，为方便起见，常将某几个分势合并起来，并另起一个名称，如基质势与溶质势经常合并使用，将它们的绝对值之和称为土壤水吸力。又如，当土壤中没有半透膜时，溶质势对土壤水流不起驱动作用。这样，便将其余3个分势合并在一起，称为水力势。

土壤水势的测定，一般是先测出各个分势，再综合为总水势。基质势可用张力计、沙蕊漏斗或压力室等方法测定。压力势可由压力表、测压管测出。渗透势与渗透压的绝对值相同，可通过测定渗透压来确定渗透势。若能测出土壤水含盐成分及其浓度，则可直接计算出渗透势的数值。重力势与土壤本身性质无关，仅取决于所研究的点与参照面之间的垂直距离，因而很容易测定（崔宗培，2006）。

随着现代仪器设备的更新换代，土壤水势也可以利用新型仪器一次测定出来，如 TRIME-EZ 探针、土壤水分张力计等，也可以利用土壤水分特征曲线根据土壤含水量计算。

土壤水势的测定：利用 PSYPRO 多露点水势系统（PCT-55 土壤探头），选择3个样地挖土至深 25cm 处，分别埋设3个探头，采用原位测定，待其稳定后进行读数，取其平均值。

（二）作物水势

作物各器官均含有水分，所以各器官都有水分的势能，包括根水势、茎水势、叶水势。如果深入考虑，每个细胞也有不同的水势。由于植物每个细胞代谢及发育水平与进程不同，细胞水势差异较大，也就产生了细胞间的水势差，形成了植株体内水分的运移。成熟细胞中央有大的液泡，其内充满着具有一定渗透势的溶液，渗透势是细胞水势的组成成分之一，它是由液泡中溶质的存在而使细胞水势降低的值，因此又称为溶质势，用 Ψ_s 表示。纯水的水势最大，并规定为0。当细胞内溶质增多，渗透势提高，细胞吸水，体积膨大。由于细胞原生质体伸缩性大于细胞壁的伸缩性，因此细胞的吸水达到一定程度后，细胞壁就会对原生质体的膨大扩张产生一种向内的压力，与该压力相反的力即为膨压。细胞壁对细胞原生质体、细胞液产生的这种压力，形成促使细胞内的水分向外流的力量，这就等于增加了细胞的水势。这个由压力的存在而使细胞水势增加的值就称为压力势，用 Ψ_p 表示。压力势方向与渗透势相反，一般情况下为正值。重力势是水分因重力下移与相反力量相等时的力量，它是增加细胞水分自由能、提高水势的值，以正值表示。重力势依参比状态下水的高度（h）、水的密度（ρ_w）和重力加速度（g）而定，即用公式 $\Psi_g = \rho_w g h$ 计算。当水高 1m 时，重力势是 0.01MPa。此外，细胞质为亲水胶体，能束缚一定量的水分，这就等于降低了细胞的水势。这种由细胞的胶体物质（衬质）的亲水性而引起的水势降低值就称为细胞的衬质势，以 Ψ_m 表示。所以说，植物细胞的吸水不仅取决于细胞的渗透势 Ψ_s、压力势 Ψ_p，而且还取决于细胞的衬质势 Ψ_m（王全喜和张小平，2017）。

叶水势的测定：利用露点水势仪（PSYPRO）多露点水势系统 L-51A 探头（禾本科植物使用）测定范围（0 ~ 6.5MPa），随机选择完好的叶片，在叶背面用记号笔画 1 个内径约为 5mm 的圆，然后用医用棉签蘸取少量氧化铝粉末并加 1 滴蒸馏水，在所画的圆内研磨直至研磨部位刚出现颜色变深为止，用凡士林将探头与叶片密封。正午叶水势测定时间为 11:30 ~ 14:30，各组探头读数间隔 3min，最后将该时间段内测定的数据取平均值。

典型植物细胞水势（Ψ_w）组成为 $\Psi_w = \Psi_m + \Psi_s + \Psi_p$（$\Psi_m$ 为衬质势，Ψ_s 为渗透势，Ψ_p 为压力势）。

1）衬质势（Ψ_m）

由细胞胶体物质的亲水性和毛细管对自由水的束缚而引起的水势降低值称为衬质势，对于已形成中心大液泡的细胞，其含水量很高，Ψ_m 只占整个水势的微小部分，通常忽略不计。

2）渗透势（Ψ_s）

由溶质的存在而使水势降低的值称为渗透势或溶质势（Ψ_s），溶液渗透势取决于溶液中溶质颗粒的总数，以负值表示。如果溶液中含有多种溶质，则其渗透势是各种溶质渗透势的总和。

3）压力势（Ψ_p）

由于细胞吸水膨胀时原生质向外对细胞壁产生膨压，而细胞壁向内产生的反作用力——壁压使细胞内的水分向外移动，等于提高了细胞的水势。由细胞壁压力的存在而引起的细胞水势增加的值称为压力势，一般为正值。当细胞失水时，细胞膨压降低，原生质体收缩，压力势则为负值。刚发生质壁分离时，压力势为零。

细胞的水势不是固定不变的，Ψ_s、Ψ_p、Ψ_w 随含水量的增加而增高；反之，则降低。植物细胞颇似一个自动调节的渗透系统（王全喜和张小平，2017）。

植物体内水势的高低反映水分供求关系，即受水分胁迫的轻重。最常用的测定植株水势（Ψ_w）的方法：①压力室法，将待测的叶片或枝条倒置于压力室内，用橡皮或塑料塞夹紧叶柄或茎，当向压力室加压至与其水势相抵并略为超过时，水即自导管中流出，形成水珠；②细液流法（或称染料法）；③热电偶干湿球湿度计法或露点湿度计法，测定与被测材料平衡的空气中的水蒸气压，以水蒸气饱和时水势为 0 从而计算水势。

在水势的各组分中，Ψ_s 常用测定其相反量渗透压的方法测定，测定方法：①质壁分离法，求得恰好引起质壁分离时所需的渗透质溶液的浓度；②冰点降低法，测定细胞质中渗透质溶液的浓度。Ψ_p 可以通过以下方式测定：①从 $\Psi_p=\Psi_w-\Psi_s$ 公式求得；②用压力探针技术测定；③用压力室制作压力-容积曲线（P-V 曲线）。此法可同时测得 Ψ_w、Ψ_s、Ψ_p 等多种度量值，但过程较烦琐。

（三）大气水势

在等温等压下，大气中的水与纯水之间每偏摩尔体积的化学势差，用符号 Ψ_a 表示。利用大气温度、大气湿度这 2 个指标，根据刘昌明和王会肖（1999）的公式进行计算：

$$\Psi_a=0.462\times T\ln(\text{RH}) \tag{1-1}$$

式中，Ψ_a 为大气水势（MPa）；T 为空气热力学温度（K）；RH 为大气相对湿度（%）。摄氏温度与热力学温度的换算根据公式：$T=(T_C+273.15)$℃，其中，T 为空气热力学温度；T_C 为空气摄氏温度（℃）。

二、SPAC 系统中水分循环动力学驱动机制及其影响因素

在农业生产系统中，水分经由土壤到植物根系，通过茎到达叶片，最后由叶片气孔扩散到空气层，参与大气湍流交换，形成一个统一的、动态的相互反馈的连续系统，即土壤-植物-大气连续体（SPAC）（Hall，1975；Anderson et al.，2003）。子系统之间彼此相互作用，形成界面。在土壤与大气、土壤与植物及植物与大气诸介质之间存在物质和能量的传输。水分的传输不仅意味着介质间的位移，而且伴随着相变。系统的水分传输与能量传输总是相互依存，衡量传输的重要变量是通量、水势和阻力。SPAC 系统良性的水分循环和能量循环，是维持植物本身正常生理活动的必要条件。SPAC 系统中水分传输和能量传输包括辐射传输、显热传输、潜热传输、土壤热传输、根系吸水和植物内部水分输送等形式。由于植物蒸腾既表现为水分传输，又是能量传输的一种形式，因此 SPAC 系统水分传输和能量传输互为耦合，无论田间试验还是室内试验模拟都必须综合考虑。该理论认为，在 SPAC 系统中运动的水存在着自由能变化的梯度，这种自由能梯度为水分运动的驱动力，使水分能够克服其运动途径中的各种阻力，从而实现系统中水分的运输和不断更新（Hall，1975）。自 1966 年澳大利亚著名水文学家 Philip 正式定义 SPAC 系统以来，该理论体系被广泛应用于农田系统中水分循环过程及能量转换过程的研究，以连续、系统、动态的观点和定量的方法为基础，揭示以土壤水与作物关系为中心的水分调控机理，促进了多学科的交叉渗透，开拓了新的领域。因此，SPAC 系统中水分传输与模拟一直是国际研究的热点之一，在节水农业中体

现出重要的理论和应用价值。SPAC 系统中水分循环与能量转化建立在严格的生理学和物理学基础上，其严谨的理论与定量方法的科学是基于传统农业中的土壤栽培系统。这些研究结果为明确农田系统水分传输、作物响应过程等提供了重要支持。但多数研究注重单一过程、单个界面、少数因子的影响调控，还缺乏对 SPAC 系统中多界面、多过程的驱动机理及其相互调节、相互适应机制的量化研究。主要采用传统的水分平衡研究方法，这些方法在长时间尺度（如季节和年际）上具有优势，但在短时间尺度上准确性较差，使人们对微观过程的理解不足，限制了对水分转化过程机理的深入理解（Lamsal et al.，1998）。

三、SPAC 系统中水分传输的势能分布

经典物理学认为，自然界物体都具有能量，普遍趋势是自发地由能量高的状态向能量低的状态运动或转化，最终达到能量平衡状态。任一物体所具有的能量由动能和势能组成，由于水分在 SPAC 系统中传输的相对速率较低，因此动能相对于势能微乎其微，可以忽略不计。因此，在连续体中势能分布对水分能态与运移动力和速率至关重要。土壤水分能量状态：根据物理学原理和土壤水的受力特点，土壤水势主要由基质势、压力势、重力势、浸透势和温度势 5 部分组成。这些水势成分因 SPAC 系统内水分载体的特异性而异，在各种水流过程中各成分的作用各异（Begg and Turner，1970）。在土壤水饱和状态下，若不考虑半透膜的存在，则温度势等于重力势与压力势之和；若土壤水分不饱和，则温度势等于基质势与重力势之和。受土壤各种力的相互作用，土壤水分在量变过程中，其存在的状态、理化特性和动态均会有所改变，具体表现为土壤水分含量的阈值，主要有吸湿系数、凋萎系数、田间持水量、毛管破裂含水量和饱和持水量。大气水分能态：大气中水分主要有气态、液态和固态三种存在形式。三种形态可以相互转化，多数情况下水分以气态形式存在于大气中。大气水分影响植物蒸腾及组织水分含量。在一定程度上，空气相对湿度较小可以促进水分运输和养分吸收。但大气水分含量过低时，大气干旱使植物蒸腾耗水速率过快，根系吸水速度无法满足耗水速率，植物发生萎蔫。

SPAC 系统中各部分水势相互反馈影响。植物水势是土水势和大气水势综合作用的结果，水总是从水势较高之处通向水势较低之处。水分在植物体内经过以下三段路径进行运输：首先是从土壤由根毛区横向运输，经过皮层组织进入根部的木质部；然后沿木质部导管向上运动到叶部的木质部（叶脉），并且传输到整个叶片；最后从叶脉导管进入叶肉细胞，并从细胞壁向细胞间隙蒸发为水汽，然后通过叶片气孔逸入大气。水分被植物根系吸收，经由植物根系—茎—叶，最后到大气中，由于大气中水势为较低的负值，在处于大气与土壤之间的植物体内形成水势梯度，水分得到运输，一般来讲，在正常的生长环境与作物生长状态下，水势梯度越大，

运输速度越快。各阶段的水势差与本阶段的水分阻力成正比。一般气孔阻力是最大的阻力,而茎中木质部的输送阻力很小。所以最大的水势差是气孔内外的水势差。在土壤干旱时,水势下降,同时土壤中水的输送阻力升高,根与土壤间的水势差加大,植株内水势下降更甚,达到–1.5MPa 时,植株发生萎蔫(图1-1)。

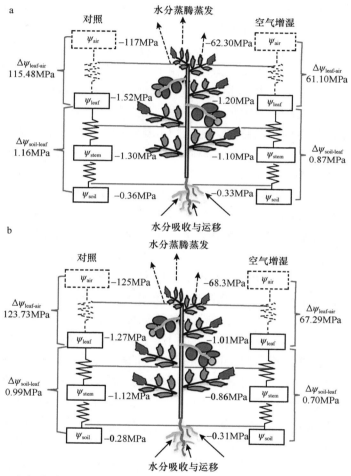

图 1-1 大气水分能态调节对 SPAC 系统水势及不同界面层水流驱动力的影响

a 和 b 分别代表品种'迪粉尼'与'金棚';实线代表液态流,虚线代表气态流,Δψ 代表水势差

水分在土壤 → 根部 → 皮层薄壁细胞 → 茎和叶片的木质部 → 叶肉细胞 → 气孔腔 → 大气的过程中,总体上水在植物体内的输送过程包括两种方式:一是渗透运输方式,即土壤水从根皮层进入根中柱,以及植物水分经由叶肉细胞到达叶片气孔,都需要通过植物活细胞的运输,这部分的运输距离很短,仅几毫米,但属于细胞途径的渗透过程,阻力很大,水分的运输速度很慢,由此可见,植物根部和叶片中的水分运移为渗透运输方式;二是导管运输方式,因导管和管胞都是中空

无原生质体的长形死细胞，细胞与细胞之间有孔相通，水分运输的阻力很小，适合于长距离的运输，植物茎秆部分的水分运移就是经过其木质部的导管和管胞，是属于阻力较小的导管运输方式。

近些年，植物生理学家已经开始注重从整体上研究水流通量与势能、植物生理状况和气象因素的关系，主要围绕不同土壤和不同天气条件下，蒸腾速率与土壤基质势、叶水势的关系，并推导出基于植物冠层的叶水势迭代计算公式，在大田玉米栽培中预测精度良好（康绍忠等，1990）。国内部分学者对叶水势的迭代计算公式进行修正，在大田小麦栽培中模拟精度良好。但所有关于 SPAC 系统中通量的阻力或导度的计算均以恒定流为基础，Van-den Honert 模式过分简化了水流运动。稳态流在实际情况中是不存在的，无论是土壤水分运输还是大气蒸发能力均表现出不同尺度的波动趋势。而植物本身结构也决定了非稳态流模式，植物的叶片和茎具有强大的储水功能。与欧姆定律中电容的存在一样，植物组织的储水能力充当着水容的功能，主要集中于叶和茎的薄壁组织细胞（Goldstein et al.，1998）。水容因素导致薄壁组织产生充分释放水的能力，限制了欧姆定律的严格应用（Waring and Running，1978）。我国学者证明了小麦和玉米水分传输过程用稳态流模型模拟蒸腾变化时的实际水分动态是失败的，滞后现象导致蒸腾与水势降低的非线性关系。考虑水容因素在水流环路模型研究中具有重要作用，较早地开展了小麦和玉米的水容特性研究，通过非线性网络模型和瞬态流方程解析了叶水势与蒸腾速率间的滞后现象（黄明斌，1993；黄明斌等，1999）。

把土壤–植物–大气当作一个物理上的连续体进行动态、定量的水分研究已有将近 50 年的历史。尽管介质不同、界面不一，水在该系统中的各种水流过程就像链环一样，互相衔接，而且完全可以应用统一的能量指标"水势"来解析连续体中能量的变化，计算通量与阻力，是植物–水分关系研究的突破。目前国内外学者围绕 SPAC 系统水热传输理论开展了大量作物根系吸水和作物蒸腾的动态模拟研究。根系吸水研究主要分为微观方法和宏观方法。微观方法假定根系与吸水动力均匀分布，侧重于研究单根功能。但由于大田实际栽培状况复杂，单根吸水的应用具有局限性。宏观方法对根系吸水模式不断改进，引入根系吸水因素（Dardanelli et al.，2004；Feddes et al.，2010）。以 Van-den Honert 模型为基础的根系吸水模式具有物理学和生理学机理意义，但是参数难以测得。国内较早开展了对根系吸水的动态模拟研究，主要集中于土–根系统和地上部水热状况，为农田灌溉预报提供了科学依据。动态仿真及语言的发展是研究 SPAC 系统复杂动力学模拟的有效手段，也是今后的发展方向。

四、SPAC 系统水分传输理论的应用

SPAC 系统水分传输理论不仅是农业水利的基本理论问题，也是植物生理和环

境科学的交叉前沿领域。发达国家对 SPAC 系统理论的研究已经不局限于理论探索，而是应用这一理论解决复杂生产实践问题。例如，根据水氮耦合迁移机制，通过 SPAC 系统中水流预测氮素的吸收、转化和迁移（Hegde，1987；Singh B and Singh G，2006）。在我国，SPAC 系统理论的应用主要集中于解决在干旱和半干旱地区水资源短缺的背景下实现高效节水灌溉的实践问题，为传统农田水利提供一种定量解决作物生产力与水分关系的有效手段。水分是制约干旱和半干旱地区农业与社会可持续发展的重要因素，灌溉的目的不应片面追求单位面积产量，而应该转向提高水分利用效率（Cantero-Navarro et al.，2016；Kresović et al.，2016；Tolk et al.，2016）。20 世纪 80 年代，我国开始系统开展非充分灌溉的理论与实践研究，根据作物生理特点和需水关键时期，制定了大田作物调亏灌溉模式，将有限灌溉水量在作物生育期内最优分配，在我国旱区水稻、玉米和小麦等大田作物的灌溉中广为采用，促进了节水农业理论水平和实践水平的提高。SPAC 系统水分传输理论及技术研究仍然是具有重大科学意义的内容（Deng et al.，2006）。

农田灌溉用水占我国水资源总消耗量的 85%，而作物吸收水量的 95% 消耗于蒸腾。因此，作物水分研究是解决水资源供需平衡的十分重要的环节，已成为农田水利学科中日益引人关注的大问题，国内外不少学者都在探索解决这一问题的途径。而作物根系、冠层与土壤、大气的关系受各种物理、化学和生物化学机制的控制，其构成了一个复杂的系统，因此对其表述和计算存在许多困难。SPAC 系统水分运移动态模拟技术为解决这一问题提供了有效途径。据此可以定量预测 SPAC 系统中的水分传输动态，为最优调控决策服务。把 SPAC 系统水分传输理论的研究成果应用于农田节水灌溉和次生盐碱土治理实践，将充实这一新的科学领域，并为农田灌溉排水学科提供一种定量解决作物与其水分环境关系问题的现实途径，可使节水灌溉和盐碱土治理奠定在更加科学的理论及定量方法基础上，正确预报灌水时间、灌水量和地下水位，这样可以节约灌溉水量和防治土壤次生盐碱化，提高作物的经济产量。水分是干旱、半干旱地区农田生态系统良性运转和提高作物产量的主要限制因素。在干旱缺水地区，水资源不足，灌溉水量有限，应推行在有限水量条件下的非充分灌溉，即抓住作物需水关键期的用水，提高水分生产效率。非充分灌溉的生理机制就是要对 SPAC 系统中的水分传输状况进行最优调控，以提高有效灌溉水量向作物根系吸水转化和光合产物向经济产量转化的效率为目标，达到节水增产的双重目的。

目前，SPAC 系统水分传输理论在我国西北干旱地区应用得较多，主要侧重土壤–植物–大气整个连续体水分运移规律的研究。从土壤干旱的角度出发，利用现有的和进一步改进的作物根系吸水模型进行土壤水分状况的研究与土壤干旱预报；从作物干旱的角度出发，建立作物受旱条件下的生长发育模型进行作物干旱指标研究，进而动态、及时地监测土壤水分运动状况，针对作物的需水情况制定及时合理的应对灌溉措施。另外，通过研究根系吸水机制，计算根系吸水速率和蒸腾速率，模拟根系层中土壤水分运动及水分在植物体内的运动过程，将根系吸水模型和作物气孔导度模型、作物蒸腾作用模型、作物生长模型相结合，对于研究水分在整个土壤–植物–大气连续体中的运移情况、改进与完善 SPAC 系统模型都具有十分重要的意义和研究价值。

第二节　温室 SPAC 系统的构成及其在环境调控中的意义

一、温室 SPAC 系统构成与特点

温室大棚是一个相对封闭的空间，人工灌溉是温室水分的唯一来源。温室大气与外界环境主要是通过人工换气的过程进行气体和水分交换，所以温室大气与气体中的水分变化是相对受人工换气的影响。与普通的田间 SPAC 系统相比较，温室大棚等设施内的 SPAC 系统主要特点包括以下内容。

（一）温室 SPAC 系统构成

温室 SPAC 系统水分由栽培土壤或栽培基质或水培槽进入植物根系，经由植物进入温室大气，在温室气体环境内主要通过换气到达室外，在温室薄膜、墙壁、植株叶片及地面上结露形成水珠，这些液态水与温室环境气态水往往形成互相平衡的转化状态（图 1-2），使温室湿度过大，造成温室病害大量发生而成为生产上的主要障碍。

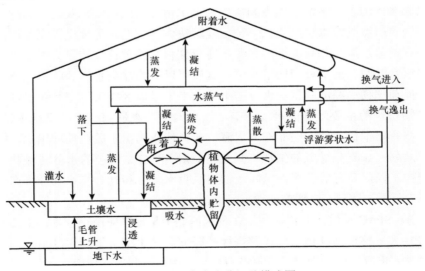

图 1-2　温室内水分运移模式图

（二）温室 SPAC 系统特点

1. 根系环境的变化

温室作物栽培中，除采用传统的土壤栽培外，就栽培方式来讲还有盆栽、槽式栽培、袋式栽培、水培、气雾栽培等各种形式；就栽培根系介质来讲，包括沙子、草炭、岩棉等。特别是在限根栽培中，根系生长范围受到限制，根系环境水系统发生了较大变化，主要表现在灌溉次数增多、根系环境变化规律不同、根际体积变小等问题。

2. 温室温度、光照、湿度等环境条件的可控性

温室是一个相对可控的作物生长环境，与自然环境相比较，湿度较大，光照较弱。当然可以通过人工措施依据作物生长的需要进行环境条件调控。研究环境对作物水分循环的影响，揭示环境水分运移规律，寻找最佳环境控制指标，可以为温室作物优质高产提供技术支持，是智慧农业发展的重要组成部分。

3. 温室大气水汽压亏缺（VPD）对温室水分环境影响显著

温室水分循环过程与水量平衡是作物灌溉的基础。温室内由于降水被阻挡，空气交换受到抑制，水分收支与露地不同（Aljaloud et al.，2015）。温室系统相对封闭，灌溉水、作物根系吸水、水在植物体中传输、通过气孔扩散到叶片周围宁静空气层、参与大气湍流交换、温室覆盖材料截留、入渗和土壤水再分布，形成了温室水分循环过程（张乃明，2006）。水势梯度为水分动态传输的源动力，连接温室内水分源汇。土壤水分充分条件下，源动力充足，水分沿着 SPAC 系统源源不断地输送到大气中，大气水汽含量增加；叶–气界面层饱和水汽压亏缺逐渐减小，水汽扩散动力受阻，至达到相对平衡。植物一方面需要从环境中吸收水分以维持相当的水分饱和度，另一方面散失大量水分到空气中去，这两个矛盾过程只有达到合理的动态平衡状态，才能保证植株体内代谢和矿质元素吸收与运输。

4. 温室 SPAC 系统的调控

从水分传输动力学角度解析温室水分循环过程，环境调控实现了水分传输路径中汇的调节，结合源的调节——灌溉，提供了更有效的综合调控水分传输的源–汇相对关系，达到植株生理水分平衡和实现节水增产。空气湿度与大气湿度共同构成温室水分环境，温室水分循环过程与大田栽培差异较大，主要体现在水分凝结：温室内围护结构结露，形成水滴回流入渗；作物本身结露、吐水等，白天温室内温度高，土壤蒸发和作物蒸腾快而水汽不易逸散（Pollet and Pieters，2000）。从长期自然过程来看，温室水分循环处于不断的连续动态平衡状态，研究温室水

量的收支、贮存与转化的基本方法是水量平衡法。其收支关系可用式（1-2）表示。

$$Ir+G+C=ET \tag{1-2}$$

式中，Ir 为灌水量；G 为地下水补给量；C 为凝结水量；ET 为土壤蒸发与作物蒸腾量，即蒸散量或蒸腾蒸发量。从农田水量平衡方程可以看出，农田水量的转化实质就是灌溉水、地下水、植物水之间的相互转化与作用关系。温室水分转化受栽培方式影响，表现出复杂的关系。设施内的蒸腾量与蒸发量均为露地的 70% 左右，甚至更小。据测定，太阳辐射较强时，平均日蒸散量为 2 ～ 3mm，由此可见设施农业是一种节水型的农业生产方式。

二、温室环境水分调控的主要措施

（一）温室水分调控

温室水分调控是指对温室内作物生长的土壤水分环境、空气湿度环境中的水分状况进行合理有效的调控。衡量与评价环境水分状况的指标是土壤或者基质相对含水量、水势与空气饱和水汽压亏缺、相对湿度等。普通温室空气相对湿度通常比较高，特别是在寒冷冬季，环境温度较低，尽管作物吸水能力及蒸腾蒸发量减小，空气绝对含水量减少，但是，无论是外界空气相对湿度还是温室空气相对湿度，一般都在 80% ～ 90%，傍晚至凌晨可达到 100% 的饱和状态，导致温室内墙壁、薄膜、作物表面结露。在阳光较好的晴好天气，一般进入正午时间，随着温室内温度的提高，空气相对湿度快速下降（高丽，2012）。温室内空气相对湿度的变化与温室温度、土壤湿度、种植作物密度、温室设施结构及外界天气密切相关。温室温度低，空气相对湿度增大；土壤湿度大，蒸腾蒸发量大，则温室空气相对湿度大；密闭性好的温室空气相对湿度大，密闭性差的温室空气相对湿度小；低矮空间小的温室空气相对湿度大，高大温室空气相对湿度小；阴雨天、雪天空气相对湿度高，晴天空气相对湿度低。在诸多影响空气湿度的因素中，起主导作用的影响因素是温度、灌溉及通风。温室内采用传统的沟、畦等地面灌水方法，就会增加温室的空气相对湿度，而采用现代化的滴灌、渗灌或膜下灌溉等方法，可使温室内空气相对湿度保持在一个相对稳定的状态。有效降低温室空气相对湿度的主要方法如下。

1. 科学灌溉

在保证作物对水分需求的条件下，尽量减少温室的灌水量和灌水次数，控制土壤湿度，减少水分来源，可降低温室内的空气相对湿度。

2. 通风排湿

通风的目的是降温、排湿和换气。对于长季节栽培的作物，夏季和秋季通风的目的是降温、排湿、换气，通风时间要长，通风口要大。根据天气状况，可在温度达到作物生长的温度上限时开始通风，直到阳光照射不到温室棚面时关闭通风口，避免关闭通风口后温室内形成新的水蒸气为宜。冬季和早春季节，通风的目的是换气和排湿，通风口要小，时间要短，同时要注意保温。通风多在晴天的中午进行。温度下降后，要及时关闭通风口。即使阴天，在中午前后也要适当通风以排湿、换气。

3. 地膜覆盖

地膜覆盖不仅可以减少水分蒸发，降低室内环境湿度，提高水分利用效率，还可提高地温，有利于作物根系的生长发育。

4. 保温降湿

加强管理，适时揭盖草苫，提高温室温度，可有效降低温室内的空气相对湿度。一般在湿度相同的情况下，即温室内空气相对湿度为 100% 时，温室内温度每提高 1℃，空气相对湿度可降低 5% 左右；若温室内温度在 5 ~ 10℃时，每提高 1℃，空气相对湿度可降低 3% ~ 4%。

5. 被动除湿

被动除湿是不依靠能源动力达到除湿目的，减少土壤水分的蒸发，能有效降低空气相对湿度。研究表明，与传统栽培相比，覆盖地膜和滴灌处理下温室内空气相对湿度下降了 3% ~ 11%（乔立文等，1996；梁称福，2003）。在温室中也可使用吸湿性材料，将空气中水分自然吸收到材料内部。目前生产中用到的吸湿性材料有稻草、秸秆和纤维材料等（王昊和李亚灵，2008），现在还开发出了液体和固体吸湿剂等新型除湿材料，除湿效果良好（杨英等，2000；杨自力和连之伟，2014）。

夏季温室内温度较高，且空气绝对湿度较低，导致 VPD 过高，空气水分亏缺严重，常通过提高空气水分含量来增加空气湿度。增加设施内空气相对湿度的措施主要是灌水，可采用洒水壶洒水。近年来设施农业的发展实践证明，集约化程度高的大规模设施农业大都采用现代化微灌技术（李续林和赵波，2000；张福塬，2000）。另外，在温室内进行加湿时也可采用湿帘加湿、温室顶部安装喷灌系统加湿及喷雾加湿等（陆岱鹏等，2017；张大龙，2017）。不同加湿方法的效果不同，但均能在提高空气水分含量的同时降低空气温度。外界空气经湿帘进入温室内，在湿帘出口处空气相对湿度可达 99%，但随着与湿帘距离的增加，空气湿度逐渐下降，造成空气湿度分布极不均匀。邓书辉等（2015）通过实测和计算流体力学（computational fluid dynamics，CFD）模拟发现，沿气流方向，与湿帘距离每增加 1m，空气相对湿度下降 0.4%。喷灌系统加湿和喷雾加湿可以使温室内空气相对湿度均匀增加，但喷灌系统水滴较大，在水滴汽化的过程中，大部分不能完全汽化而落在植物上，相比之下，喷雾加湿雾化效果较好，水滴较小，在水滴下落的过程中就可完全汽化，不会沾湿叶片（Zhang et al.，2015）。

（二）土壤水分调控技术

设施内环境处于半封闭或全封闭状态，空间较小，气流稳定，又隔断了天然降水对土壤水分的补充。因此，设施内土壤表层水分欠缺时，只能由深层土壤通过毛细管上升水补充，或进行灌水弥补。蔬菜和花卉都是需水较多的植物，比一般农作物对水分的反应更敏感。但不同种类的蔬菜和花卉及其各生育时期的需水要求并不相同，主要取决于其地下部分对土壤水分的吸收能力和地上部分对水分的消耗量。同一种蔬菜和花卉的不同生育时期对土壤水分的要求也不一样。

番茄植株需水量大，但根系具有较强的吸水能力，要求土壤水分含量处于 60%～85% 的水平即可。番茄不同生长时期对水分的要求不同。发芽期要求土壤相对湿度应在 80% 左右，幼苗期和开花期要求在 65% 左右，结果期要求在 75%～80%。温室内土壤水分偏多或过少均妨碍番茄的正常生长发育，水分长时间偏多容易降低土壤中的含氧量而导致烂根；抑制根系伸长生长，根系分布浅，根群小；低温季节土壤水分多还易降低地温，抑制根系活动及土壤微生物的分解活动，使肥料的利用率降低。幼苗期和发棵期水分过多时，植株易徒长；土壤水分不足可导致植株萎蔫，强光时期还易发生日灼及卷叶等现象。

1. 灌水方式

采用管道灌溉，一是节水，可以大量减少输水损失；二是省地，减少了沟渠占地；三是使用方便，适应性强。灌水方法可采用膜下暗灌或沟灌。一般，选择在晴天上午灌水，每次浇半沟水，灌水后要通风换气以降低温室内空气相对湿度；采用高畦双行，中间留灌水沟，畦面扣地膜，膜下沟灌，可减少水分蒸发，降低空气相对湿度。采用膜下滴灌时，省水省工，灌水均匀，不破坏土壤结构，可保持土壤良好的通透性。采用渗灌时，在土壤耕层 10cm 深处安放渗水管，番茄根系可很快接触水源，地表较干燥，土壤耕作层则保持湿润。生产期间作业道可覆盖麦草，减少土壤水分蒸发。

2. 灌水时期

育苗期的水分管理主要是防止基质干旱。一般播种时浇足水。出苗后控水抑制地上部徒长，促进根系发育，应据苗情、基质含水量和天气情况浇水。一般 3～5d 喷一次水，每次以喷透基质为宜。定植时要浇透水，易促进发根缓苗。缓苗后开花前应浇一次水,同时进行中耕、蹲苗。定植后一般不宜浇水,若土壤干旱可少量喷水,不轻易浇水,直到花序坐果后再追肥、浇水,过早浇水易导致落花落果,一般在第 1 穗果迅速膨大到直径 3 ~ 4cm,第 2 穗果开始膨大时可结束蹲苗。开花坐果期外界气温较高,宜小水勤浇,一般 7d 左右浇一次,每亩(1 亩 ≈ 667m²,后文同)每次灌 7m³ 水左右。以后每 7 ~ 10d 浇一次水,每亩每次灌水 8 ~ 10m³。10 月中旬后应控制浇水。11 月后减少浇水,每 20 ~ 30d 灌水一次,每亩每次灌水 10 ~ 15m³。翌年 4 月后,随着气温回升加大灌水量,7d 左右一次,每亩每次灌水 10m³ 左右。定植后至拉秧共灌水 20 ~ 25 次,总灌水量为 300 ~ 340m³。

3. 浇水时间

时间的确定主要依据番茄各生育期的需水规律,此外还要考虑苗情、地温、天气等情况。

根据秧苗情况确定浇水时间:秧苗的生长表现可反映土壤是否缺水,中午秧苗一点也不萎蔫,表示土壤水分过多;中午稍有一些萎蔫,15:00 ~ 16:00 恢复正常则水分合适;到日落时秧苗仍不恢复则表示土壤严重缺水。根据地温确定浇水时间:地温高时浇水,水分蒸发快,番茄吸收多,一般不会导致土壤过湿,10cm 地温在 20℃以上时浇水合适,地温低于 15℃时要慎重浇水,必要时要浇小水,地温在 10℃以下禁止浇水。根据天气情况确定浇水时间:冬季浇水选晴天上午浇,因为晴天时地温、气温都较高,浇后可闷棚提温,地温不至于降低太多;但久阴骤晴时地温低,不宜浇水,如缺水可进行叶面喷洒;阴天、下午不浇水。

三、SPAC 系统在温室环境调控中的意义

SPAC 系统水分传输动力学理论在农田灌溉学科中的应用主要是解决以下一些问题。①应用 SPAC 系统水分传输动态模拟方法预测田间土壤水分和作物蒸发蒸腾的动态变化,为农作物灌溉制度的确定和灌水预报服务。②通过研究以土壤水和作物关系为中心的 SPAC 系统:水分运行模型及灌溉水(降水)—土壤水—作物水之间的转化效率、SPAC 系统中的水量转化与光合作用之间的耦合问题,探讨各环节的节水调控原理。③从 SPAC 系统水分传输动力学理论出发探讨土壤水分对植物有效性的动态评价理论及作物缺水受旱的诊断方法,为农田灌溉学科提供一种以严格的生理学和物理学为基础的解决作物与其水分环境关系问题的定量途径。④研究以减少作物水分散失、提高光合产物向产量转化的效率为目标的 SPAC 系统水分最优调控问题。

SPAC 系统水分运移遵循水量平衡原则,且该系统中水分运移具有连续和双向连通的特性。因此,土壤水分在水汽压亏缺作用下经由植物蒸腾和土面蒸发散失至大气中,大气水又受气象等因素影响,大气水由气态转化成液态或固态以降雨、

降雪方式运移到土壤中，形成田间水分循环系统。

设施内空气湿度都较高，特别是在冬季不通风时，一般常在 80%～90% 或更高，夜间可达 100%。实践证明，设施内空气湿度过高，不仅会造成植物生理失调，还易引起病虫害的发生（邹志荣等，1994）。影响设施内空气湿度的主要因素有设施的结构和材料、设施的密闭性与外界气候条件、灌溉技术措施等，其中灌溉技术措施是主要影响因素。应特别指出的是，温室内水环境对作物生长起到至关重要的作用，其对其他环境因子的影响也较大。设施内土壤湿度的变化不仅影响环境的温度和空气湿度，也会影响土壤的通气、养分和温热状况。因此，调控设施内土壤水分状况是保证设施环境有利于植物生长发育的关键技术和重要手段。调控设施内土壤水分状况的主要技术措施是灌溉和排水，应根据设施内不同植物、不同生育时期的需水特性及植物体内的水分状况和设施内环境条件合理确定灌、排时间和灌、排水量（程冬玲和邹志荣，2001）。

第三节　温室环境水分运移的研究进展、问题与展望

一、主要研究进展

（一）SPAC 系统水流动力研究

在 SPAC 系统中，水分由土壤-植物系统的液态流转变为植物-大气系统的气态流，虽然水流形式发生了相变，但由于从水流所具有的势能——水势（Ψ）出发，统一了能量关系，为量化分析系统中的水分运动、能量分布与转化提供了方便，在水分流动的全过程中，各部分水流受到不同的阻力作用，水流要克服这些阻力而向上运行必须以消耗能量——水势为代价。同时，由于水容效应对水分运行的影响，植物的茎流速率和蒸腾量表现为瞬态非线性模式，因此对 SPAC 系统中水分能量、水流阻力和植物水容变化规律的研究，为定量计算水分通量，并为植物根系吸水和水分散失、植物水分供需评价的研究提供依据。

水分由植株根系到植株茎秆，然后由叶片进入大气是由各部分之间的水势差的存在而产生的，也就是说水势差是水分移动的根本。水势差产生的来源是根压、细胞代谢产生的渗透势和蒸腾拉力。

有研究结果表明（表 1-1），玉米与小麦两种作物，在 SPAC 系统内，水势由高到低在变化，并且受到温度的影响，温度越低，植物水分偏摩尔自由能越小（高俊凤等，1989）。

在 SPAC 系统中，植物体内水流运移的驱动力是植物体内的水势梯度（$\Delta\Psi$），即植物中的水分从水势高处向水势低处流动。植物体内的水分由根部吸入，在植物茎秆的木质部导管内沿水势降低的叶片方向运移，但在植物叶片有无蒸腾和蒸

表 1-1　SPAC 系统热力学水分函数

作物	温度/℃	相对湿度/%	土壤含水量/%	土壤/[J/(K·mol)]			植物/[J/(K·mol)]			大气/[J/(K·mol)]		
				ΔG	ΔH	ΔS	ΔG	ΔH	ΔS	ΔG	ΔH	ΔS
玉米	30	81	18.62	−1.10	−12.66	−0.038	−12.72	−314.33	−0.995	−530.36	14 013.03	47.998
	35	74	19.24	−9.91	−12.66		−7.75	−314.33		−770.36	14 013.03	
小麦	5	67	20.20	−0.70	−5.40	−0.017	−5.69	−146.80	−0.508	−924.80	1 985.49	10.398
	10	66	20.06	−0.62	−5.41		−3.75	−146.80		−976.78	1 985.49	

注：K 表示热力学温度，ΔG、ΔH、ΔS 分别表示水分偏摩尔自由能、偏摩尔焓、偏摩尔熵

腾强弱不同时，植物在水分传输机理上存在较大差异。由对植物水流运移的稳态流方程和瞬态流方程的分析可知，决定植物体内水流运移的主要参数包括水势、水流阻力和水容（王蕊，2005）。

在 SPAC 系统中，土壤水势、大气水势及环境温度、光照辐射和饱和差等因素影响叶水势的大小，叶水势对植物物理、化学等生理代谢活动等均有着显著作用，能够具体反映土壤水分胁迫及植物水分胁迫。叶水势的整体变化规律为前期高、后期低，日变化规律为早晚高、午时低，且与土壤水分能态的变化有关，研究表明叶水势日变幅随着土壤基质势的增加而降低，但是不同作物种类间存在差异，也就是说等水行为和非等水行为出现在植物的不同种类之间，甚至同一种类的不同品种之间。日最小叶水势基本保持不变，这种植物对土壤水分的响应特征即为等水（isohydric）行为，而日最小叶水势则随土壤水分的减少而降低，其响应特征称为非等水（anisohydric）行为（罗丹丹等，2017）。这种等水行为和非等水行为的差异可归因于植物气孔对木质部液流中脱落酸（ABA）浓度响应的差异。但这两种行为对植物进化的意义及其形成的生理机制目前尚不清楚。植物通过气孔对蒸腾速率进行调控，维持植物蒸腾失水与 SPAC 系统从土壤到叶片有效供水之间的动态平衡，但这种平衡易受到大气蒸发需求和土壤水分变化的影响：大气蒸发需求的增加通常引起植物叶片内负压和叶水势的减少，诱发木质部气穴甚至是阻塞的发生，使植物的水分传导能力下降（Milburn，1979）；如果木质部形成的气穴或阻塞不能在短时间内逆转，并且缺乏植物气孔的有效调控，将会造成植物水分传导路径发生不可逆转的崩溃（Tyree and Sperry，1988）；土壤水分的减少会促进脱落酸在植物根部的合成，再通过水分传导路径运输到叶片内，促使植物气孔关闭。大气蒸发需求和土壤水分变化引起的植物水分状态与根部脱落酸浓度的变化可分别看成是调控气孔运动的植物水力信号及化学信号。当它们共同作用促进气孔对叶水势进行调节时，植物对叶水势的调节表现为等水行为。

（二）土壤水分运移与根系吸水研究

1. 土壤水分扩散

土壤水热耦合模型的研究是 20 世纪 50 年代在等温水分运动模型的基础上发展起来的，对土壤水热运移及转换的研究是地表能量转化和物质迁移的重要内容，也是陆面过程研究的重点。Philip 和 Vries（1957）将土壤蒸发看作是土壤内部能量与水分交换共同作用的结果，建立了非等温条件下水、气、热耦合运移理论，并提出了液态水和气态水的运动模型；De Vries（1958）对前期理论进行了改进，提出了改进的水分与热流通量方程；Raats（1975a）在均质土壤条件下，根据质量守恒定律和能量守恒定律，建立了以土壤水分为因变量的非恒温、非饱和土壤水热联合运动方程；Milly（1982，1984）对 Philip 模型做了改进，用土水势替代土壤含水率，修改后的模型更能够适用于非均匀土壤；林家鼎和孙菽芬（1983）通过对裸地土壤水分运动、低温分布及土壤蒸发的研究，得出了计算土壤水分和温度变化的物理模型计算式；孙菽芬（1987）提出了土壤液、气两相水流在水热梯度共同作用下的运动模型，发展了耦合模型；Nassar（1989，1992）基于 Philip 模型，利用水、热、溶质运移方程（即 Darcy、Fourier 和 Fick 定律）及连续方程，建立了水、热、溶质三者耦合运移模型；郭庆荣和李玉山（1997）提出了非恒温条件下土壤水热耦合运移数学模型；任理等（1998）建立了二维土壤水热迁移数值模型；孟春红和夏军（2005）建立了能够描述作物生长期田间水热状况、作物蒸腾规律的动态耦合模型。在数值模拟方面，Hydrus 2D 模型在国内外的应用比较常见，Hydrus 软件是美国农业部盐渍土实验室开发的模拟非饱和土壤中水、热、溶质运移的软件。Hydrus 2D 软件能很好地模拟滴灌（Mmolawa and Or，2003）、地下滴灌（Hanson et al.，2008；Kandelous and Jirí，2010）、沟灌（Abbasi et al.，2004；Ebrahimian et al.，2012）、负压灌溉（冀荣华等，2015），以及立体种植膜下滴灌（Li et al.，2015）等多种灌水方式下的土壤水分运动与溶质运动规律。Hydrus 2D 软件自带的根系生长子模块较难反映作物根系的真实生长状况，在一定程度上影响了模型的模拟精度。之前的研究较少或未考虑根系吸水对土壤水分运移的影响，尤其是在温室蔬菜作物上的研究更是少见。因此，有必要考虑作物根区根系实际分布特征，编写适合特定环境下的土壤–作物系统水热传输模拟软件，以提高土壤根系层水热动态变化的模拟精度。

2. 根系吸水研究

植物根系分布模型、根系吸水模型和根系生长模型对于研究 SPAC 系统的土壤水动力学模型是非常重要的，同时这 3 个模型又是相互联系、相互作用的。

根系的分布随着土壤环境、植物种类、生长阶段及其他因素的改变而改变，在实际中很难精确测量。Huck 和 Hillel（1983）提出了一个考虑光合、呼吸、蒸腾和土壤水动力学特性的根系生长与水分吸收的模型，并利用连续系统仿真语言编程，取得了较满意的结果。Horton（1989）对冠层覆盖条件下的水热耦合运移进行了动态模拟，但主要侧重于土壤系统。Van de Griend 和 Van Boxel（1989）对 SPAC 系统水热转换关系进行了研究，但是侧重于土壤表面之上的水热收支、传输和转换关系的模拟。

根系吸水是土壤-作物系统中水分传输的纽带，也是研究土壤水分运动的关键，作物根系吸水模型的建立对进一步研究作物水分和养分吸收、转化及干物质形成、累积与分配提供了较好的理论支撑，明确根系吸水规律对研究土壤水分运动、调控根区土壤水分分布及制定灌溉计划具有重要意义。对根区水热传输与转换的研究，是地表能量转化和物质迁移的重要内容，适宜的根区水热状况对作物根系生长、产量形成及品质提升至关重要，同时也是整个农田生态系统的重要组成部分。因此，采用数值方法对根区水热传输进行定量化研究与模拟具有现实意义。

作物根系的吸水机制主要有两种，一是在蒸腾作用较弱条件下由离子主动吸收和根内外水势差主动吸收，也称为渗透流；二是在蒸腾作用下土根水势差产生的被动吸水（吉喜斌等，2006）。根系吸水受多方面因素的影响，主要环境因素是土壤水分的有效性、土壤溶液浓度、土壤温度、土壤通气状况和大气因素等。目前，对根系吸水模型的研究主要分为微观模型和宏观模型 2 种。在微观模型方面，假定单根为无限长、半径均匀和具有均匀吸水特性的圆柱体，该模型由 Gardner（1960）首次提出，此后许多学者对单根吸水模型进行了研究和改进。1965 年，Cowan 提出了单根吸水模型的解析模型，假定水分在一个土壤柱体内均匀流向植物根系，并维持一恒定流；1976 年，Molz 将根系吸水条件下土壤水分向根表面的流动和水分在根组织内的流动联系起来，从而考虑了根的水力特性，提出了土-根系统水流运动模型；在此基础上，Raats（1975b）考虑盐分胁迫对根系吸水的影响，并对单根吸水模型进行了改进；Herkelrath 等（1977）考虑了土-根界面相互作用效应对根系吸水的影响。在宏观模型方面，根据建模所考虑的主导因子和建模方式的不同，主要有电路原理模型、蒸腾权重原理模型和水动力学原理模型（吉喜斌等，2006）。①电路原理模型，如 Van-den Honert 模型（克雷默，1989）、Cowan 模型（Cowan，1965）、Hillel 模型（Hillel，1976）和 Rowse 模型（Rowse et al.，1978）等，由于电路原理模型需要准确确定根水势、根系和土壤对水流的阻力等较难确定的参数，因此其应用受到限制。②蒸腾权重原理模型，这类模型是将蒸腾量在根系层按一定的权重进行分配后建立起来的根系吸水函数，模型的权重因子通常选取土壤水分、土水势、导水率、扩散率及根系密度函数等，大多数模型具有较强的经验性，应用比较广泛。③水动力学原理模型，1970 年，Molz 和 Remson 提出将 Darcyand Remson 方程与根系吸水函数进行耦合，建立了一个综合的土壤水动力学模型；1981 年，Molz 将水容考虑在内，分别建立了水分向根径向流动的基本方程和根内水分流动的平衡方程；2001 年，左强等利用数值迭代反求法求解了植物根系吸水速率，并于 2003 年对这种方法进行了验证与应用。

综上所述，微观模型对分析根系吸水机制、根水势和土水势的关系及蒸腾条件下土壤水分的变化特点具有一定作用。但导水率在非饱和流中随吸力变化，且不同土壤层的土壤性质也不相同，所以不能将这种理想化的模型应用于宏观整个根系吸水系统中。相比而言，宏观模型以单株或群体根系为研究对象，通过引入根长密度和根系吸水强度等参数，将单根吸水模型扩展到群体尺度上，使宏观模型的应用更为广泛。

（三）植物水流阻力特性及其变化规律研究

在 SPAC 系统中，水分经过植株体内不同组织必然存在不同的阻力，这些阻力大小与作物种类、生长时期、生长环境、水分状态等密切相关，是 SPAC 系统的主要研究内容之一。Dube 等（1975）测定了玉米叶水势与作物蒸腾速率随环境的变化，并应用稳态流方程进行分析，指出玉米的水流阻力为一常数，不随水流速度而变化；Denmead 和 Millar（1976）、Jones（1978）均借助稳态流方程，研究了田间生长的小麦的水流阻力变化，但获得了不同的结论，Denmead 和 Millar 计算出小麦的水流阻力为定值，而 Jones 发现小麦的水流阻力随蒸腾速率的增大而减小。由此可见，植物水流阻力的变化问题存在一定的分歧。

邵明安和 Simmonds（1992）研究发现水分在土壤–植物–大气连续体中运移，其稳态水流速度由水势梯度和水流阻力确定，而在瞬态流情况下，系统中因水势的变化而存在水容效应，即瞬态水流速度除取决于水势梯度和水流阻力外，还受系统中水容的影响；邵明安和黄明斌（1998）系统地分析了土壤–植物系统中水流阻力与水流速度的关系，研究发现，冬小麦和玉米的叶水势与蒸腾速率的关系比较复杂，并非简单的线性关系，植物在全生育期或者某几个生育期内，系统内的水流阻力不仅受蒸腾速率的影响，而且还随时间而变化。水流阻力的变化主要表现在植物自身节律变化对水分的影响，如根系的木栓质化、组织分化、植物导管内含物的增减等；土壤–植物系统中水容很大，充水和放水特性明显，对冬小麦的水流阻力改变可达 63%，对玉米可达 76%。由此可见，植物水流速度的变化并非完全取决于水流阻力。

1. 植物的水势

根据 Van-den Honert 的水量平衡方程可知，在 SPAC 系统中，水流通量（Q）的变化与水势梯度成正比，与水流阻力（R）成反比，水势是促使水分在 SPAC 系统连续运移的驱动力。SPAC 系统界面水势的时空分布直接决定了植物水流变化量和植物叶片的蒸腾耗水速率。由于叶片与大气界面的水势差通常达 30MPa 以上，远大于土壤与植物根部的水势差，由此可见，叶片的渗流阻力在植物水流变化中起到主要的限定作用，同时，叶片也是植物水流由液态流到气态流的相变介质，长期以来，对水势的研究也主要集中于叶水势的变化规律。Turner（1986）认为作物水势作为灌溉依据比土壤水分状况更可靠；Kramer（1993）认为叶水势是植物水分状况的最佳度量，当植物叶水势和膨压降低到足以干扰正常代谢功能时，即发生水分胁迫。因此，叶水势作为作物水分亏缺程度的诊断手段，较广泛地应用于指导灌溉。

水在植物体内的传输方式有两种：主动传输和被动传输。植物水分的主动传输动力为根压，根压是根部细胞因呼吸代谢作用而形成的水势差，在此水势差的作用下，水分不断流入根部木质部导管，形成单向的主动流动；另一种是因植物蒸腾而引起的水分被动传输，当叶片蒸腾时，气孔下腔周围细胞的水扩散到水势很低（约−30MPa）的大气中，导致叶片细胞水势下降（−1.5 ～ −3MPa），产生了一系列相邻细胞间的水分传递，并可依次传递至导管，造成根部细胞水分亏缺，从而使根部细胞从周围土壤中吸水。对于处在蒸腾状态的植株，其吸水的主要方式是被动吸水；只有在蒸腾速率很低的夜晚，主动吸水才成为主要的吸水方式。因此，植物水流运移的研究主要是针对作物被动吸水的情况。对叶水势的检测目前仅限于离体测量，且以手工方式为主，测量非常不方便。作物的水分亏缺程度受制于作物蒸腾强度的变化，因此，根据作物蒸腾的变化来解析作物叶水势，就可以方便地实现植物叶水势的连续分析。这也是本章所要研究的重点内容。

2. 植物的水流阻力

根据 Van-den Honert 的水量平衡方程，水流阻力主要包括土壤–根系阻力（R_{sr}）、植物体的传导阻力（R_p）和叶片–大气系统阻力（R_{la}）。

土壤–根系阻力（R_{sr}）主要由土壤含水量和土–根接触阻力决定，该阻力可采用以下公式计算，即

$$R_{sr} = 5.0 \times 10^{-4} \left(\Psi_m / \Psi_{m0} \right)^{2.57} + \frac{\theta_s}{\theta} \times \frac{r_r}{L_z} \tag{1-3}$$

式中，Ψ_m 为土壤基质势（MPa）；Ψ_{m0} 为土壤水分特征曲线上饱和点的进气值（MPa）；θ_s 为土壤饱和含水量（%）；θ 为土壤实际含水量（%）；r_r 为单位根长的水流阻力（S/cm）；L_z 为单位面积土壤上的根长度（cm/cm^2）。

植物体的传导阻力（R_p）包括植物根系阻力和植物木质部的传输阻力，在实验分析中，由于土根界面水势很难直接测定，往往将土壤–植物系统作为一个整体进行讨论。因此，植物体水流阻力的计算公式为

$$R_p = \frac{\Psi_s - \Psi_1}{Q} - R_s \tag{1-4}$$

式中，Ψ_s 表示土壤水势，Ψ_1 表示叶水势，Q 表示水流通量，R_s 表示土壤阻力。

3. 植物的水容

通过大量的实验，人们发现植物在吸收土壤水的同时，植物的各部分（主要是茎、叶）还可以储存水，SPAC 系统内的水流通量（Q）除受控于水势梯度和水流阻力外，还受系统内的水容影响，是瞬态流而非稳态流。水容（C）的定义：单位水势（Ψ）变化所引起的细胞组织内含水量（V）的变化，其单位为 m·MPa，即

$$C = \frac{\mathrm{d}V}{\mathrm{d}\Psi} \tag{1-5}$$

由水容定义可知，植物水容的大小归因于植物体内储水量的变化，这种储水量的变化（即充放水特性）可通过在土壤–植物系统的水流线性模式中引进水容来模拟。在植物瞬态环境条件下，植物水流的瞬态流方程可推导为

$$\Psi_s - \Psi_1 = \frac{1}{C}\left[\mathrm{e}^{-\int \frac{\mathrm{d}t}{RC}} \int Q(t)\mathrm{e}^{\int \frac{\mathrm{d}t}{RC}}\mathrm{d}t + \beta \mathrm{e}^{-\int \frac{\mathrm{d}t}{RC}} \right] \tag{1-6}$$

式中，t 为时间，β 为积分常数。在定值阻–容网络中，电学上习惯称 RC 为时间常数，此处的物理意义：当植物的蒸腾速率发生变化时，系统为达到稳态而交换一定的水量所需的时间。植物水容的特性常以时间常数 RC 来表示，根据邵明安和黄明斌（1998）的研究可知，RC 是随时间而变化的，具有时间的特性（量纲为时间），时间"常数"常用抑制蒸腾的方法计算，即

$$\Psi_s - \Psi_1 = \left[\Psi_s(0) - \Psi_1(0) \right] \mathrm{e}^{-\frac{t}{RC}} \tag{1-7}$$

式中，$\Psi_s(0)$、$\Psi_1(0)$ 分别是初始有效土壤水势和初始叶水势，即抑制蒸腾时的有效土壤水势和叶水势。

根据研究表明，叶水势具有明显的日变化，采用有效地抑制蒸腾的措施的情况下，准确地测定叶水势比较困难。因此，本研究以叶片为研究对象，从水容的定义出发，计算叶片的时间常数的变化。根据质量守恒定律，植物叶片含水量的变化等于流进叶片和通过叶片蒸腾损失的水量之差，可以表示为

$$\frac{\mathrm{d}\theta_t}{\mathrm{d}t} = \mathrm{ET} - Q \tag{1-8}$$

$$Q = \frac{\Psi_s - \Psi_1}{R_p} \tag{1-9}$$

式中，θ_t 为叶片含水量；ET 为蒸散量；Q 为茎流量，根据水容定义公式，式（1-8）变为

$$C \cdot \frac{\mathrm{d}\Psi_1}{\mathrm{d}t} = \mathrm{ET} - \frac{(\Psi_s - \Psi_1)}{R_p} \qquad (1\text{-}10)$$

由此得出

$$R_p C = \frac{\left[\mathrm{ET} \cdot R_p - (\Psi_s - \Psi_1)\right]}{\mathrm{d}\Psi_s / \mathrm{d}t} \qquad (1\text{-}11)$$

综上分析，水势、阻力和水容对植物水流通量的变化起着不同的作用，叶片作为 SPAC 系统中水流运移的重要介质，可以通过叶水势、叶片渗透阻力和叶水容来调整植物体内水流变化与植物蒸腾的关系。

（四）作物蒸腾与气孔导度模型研究

气孔导度模型的构建对于研究植物气孔运动是很有效的。接下来，将介绍 5 种常用的气孔导度模型。

1. Jarvis 模型

Jarvis 在综合各环境因子对 G_s 的影响下提出了气孔导度阶乘模型。

$$G_s = f(\mathrm{PAR}) \cdot f(\mathrm{VPD_1}) \cdot f(T_1) \cdot f(C_a) \cdot f(\Psi) \qquad (1\text{-}12)$$

式中，$\mathrm{VPD_1}$ 为叶面饱和水汽压亏缺（kPa）；$f(\mathrm{PAR})$、$f(\mathrm{VPD_1})$、$f(T_1)$、$f(C_a)$、$f(\Psi)$ 分别为光合有效辐射、叶面饱和水汽压亏缺、叶温、大气 CO_2 浓度、土壤水势对气孔导度影响的函数，其值均为 $0 \sim 1$。各环境因子的影响函数分别采用以下表达式：

$$f(\mathrm{PAR}) = \mathrm{PAR}/(a + \mathrm{PAR}) \qquad (1\text{-}13)$$

$$f(\mathrm{VPD_1}) = 1/(b + \mathrm{VPD_1}) \qquad (1\text{-}14)$$

$$f(T_1) = cT_1^2 + dT_1 + e \qquad (1\text{-}15)$$

$$f(C_a) = \{1 \ (C_a < 100); \ 1 - n_1 C_a \ (100 \leqslant C_a \leqslant 1000); \ n_2 \ (C_a > 1000)\} \qquad (1\text{-}16)$$

在大田条件下，C_a 在 $100 \sim 1000 \mu\mathrm{mol/mol}$，因此 $f(C_a)$ 可简化表达为

$$f(C_a) = 1 - n_1 C_a \qquad (1\text{-}17)$$

式中，a、b、c、d、e、n_1、n_2 为系数。

$$f(\Psi) = \{1 - f e^{gS} \ (0 \leqslant S \leqslant 1); \ 1 - f \ (S < 0)\} \qquad (1\text{-}18)$$

式中，f、g 为系数；$S = \dfrac{\theta_f - \theta}{\theta_f - \theta_w}$，$S$ 为归一化的土壤含水量，θ_f、θ、θ_w 分别为田间持水量、土壤含水量、萎蔫含水量。

将式（1-13）～式（1-18）代入式（1-12）整理得

$$G_s=\text{PAR}\cdot(cT_1^2+dT_1+e)(1-n_1C_a)/[(a+\text{PAR})(b+\text{VPD}_1)] \tag{1-19}$$

通过在 Jarvis 模型中分别引入土壤含水量（SWC）、叶气温度差（ΔT）、叶片水平水分胁迫指数（CWSI）构建了 3 种修正的 Jarvis 模型：J_S、J_T、J_C。

$$J_S=\frac{\text{PAR}}{a_1+\text{PAR}}e^{a_2\cdot\text{VPD}}\left(a_3T_a^2+a_4T_a+a_5\right)\left(1-a_6e^{a_7S}\right) \tag{1-20}$$

$$J_T=\frac{\text{PAR}}{a_1+\text{PAR}}e^{a_2\cdot\text{VPD}}\left(a_3T_a^2+a_4T_a+a_5\right)\left(a_6+a_7\Delta T\right) \tag{1-21}$$

$$J_C=\frac{\text{PAR}}{a_1+\text{PAR}}e^{a_2\cdot\text{VPD}}\left(a_3T_a^2+a_4T_a+a_5\right)\left(a_6+a_7\cdot\text{CWSI}_L\right) \tag{1-22}$$

式中，$a_1\sim a_7$ 为经验系数，S 是土壤含水量的规范化函数。

Yu 等（2017）证明 J_T 和 J_C 模型可靠性高，尤其是在生长阶段的后期更好，且可以反映干旱后浇水时产生的补偿效应。相反，J_S 模型无法反映这些，且其在生长后期对气孔导度的预估值偏低。另外两个环境因素（PAR 和 VPD）足以获得 J_T 模型的可靠模拟。在没有进一步的环境数据（PAR、VPD 等）时，CWSI 可以对气孔导度进行合理的预测。对于 J_S 模型，随着更多的环境因素加入，其可靠性将提高；而对于 J_C 模型，改善不大。

2. Ball-Berry 模型

Ball-Berry 模型假设叶表面湿度和 CO_2 浓度不变时，气孔导度与净光合速率呈线性关系。

$$G_s=m_1(P_n\text{RH}/C_a)+G_0 \tag{1-23}$$

式中，m_1 为无量纲经验系数；G_0 为叶片残存气孔导度，表示 P_n 为 0 时的气孔导度。

3. Leuning 模型

1995 年，Leuning 通过研究 CO_2 补偿点和饱和水汽压亏缺与气孔导度的关系，对 Ball-Berry 模型进行修正。

$$G_s=m_2\frac{P_n}{\left(C_a-\tau\right)\left(1+\text{VPD}/\text{VPD}_0\right)}+G_0 \tag{1-24}$$

式中，m_2 为系数，τ 为 CO_2 补偿点，VPD_0 为经验系数。

4. Medlyn 模型

Medlyn 模型是基于最优气孔表现，认为气孔开合受最大的碳获取和最小的水分损失之间平衡的调节，结合经验算法得到。

$$G_s = \left(1 + \frac{m_3}{\sqrt{VPD}}\right)\frac{P_n}{C_a} + G_0 \qquad (1-25)$$

$$m_3 \propto \sqrt{\tau\lambda} \qquad (1-26)$$

式中，m_3 为经验系数，要求 $m_3 > 0$；λ 为单位碳获取的水分消耗量。这说明气孔导度与光通量密度、气温、CO_2 浓度、VPD、土壤水势有明显的关系。

5. Jarvis 模型修正后的阶乘式模型

$$g_{sto} = g_{max} \cdot [\min(f_{phen}, f_{O_3})] \cdot f_{light} \cdot [f_{PPFD}, (f_{temp} f_{VPD})] \qquad (1-27)$$

式中，g_{sto} 是气孔导度；g_{max} 为最大气孔导度；参数 f_{phen}、f_{O_3}、f_{light}、f_{temp} 和 f_{VPD} 分别表示物候期、O_3 及 3 种环境变量 [光合有效辐射（PPFD）、温度和 VPD] 对气孔导度最大值的胁迫系数，其值介于 0 和 1。

Jarvis 模型修正后的阶乘式模型由于引入了臭氧，可以研究该因素对气孔导度的影响。吴荣军等（2010）利用该模型构建冬小麦的气孔导度模型，研究了 VPD 等环境条件对冬小麦气孔导度和 O_3 吸收通量的影响。其发现在 O_3 熏期的后期，高温、干燥引起的较高的 VPD 值将导致气孔导度和 O_3 吸收通量的显著下降。郑有飞等（2012）也利用该模型对遮阴条件下臭氧胁迫对冬小麦气孔导度的影响进行了研究，发现遮阴可以减弱 VPD 对气孔导度的影响，使小麦维持较大的气孔开度。从以上几个模型可以看出，植物的气孔导度与 VPD 之间有明确的关系。

不同模型在不同环境下及模拟不同作物的表现上存在很大差异。黄明霞等（2016）比较了前 4 种气孔模型在马铃薯和油葵中的适应度。气孔导度模型的适用性评价结果表明，半经验模型 Ball-Berry 和 Leuning 及气孔导度最优化模型 Medlyn 模拟马铃薯气孔导度的效果比经验模型 Jarvis 好，而 Jarvis 模型模拟油葵气孔导度的效果比 Ball-Berry、Leuning 和 Medlyn 模型好。气象因子对气孔导度影响的通径分析表明，对马铃薯和油葵气孔导度日变化影响最大的气象因子均为 VPD。

（五）温室蔬菜叶片 CO_2 扩散的研究进展

温室作为一个相对封闭的环境空间，同时又与室外环境进行着气体和能量的交换，极大地受外界环境条件的影响。环境条件是影响作物产量、品质及经济效益的重要因素。同时，人们可综合利用现代工程技术和信息技术调控改善温室内部环境，为作物生产提供最适宜的温度、湿度、光照、水肥和空气等生长条件。温室环境的最优调控是设施农业高产优质栽培的重要手段。水汽压亏缺（VPD）作为温室内重要的环境因子，是指在一定温度下，饱和水汽压与空气中的实际水汽压之间的差值，表征了大气水分亏缺的程度。本课题组前期研究发现，晴天温室内 9:00 ～ 17:00 VPD 在 2 ～ 5kPa，最高可达 8kPa，而研究表明适宜大部分蔬菜作物生长的最优 VPD 范围在 $0.5 \sim 1.5$ kPa（Zhang et al.，2015）。因此，VPD 的最优调控是实现温室环境最优管理的关键。

番茄（*Lycopersicon esculentum*）是温室栽培的主要作物，本课题组的进一步研究结果表明，过高的 VPD 会显著降低番茄的光合速率，严重抑制番茄的生长，同时增加蒸腾耗水需求，影响番茄的产量和水分的高效利用（Zhang et al.，2017）。但是有关 VPD 变化对温室番茄光合作用调控的相关机理并不清楚，是否可以通过调控环境 VPD 达到调控番茄叶片 CO_2 扩散的阻力形成中的叶片组织结构与功能，实现提高叶片光合效率的目标？研究结果将为温室环境的优化调控和作物高产优质栽培提供理论支持，并具有十分重要的现实意义和应用价值。

光合作用的内在调控主要在于对 CO_2 由大气到羧化位点的传输阻力和羧化位点的利用（Gillon and Yakir，2000）。光合作用的底物 CO_2 从外界大气向叶绿体扩散的过程需要克服重重阻力（Boyer et al.，1997）。首先，CO_2 需要克服气孔的阻力到达气孔下腔。气孔下腔的 CO_2 需要通过细胞间隙继续扩散至细胞壁周围，然后再依次克服细胞壁、细胞膜、细胞质、叶绿体膜和叶绿体基质的阻力才能到达 Rubisco 酶的羧化位点（Evans et al.，1994）。CO_2 从气孔下腔到达 Rubisco 酶羧化位点的过程所受到的阻力称为叶肉阻力。气孔阻力和叶肉阻力的倒数即分别为气孔导度和叶肉导度（Bernacchi et al.，2002）。

气孔是 CO_2 和 H_2O 进出叶片的共同路径，通常情况下 CO_2 气孔导度的测定是通过测量气孔对 H_2O 的传导度来间接计算的（Cowan，1977）。气孔导度主要受气孔的形态结构（大小和密度）、气孔在叶片表面的排布及气孔开度的影响（Darwin，1898）。气孔的密度和大小主要影响最大气孔导度潜力，也因此可以通过气孔大小、密度和保卫细胞的一些形态参数来估计叶片的最大气孔导度。事实上，调节气孔密度和大小也是植物适应环境的一种方式（Eamus and Shanahan，2002）。更小的气孔对快速变化的环境响应更为迅速，从而更有利于适应快速变化的环境条件（Kaiser and Legner，2007）。尽管研究表明高 VPD 下气孔密度减小、气孔面积变小，但气孔的运动也同时决定了气体通量的大小（陈骁和梁宗锁，2013）。因此，明确气孔形态和气孔运动对气孔导度的调控是揭示 VPD 调控气孔导度机理的基础。

植物气孔是由两个保卫细胞围绕成的孔隙。当环境因子变化时，植物能通过调整气孔开度，以及控制 CO_2 的摄取和水分的散失（Chen et al.，2012），来调节植物适应环境的能力。就湿度气候因子而言，降低空气湿度会导致气孔开度变小。气孔的调控存在两个机理即保卫细胞膨压的被动水力调节和保卫细胞渗透势的主动代谢调节。随着叶气蒸气压差增加，蒸腾速率不断升高，改变了水力平衡，叶水势降低，保卫细胞被动失水，膨压下降，气孔开度变小（Bauer et al.，2013a）。气孔开度降低有利于减少水分散失，保持水力平衡。另外，植物的水分运输能力决定了叶片在蒸腾失水过程中能否得到有效的水分补充，叶片水力导度的大小决定了将水分供应到各个细胞包括保卫细胞的速率（Farquhar and Wong，1984）。在高 VPD 下如果蒸腾失水强烈，而保卫细胞得不到有效的水分补充，那么这种高气孔导度的状态将不能维持，从而使气孔导度下降。但在这一水力调控的过程中，当蒸腾速率接近于最大值，水势值接近植物木质部空洞形成的临界点时，保卫细胞的主动代谢调节也会使得气孔导度降低（Franks et al.，1997）。气孔的关闭与脱落酸（ABA）及其信号转导过程关系密切。ABA 与保卫细胞质膜上的跨膜受体结合，激活 G 蛋白，随后引发肌醇三磷酸（IP3）的释放，从而启动钙离子从液泡或内质网转移到细胞质中，细胞质内钙离子浓度的升高抑制质子泵的功能，导致细胞膜去极化并加速细胞质中钾离子的外流，伴随钾离子的外流，氯离子和苹果酸根离子等阴离子流出保卫细胞（Aliniaeifard and van Meeteren，2013），保卫细胞因此失水收缩而使气孔关闭。因此，气孔开度的调节涉及很多方面的内容。为了全面系统地研究气孔开度调控，Buckley 等（2003）建立了一个较为理想的气孔导度模型，该模型综合了各个影响气孔开度的因素，包含了水力和化学等信号的调节。通过该模型可以定量分析各因素对气孔开度的影响，进一步深入地阐明气孔导度变化的机理。

早期一些研究认为叶肉导度趋近于无穷小，但随后的一些研究发现，植物的叶肉导度并不是无穷小，而是与气孔导度同等重要（Loreto et al.，1992）。同时由于叶肉的变化只影响叶片内 CO_2 的运输而不涉及水分散失，因此，有研究提出叶肉导度是实现植物叶片光合速率和水分利用效率同步提高的生理位点（Flexas et al.，2013）。但是，针对 VPD 对叶肉导度影响的系统研究目前尚未见国内外报道。一般，外界环境通过影响叶片内部物理和（或）生化因素进而影响叶肉导度。叶肉导度的改变受到叶片整体和微观解剖特征的共同影响。叶片比叶重较大时，其叶肉导度往往较低（Brodribb and Jordan，2011）。作为比叶重的两个组成部分，叶片密度和厚度与叶肉导度的关系则不同，叶片密度和叶肉导度呈负相关，而叶片厚度和叶肉导度呈正相关。在叶片微观结构方面，CO_2 在叶肉组织中的扩散依次经过细胞间隙、细胞壁、细胞膜、细胞质、叶绿体膜和叶绿体基质等（Bunce，1998）。因此，CO_2 的扩散过程涉及气相和液相中的传输。

CO_2 在叶肉组织气相中的扩散导度大小取决于植物种类、叶片厚度和细胞排列方式等因素（Carins et al.，2012）。叶片越厚，CO_2 从气孔下腔通过径向传输到达细胞壁的距离就会越大，气相扩散阻力自然就会越大；反之，CO_2 从气孔下腔传输到细胞壁的距离就会越小，气相扩散阻力也会越小（Hills et al.，2012）。此外，叶片内细胞排列比较紧密，即叶片内细胞间隙的空间较小时，气相扩散阻力就会相对较大（Aliniaeifard et al.，2014）；反之，叶片内细胞排列疏松时，气相扩散阻力就会相对较小。但是因为 CO_2 在液相中的传输速率仅是其在气相中的传输速率的万分之一，所以液相中 CO_2 扩散（细胞壁、细胞膜、细胞质、叶绿体膜和叶绿体基质）的导度被认为是决定叶肉导度的主要因素（李勇等，2013）。

在叶肉组织中，CO_2 的液相扩散主要受面向细胞间隙的叶绿体面积、细胞壁和叶绿体基质的影响（Miyazawa et al.，2008）。细胞在叶片内部的排列比较紧密，可能会存在细胞壁相互紧贴的现象。由于中间没有空隙的存在，CO_2 不能有效地通过这些相互紧贴的部分向细胞内部传输（Bongi and Loreto，1989）。同样，在液相传输过程中，只有面向细胞间隙的叶绿体才能够充分地吸收 CO_2。因此，液相扩散导度的大小将取决于单位叶面积内叶绿体面向细胞间隙的面积。在 CO_2 穿过细胞壁及从细胞膜经过细胞质扩散到叶绿体膜的过程中，CO_2 在细胞壁和细胞质中的扩散路径越长，CO_2 所受到的阻力越大（Hanba et al.，2004）。通常，叶绿体会沿细胞膜排列，这有助于缩短 CO_2 在细胞质中的扩散路径，从而减少扩散阻力。同时，CO_2 进入到叶绿体后还会受到叶绿体基质的阻力，叶绿体越大，CO_2 从叶绿体基质扩散到羧化位点的路径越短，阻力越小，叶肉导度就越大（Tholen et al.，2008）。

叶片是由上下表皮、气孔、栅栏组织、海绵组织和叶脉构成的。叶片的发育是一个复杂的构建过程，其延展过程可能不是以细胞为单位受到调控，而是在细胞层次之上受一种更为综合的机制所调控（Brodribb et al.，2013）。叶片内各组织的形成是空间离散的，但又是在形成过程中相互依赖和协调的。细胞间的相互作用对细胞分化、形态建成起着决定性作用。叶片在解剖结构方面有很大的可塑性，但这种可塑性只有在涉及的各种组织保持功能协调时才能使植物适应环境的变化（Dewar，2002）。因此，明确不同 VPD 下叶片内各组织细胞间的相互协同关系，将对解析调控光合 CO_2 扩散阻力有至关重要的作用。然而，目前对于 VPD 如何影响叶片内细胞间的相互协同和组织间的空间离散还不清楚。

最近对不同光照条件下树木的研究表明，在叶片对不同光照条件适应的过程中，表皮细胞大小的可塑性改变了叶脉和气孔密度（Frensch and Schulze，1988）。由于低光照条件下较大的表皮细胞导致了较大的叶片面积，因此"稀释"了叶脉和气孔，使其叶脉密度和气孔密度低于高光照条件下的叶片（Hanba et al.，2002）。但是在不同的 VPD 条件下，这种协同调控可能会失效。因为在高 VPD 下蒸腾增加，植物为防止叶片失水，通过减小气孔密度来维持水分平衡，这可能需要通过调控不同组织细胞数目的变化来实现（Bauer et al.，2013b）。因此，在叶片可塑性适应不同环境的过程中，细胞大小和数目的这种调控作用是植物适应的重要机制。

综上所述，尽管国内外学者对叶片 CO_2 扩散进行了很多的研究，但在叶片解剖结构的可塑性调控 CO_2 扩散的作用方面还没有被系统地阐明，尤其在不同 VPD 条件下的研究尚属空白。就番茄作物来讲，这方面研究更为欠缺。因此，本研究拟通过不同 VPD 环境处理，测试番茄叶片光合作用的适应变化规律，观察 CO_2 扩散途径的叶片形态结构与解剖结构特征，分析叶片内 CO_2 扩散阻力对光合作用限制比率及叶片结构形成过程中对 VPD 调控的交互响应，揭示 VPD 调控对番茄叶片结构可塑性介导的影响及其对番茄叶片 CO_2 扩散阻力的调控机理，阐明维持番茄叶片较高光合作用的最优 VPD 调控途径，为温室环境最优调控和高产栽培提供理论依据。

（六）VPD 对水分运输的调控

水汽压亏缺（VPD）是空气饱和水汽压与实际水汽压的差值。在温室环境下，VPD 的应用范围要比空气的相对湿度大得多。空气湿度是随温度变化的，导致其无法反映出在特定温度下空气中的水汽压。VPD 可以用来描述从植物叶片释放出的水汽的情况，进而判断植物的水分状态。一般情况下，温室内的病害往往需要通过植物叶片上面的一层水膜进行侵染。VPD 与植物叶片距离露点的远近密切相关。研究发现，温室内的水汽压在 0.2kPa 以上时，植物不容易感病。

空气中 VPD 值会直接影响植物的蒸腾速率。蒸腾速率与植物产量之间的关系是密切的，Sinclair 等（2005）通过模型模拟了澳大利亚高粱在限制蒸腾速率下的产量，发现在半干旱环境中，限制最大蒸腾速率是可以提高高粱产量的。Fletcher 等（2007）的研究表明，在干旱的季节中种植最大蒸腾速率低的大豆对农户的生产更加有利。

1. VPD 与气孔运动

气孔是植物在土壤–植物–大气连续体（SPAC）中交换气体的关键部位。研究气孔运动对于探究植物在 SPAC 系统中的状态是十分关键的。王芸等（2013）发现白麻的气孔导度与 VPD 呈负相关关系，随着 VPD 的增大，白麻的气孔导度会逐渐减小。

高辉远和邹琦（1994）在大豆气孔午休的实验中发现，在正午时，由于气温升高，VPD 会上升。植物的蒸腾速率上升，叶水势下降，气孔导度下降，光合作用降低。待 VPD 达到最高值时，叶片的光合结构受到伤害，胞间 CO_2 浓度上升，气孔限制值下降，抑制植物光合作用。这说明了 VPD 与植物的气孔运动是显著相关的。关于造成这种现象的具体原因，梁建生（1999）进行了研究，指出当环境 VPD 升高时，叶片的蒸腾速率会增加。ABA 通量是蒸腾速率与 ABA 积累量的乘积，蒸腾速率增加，ABA 的积累量也会增加，最终反映为 ABA 对气孔的调节能力增强。这说明 VPD 对气孔运动的影响极有可能是通过影响叶片中 ABA 的积累量造成的。还有一些研究表明，植株叶片附近 VPD 升高，会在不影响叶水势的状况下增加气孔对 ABA 的敏感度（Borel et al.，1997）。VPD 的升高在导致蒸腾失水增加的状况下，会通过增加保卫细胞周围非原生质体溶液中的 ABA 浓度，从而增加气孔对 ABA 的敏感度（Zhang，2001）。任三学等（2005）研究了在土壤干旱胁迫下小麦的气孔运动，发现小麦处于干旱状态时，如果 VPD 低，植株蒸腾速率低，ABA 的传输速度低，可以保证植株一定程度的气孔开度及光合速率。这说明低 VPD 对干旱状态下植株的生长是有促进作用的。杨泽粟等（2015）发现在自然条件下半干旱的雨养春小麦，其抽穗期气孔导度对饱和水汽压亏缺的响应十分敏感。由于 VPD 的升高，小麦下午会出现较为明显的气孔限制。灌浆期午间会出现由高 VPD 和强烈辐射造成的午休现象。

2. CO_2 与 VPD 之间的关系

开放式 CO_2 浓度增高系统平台（FACE）条件下的叶片气孔导度对高 VPD 的反应更为迅速。王明娜等（2008）结合 Jarvis 的气孔导度模型，构建了在 FACE 条件下水稻气孔导度对环境因子的响应模型：$G_s=g_{s0}(PAR)\cdot f(VPD)$。其发现在 FACE 条件下的 CO_2 浓度升高，使叶片温度升高，从而使空气温度升高、VPD 升高，而即使与对照在相同的 VPD 条件下，FACE 处理的植物的气孔对高温和干旱的反应也更为明显。王雯（2013）发现 CO_2 通量会对 T_a 和 VPD 产生响应，其中当 0kPa < VPD < 1kPa 时，白天 CO_2 净吸收速率随着 VPD 的增大而增加，而当 VPD 超过 2kPa 时，CO_2 净吸收速率随着 VPD 的增大而逐步下降。

氮素形态会影响气孔对 VPD 的反应。李秧秧等（2010）研究了不同氮素形态下小麦叶片光合气体交换参数对 VPD 的反应，发现随 VPD 增加，硝态氮处理的净光合速率无变化，但铵态氮和硝酸铵处理的净光合速率则明显下降。另外，硝态氮和硝酸铵处理的小麦气孔导度的下降幅度明显高于铵态氮处理。硝态氮和硝酸铵处理的细胞间隙 CO_2 浓度也随 VPD 的增加而下降，但铵态氮处理未发生变化。

3. VPD 与水分利用效率

生态系统的水分状态也与 VPD 有紧密联系。孙丽娜（2012）发现除 8 月外，生态系统蒸散量在 5 月、6 月、7 月、9 月、10 月与 VPD 关系显著。另外，在其设定的 3 种水分状态下，VPD 都会影响生态系统的水分利用效率（WUE）。冯保清（2013）也发现控制水分利用效率季节变化的主要因素是 VPD 和 PAR。战领等（2016）研究发现玉米的水分利用效率与 VPD 呈负指数关系，存在常数 K 使得 GPP/ET 正比于 VPD-K，最优 K 值为 0.42 ～ 0.63。

Bai 等（2015）发现棉花白天时的小时生产力和蒸腾蒸发量与太阳净辐射呈渐进关系，但是随着 VPD 和空气温度的升高，棉花的生产力会下降。

徐同庆等（2016）发现烟田的水分利用效率与气温、净辐射呈二次曲线关系，与 VPD 呈负指数关系。另外，VPD 控制水分利用效率变化的节点与气温、净辐射不同，出现时间较早。这是由于在 VPD 较低时，总初级生产力（GPP）对 VPD 变化的响应更为敏感，而蒸散量（ET）的响应则相对迟缓，因此烟田 WUE 迅速升高；

随 VPD 的继续升高，气孔逐渐关闭，烟田光合作用过程受到限制，GPP 开始下降，但 ET 继续上升，导致烟田 WUE 逐渐降低。在净辐射相对较低时，烟田 GPP 随净辐射的增强而逐渐增加，之后趋于稳定；此后，随净辐射的进一步增强，GPP 开始降低。净辐射的增强与气温升高密切相关，两者导致 ET 呈线性增加。随净辐射的增强和气温的升高，烟田水碳交换能力逐渐增强，GPP 上升，WUE 缓慢增加。当净辐射超过一定强度后，光照强度超过光饱和点时烟株光合作用出现光抑制，GPP 降低，而此时植物的蒸腾量与地面的蒸发量线性增加成为 WUE 降低的原因。

总而言之，随气温、净辐射和 VPD 升高，烟株光合作用增强，GPP 的提高成为烟田 WUE 增加的主导因素；当净辐射、气温和 VPD 达到一定的阈值后，烟田光合作用、蒸腾速率开始下降，而土壤蒸发量的增加成为 WUE 降低的主导因素。

徐同庆等（2017）发现净辐射强度小于 230W/m^2 时，下午烟田 WUE 大于上午；反之，上午烟田 WUE 大于下午。这是因为在上午净辐射增加的过程中，气温和 VPD 上升缓慢，下午净辐射进入下降阶段后，气温和 VPD 仍继续升高。所以烟田上午的光合与蒸腾速率受气温和 VPD 的限制相对较低，而下午相对较高的气温和 VPD 弥补了净辐射下降对光合与蒸腾速率的影响，从而导致水、碳通量在日间的非对称变化规律。

4. VPD 与茎流液流

薄晓东（2016）发现 VPD 会影响玉米的瞬时茎流，但在父母本、生长时期上都存在差异。另外，在玉米茎流日变化过程中茎流滞后于太阳辐射，超前于 VPD。父本滞后的时间长于母本，而超前的时间则短于母本。土壤水分的变化能显著影响茎流与 VPD 的时滞变化，湿润期茎流超前的时间较干燥期的变化明显。徐利岗等（2016）发现枸杞日茎流量与太阳辐射、日平均气温呈线性相关，与 VPD 呈二次多项式相关。

5. VPD 在蒸腾时空间尺度研究中的作用

在小区尺度进行中尺度水分通量的转换中，水汽压亏缺（VPD）是重要的影响参数，可以用来进行蒸腾蒸发量的尺度上推。蔡甲冰等（2010，2011）探究了不同空间尺度之间作物蒸腾蒸发量的转换关系，发现利用微观尺度下（田间单株作物）测量的叶面蒸腾量、作物叶面指数、VPD，可以推算出小区尺度下植物的实际蒸腾蒸发量。利用小区尺度下的实际蒸腾蒸发量与 VPD，可以推断中尺度的潜热水分通量。在后续实验中，通过通径分析确定了冬小麦返青后的时间尺度效应表现是，全天二十四小时作物蒸腾蒸发量的主要影响因子是净辐射，而白天时段影响蒸腾蒸发量的主要因子是 VPD。在干旱气候条件下，玉米蒸腾对 VPD 的反应在时间和空间上也存在差异。Zhao 和 Ji（2016）在研究玉米植株的蒸腾作用对 VPD 响应的时空变化中发现，对于在干旱气候下生长的玉米，在叶片水平上达到最大蒸腾速率时的 VPD 阈值是 3.5kPa。但在整株植物的水平上，蒸腾速率在白天和夜间均与 VPD 呈正相关，并没有一个 VPD 阈值。在时间尺度上，蒸腾作用在每日尺度上对 VPD 反应最大，小时尺度上反应适度，瞬时尺度上反应最小。张雪松等（2017）发现小麦农田在不同时间尺度上蒸散量变化的影响因子主要包括冠层净辐射（R_n）、水汽压亏缺（VPD）、0cm 地温（Tg_0）、20cm 土壤水分（SW_{20}）。通径分析表明，在小时尺度上 VPD 对典型晴天蒸散量变化的直接作用最大，对蒸散的综合决定能力排序依次为 VPD > Tg_0 > R_n。在每日尺度上，R_n 作为最关键的影响因子，对蒸散的直接影响最大，VPD 对蒸散的间接影响最大，VPD、Tg_0 主要通过 R_n 路径间接影响蒸散，各因子的决策系数排序依次为 R_n > VPD > Tg_0 > SW_{20}。在生育期尺度上，Tg_0 和 R_n 是驱动蒸散变化的较主要因子并起直接影响作用。

徐同庆等（2016）发现烟田 WUE 的日变化主要受到冠层导度的影响，这是因为随着温度、净辐射和 VPD 逐渐升高，冠层导度也随之增加。季节变化主要受烟田叶面积指数（LAI）的影响，地面裸露面积越大，地面的蒸发量越高，水分利用效率就越低。

Yang 等（2020）研究不同温度下水稻和小麦的 K_{leaf} 对温度的响应规律发现，水稻的 K_{leaf} 对温度不敏感，而小麦的 K_{leaf} 随着温度的升高而显著降低。由于叶片水力导度对水势非常敏感，因此课题组通过短期干旱胁迫的方式研究了两个温度下（20℃和35℃）K_{leaf} 与 Ψ_{leaf} 的关系，发现在相同的 Ψ_{leaf} 条件下小麦的 K_{leaf} 对温度也不敏感，这表明水稻和小麦之间 K_{leaf} 对温度响应规律的差异与 Ψ_{leaf} 对温度响应规律的不同有关。随后，该团队又研究了水稻和小麦之间导管发育等叶片形态结构，发现小麦叶片大导管发育得明显较水稻小，这可能是导致这两种作物之间 K_{leaf} 与 Ψ_{leaf} 对温度响应不同的根本原因。

（七）水分运输植物解剖结构的研究

叶片作为产生同化产物的重要器官，在长期干旱适应过程中也进化出了一些旱生结构特征，目前国内外研究认为植物叶片解剖结构的变化主要表现在叶片变厚、栅栏组织发达、表皮细胞壁厚度增加、表皮角质层发达、具有表皮毛等一系列减少蒸腾作用及增加储水能力、机械强度的外部特征。佟健美（2009）的研究指出，叶片厚度、栅栏组织厚度等可以作为抗旱评价的高灵敏度指标；栅栏组织与海绵组织厚度比、叶上下表皮角质层厚度等可作为较高灵敏度指标。植物叶片对干旱胁迫的积极响应在细胞学上表现为干旱条件下的植物叶片的栅栏组织厚度增加、有些植物的栅栏组织由几层细胞组成、海绵组织厚度相对减少，这些解剖结构的变化是植物对环境的一种适应，可以有助于 CO_2 等气体顺利地通过叶片表面的气孔进入栅栏组织等光合作用场所，提高 CO_2 的传导率，实现植物应对干旱的自我调节（Chartzoulakis et al.，2002）。彭伟秀等（2003）通过对甘草解剖结构的观察得出，在干旱胁迫条件下叶肉细胞内含有黏液物质的异细胞使得叶片渗透势减少。不同阶段的植物应对干旱胁迫的调节机制是不一样的，幼叶由于其组织形态未建成，可随着土壤水分亏缺程度变化而改变其建成方向，可提高抗旱性；而成龄叶因为其形态已建造完成，很难再通过改变其组织结构来适应抗旱性，所以其抗旱机制是被动适应的，依靠消耗自身的营养物质来应对胁迫。

叶片的叶肉结构也迥异，有些植物叶片的海绵组织间隙大，这样其叶片的主要贮水结构就是下表皮细胞和维管束鞘细胞。另外，叶片叶肉细胞越小，表面积越大，其水分利用效率就相对越高。高秀萍等（2001）的研究指出，干旱胁迫减小了梨树的叶片厚度、栅栏组织和海绵组织厚度与上下表皮厚度，使得叶片的气孔密度变大。于海秋等（2008）的研究发现玉米幼叶维管束"花环型"结构在干旱条件下损伤明显，维管束鞘细胞排列混乱。

根系在干旱条件下的变化也是很敏感的。其耐旱性的表现与其本身的结构是密不可分的。王泽立等（1998）对抗旱玉米品种进行解剖学观察发现，水分胁迫时抗旱玉米的侧根发生能力减弱。宋凤斌和刘胜群（2008）通过比较玉米根系的次生根解剖结构发现，耐旱品种的次生根皮层细胞较少，有利于植株对水分的横向运输。王丹等（2005）对地被石竹根系进行解剖观察发现，中柱内导管数目较其他植物增多，说明水分通过中柱运输时的速度加快。刘飞虎和张寿文（1999）通过观察苎麻的中柱鞘发现，干旱胁迫条件加速了中柱鞘细胞的破裂解体，并且这种破坏程度随胁迫加剧而更加严重，这说明干旱胁迫不仅仅影响了植物的形态特征，还对细胞内部的结构造成了一定的伤害，抑制了根系细胞的分生能力。马旭凤等（2010）的研究表明，水分胁迫时根变细的主要原因是中柱面积减小、导管直径缩小。这可能是因为在正常环境条件下，植物根系从土壤中能够得到足够的水分来满足自身的生长需要，此时的导管直径较大，便于水分运输，但是当土壤出现水分亏缺时，根系的导管就会萎缩、直径变小，这样可以保持高速的水分流通，有利于根系从土壤中吸收更少量的水分（王周锋等，2005）。这些说明干旱胁迫影响了根系导管的直径大小，从而适应逆境的要求。

二、温室作物 SPAC 系统需要研究的主要问题与展望

（一）温室作物 SPAC 系统需要研究的主要问题

1. 气候环境对温室环境的影响

SPAC 系统水分传输受到温室环境影响。需要研究清楚温室作物 SPAC 系统水分传输变化，首先需要研究不同设施结构下，温室外界环境对温室内环境的影响。在温室内外环境相关性方面，温室外环境因子的改变对温室内环境影响较大，如

日照时数、大气温度、湿度、云的覆盖度和风力等。一般，晴朗天气，高原地区，大气中水汽、雾霾及云层较薄，覆盖度越小，温室内接受的辐射能就越多，光照强度就越大。在这样的晴朗天气条件下，温室内的光照条件能较好地满足喜光类作物的生长发育。在光照充足、温度适宜的条件下，作物水分运输正常，促进作物生长。如果遇到连阴雨天，外界光照较弱，温室温度较低，水分运输缺乏动力，将最终导致开花坐果、果实膨大、糖分积累等生长发育过程受到的影响越严重。所以外界环境影响设施内环境从而影响到温室作物 SPAC 系统水分运输变化，这一大体系研究尚需进行。

2. 温室内环境的影响对 SPAC 系统水分传输影响的研究

温室内环境的影响对 SPAC 系统水分传输影响的研究主要包括温室土壤水分特征曲线、比水容、非饱和土壤水扩散率和非饱和导水率；采用冠层分析仪、液流热脉冲技术和时域反射仪等国外先进的仪器与技术定位分析作物冠层结构、根茎液流及根区土壤含水率等，以获取进行 SPAC 系统水分传输研究所需要的基础数据。

3. 温室作物布局和温室光分布结构特征及其与光能截获、蒸腾等的关系分析

分析温室作物耕作方式、密度、整枝修剪对作物树冠层结构特征及其对叶片生理生态指标的影响，考虑冠层结构，并分析优化作物光截获总量与作物水分运输及蒸腾作用的关系模型，探寻最佳的水分管理与产量及品质的关系。

4. 温室作物液流动态及其与气象因子之间的关系分析

分析温室作物主根、茎、叶液流变化规律，并采用主成分分析和隶属函数分析方法建立液流与气象因子的定量关系，以寻求液流的主要控制因子。

5. 温室作物水势力学模型建立与环境动力学模型建立的研究

对土壤、植物、大气不同因素的水势变化与作物液流量和水分传导、水势梯度之间的关系分析，研究作物液流量与水分传导及水势梯度之间的定量关系，解析水分移动动力与阻力的来源及其相互关系，为温室环境调控提供理论依据与决策模型。

6. 根系吸水速率的研究

需要研究根系吸水速率与栽培根区空间大小、根区水分分布和时间、根区环境等因素之间的定量关系分析及根系吸水模型的建立与验证。

（二）不同栽培介质的根系吸水机理研究

温室作物栽培除土壤以外，栽培介质还包括不同的基质栽培、营养液栽培和气雾栽培等形式，根系在不同介质中的生长环境不同，根系发育不同，呼吸代谢不同，根系吸水能力也就不同。

（三）温室作物空间分布与水分循环关系的研究

1）温室作物特别是番茄、黄瓜、茄子等高秆蔬菜作物的群体地上部结构与光能分配、水分散失之间的关系直接影响到冠层光能分配、冠层阻力及冠层水分散失。植株冠层简单地用叶面积指数来描述是远远不够的，因为与大田作物冠层相比，温室作物冠层结构更加复杂、变异性更大，所以有必要引入更为细致的数量关系，来描述温室作物冠层结构。同时也有必要研究温室作物冠层结构对作物光能分配、气孔导度、空气动力学阻力的影响，以及冠层结构与作物衰老的关系。

2）在 SPAC 系统中详细分析植物水流通量的变化规律，探讨植物水势、水流阻力和水容在植物水流运移中的作用。

3）研究不同供水条件下，植物水势、水流阻力和水容的变化规律及其在水分胁迫情况下的变化特点，进一步研究在植物水流运移中水容效应在液态水流与气态蒸腾间的调节作用。

4）分析环境因素对植物水势和水流阻力的影响，分析作物水分利用效率的影响机制。

第二章　VPD 调控温室蔬菜作物水分传输的动力学机制

【导读】本章主要介绍了 VPD 在水分生理学上的研究意义，研究了 VPD 调控温室蔬菜水分运移的机制和在温室 SPAC 系统水分传输中的应用，阐述了温室 SPAC 系统中水分势能分布与阻力构成；分析了 VPD 调控对温室蔬菜水分生理、生长、产量、品质及水分利用效率的影响，阐明了 VPD 调控温室蔬菜水分传输的动力学机制。

第一节　VPD 的水分生理学研究意义

现代农田水利学把水分运移的路径"土壤–植物–大气"当作一个物理上统一的连续体系（SPAC 系统）进行动态、定量的研究，将 SPAC 系统中水分运移规律用物理学中表征流体及物质扩散的一般性法则来描述。SPAC 系统水流运动不仅是水循环的环节，也是能量传输和物质迁移的活跃过程，没有适当的水分运移，就不可能有植物生产。揭示温室内 SPAC 系统水分运移规律是进一步提高温室作物产量和水分利用效率的基础理论工作。SPAC 系统内的水势和自由能的空间分布为土壤＞根＞叶＞大气，构成了水流推动力，又通过灌溉实现了自由能的增加，为水流运动提供能源。SPAC 系统水流运动使水分的熵和焓减小，水的有序性增加。相反，叶–大气的蒸腾作用却使水分的熵和焓增加，水的有序性降低。大气作为水分传输的"汇"，水势受到大气温度和湿度的影响。半干旱地区大气蒸发能力强是导致大气水势偏低的原因（于贵瑞和王秋凤，2010）。

SPAC 系统中存在水分的自由能变化梯度，水势和自由能逐渐下降，构成水流运动的推动力，使水分能够克服运移路径中的各种阻力，又通过灌溉增加土壤水自由能，实现 SPAC 系统中水分的更新和连续运动（Wheeler and Stroock，2008）。驱动水分从土壤到植物再到大气所需的动力是由不含任何代谢泵参与的物理驱动力构成的，不需要能量输入。土壤基础水分能态与大气蒸发潜能共同构成水流运动的物理"泵"，协同调控水分运移的驱动力。然而，目前 SPAC 系统在节水农业实践中的应用，主要集中于水分传输的"源"调节，如非充分灌溉技术。非充分灌溉技术通过减"源"能态降低水流连续体的源驱动力，降低作物非水分临界期的耗水量，在干旱半干旱地区的农业生产中得到了广泛应用，实现了水分利用效率（WUE）–产量–经济效益的有效平衡（Fereres and Soriano，2007；Geerts and Raes，2009）。在设施园艺生产中，节水多通过调控灌溉实现，滴灌、微喷灌和渗灌等节水灌概技术大大降低了灌溉水量，提高了灌溉系数。大量研究集中于评估各种灌溉制度的"源"节水效应，而通过调控大气"汇"实现水分传输过程中的节流效应仍未得到重视。

　　大气水"泵"调控的难度还在于大气蒸发潜能的定量表征，液态水流直接与水势差成正比，但叶片–大气界面层水分以水汽形式扩散，水汽扩散与水蒸气浓度差成比例。大气水势的换算则夸大了水汽中势能的下降，而且大气水势在气象及作物生产实践中的应用较为稀少。水汽压亏缺（vapor pressure deficit，VPD）是指在一定温度下，空气中的饱和水汽压与实际水汽压的差值，是温度与相对湿度对水汽物理特性的综合作用（图 2-1）。VPD 表征大气蒸发潜能和大气对水汽的"需求拉力"，与 SPAC 系统势能分布和水流驱动力直接相关（Novick et al.，2015；Fricke，2017；Pantin and Blatt，2018）。VPD 在植物–水分关系的研究中具有生物学和物理学机理意义，广泛应用于植物水分平衡和气孔行为的研究中（Buckley，2015；Merilo et al.，2018）。其中，大气水势的计算为

$$\Psi_a = \frac{RT_k}{V_w}\ln(\mathrm{RH}) \tag{2-1}$$

式中，V_w 为水的偏摩尔体积，其值为 $0.018 \times 10^{-3}/(\mathrm{m^3 \cdot mol})$；$R$ 为气体常数，其值为 $8.31\mathrm{J/(mol \cdot K)}$；$T_k$ 为空气热力学温度（K）；RH 为空气相对湿度（%）。

$$\mathrm{VPD} = a \cdot \exp\left(\frac{bT}{T+c}\right) \cdot (1-\mathrm{RH}) \tag{2-2}$$

式中，VPD 为饱和水汽压亏缺（kPa）；T 为空气温度（℃）；RH 为空气相对湿度（%）；a=0.611kPa，b=17.502，c=240.97℃。

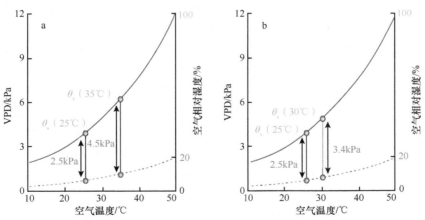

图 2-1　VPD 与空气温度和空气相对湿度的关系（Grossiord et al.，2020）

θ_s（35℃）表示 35℃下的饱和水汽压，下同

　　通过调控大气水分能态降低作物耗水量的节水潜力有待挖掘。调控大气水"泵"从理论上可以降低土壤–大气自由能差，由于大田栽培下气象环境调控难度较大，相关研究鲜见报道。设施园艺装备赋予大气水"泵"可调控性，通过"减蒸节流"挖掘节水潜力具有一定可行性。近年来，因温室效应，全球逐渐变暖，VPD 亦随之不断升高，导致大气蒸发能力增大，大气干旱与土壤干旱现象愈发频繁、严重。VPD 升高不仅对玉米、小麦等大田作物的光合作用和产量有重要影响，而且对温室番茄、黄瓜、甜瓜等蔬菜作物的生产力和水分利用效率亦有重要影响。VPD 是温室大气水分环境调控的重要指标与依据，根据荷兰温室生产经验，番茄高产栽培的适宜 VPD 为 0.5 ～ 1.0kPa，当 VPD 超过 1.5kPa 时，番茄出现水分胁迫，光合作用受到抑制（Peet et al.，2005）。由于温室效应，设施内容易积聚热量并产生较高的 VPD，对于环境调控能力差的温室，春夏季温室内可以产生达 3 ～ 5kPa 的高 VPD 胁迫环境。温室作物水分传输动力由土壤和大气的水分环境协同决定，与土壤"水源"相比，温室内大气"水泵"强度波动剧烈，是造成植物水分胁迫和光合减产的重要原因。我们在此基础上重点展开了 VPD 驱动温室蔬菜水分传输的研究，发现在一定 VPD 范围内（0.5 ～ 5.0kPa），降低 VPD 可以实现"减蒸节流"效应，驱动 CO_2 向气孔内腔流动，从而促进初始生产力形成，在产量水平和宏观水平上验证了 VPD 与番茄光合效率密切相关。

　　在温室相对封闭的空间内，VPD 是影响作物蒸腾蒸发及产量形成的主要因子之一。现有研究证明过高的 VPD 引起植物水分失衡，显著降低叶水势和细胞膨压。导管中的水柱因大气蒸发剧烈而处于张力作用下时，细胞膨压甚至成为负值，引起生理功能障碍（Collins et al.，2010）。气孔保卫细胞关闭，造成 CO_2 进入气孔的扩散阻力增大，抑制了作物光合碳同化、生长发育和产量形成等过程。温室和植物工厂的环境调控技术不断发展，机械制冷、冷水降温和蒸发雾化降温等技术在夏季温室生产中广泛应用（Romero-Aranda et al.，2002；Schmidt et al.，2008；Katsoulas et al.，2009，2012；Villarreal-Guerrero et al.，2012）。但在夏季温室环境自动调控设备中，环境目标变量一般单独依据空气温度、相对湿度或自动设定控制时间。环境控制目标温度或相对湿度等参数的设置值一般是管理者根据经验值而定。大量研究证明，VPD 在表征大气水分状况调控植物水分传输和气孔行为等生理功能上，比相对湿度更具有生物学和物理学机理意义（Oguntunde，2005；Parent et al.，2010；Buckley，2015）。在目前的温室环境调控中，以 VPD 作为目标参数的环境控制策略逐渐受到重视。

　　调控温室内大气水分环境可改善植物体内水分平衡和降低作物蒸腾，使之有利于气体交换和生物量形成，从而可实现节水增产。另外，VPD 对光合同化产物的分配和源–库平衡亦有影响，过低的 VPD 可改善光合作用促进营养生长，但不一定有利于同化产物向果实中分配，因而增产效应可能不显著。由于 VPD 与作物生理过程的关系复杂，而且蔬菜作物对环境的生理生态适应性存在较大差异，因此作物水分运输动力与温室 VPD 的关系的研究较为薄弱。

第二节　VPD 调控温室作物水分运移和耗水量的机制

VPD 与作物蒸腾拉力直接相关，大量研究证明在叶片和瞬时尺度上 VPD 与叶片蒸腾速率及茎流呈正相关，调节 VPD 是降低植物蒸腾的重要途径（Roddy and Dawson，2013）。传统作物节水理论多以土壤水–作物关系为中心，我们立足设施园艺，基于物质循环与能量平衡理论解析优化调控大气水"泵"的节水增产潜力，揭示"减蒸节流"效应的微观过程和机制，证明降低水分驱动力的关键在于降低大气 VPD，降低 VPD 可以减小土壤–大气势能差，进而可以降低水流传输速率并抑制作物奢侈耗水（Zhang et al.，2018）。

一、温室环境因子调控水分传输的相对重要性

我们用系统的、动态的观点和定量的方法研究了温室 SPAC 系统中水分运输的物理学与生理学机制。从整体和相互作用方面定量研究了温室环境因子对蒸腾的驱动与调控作用，并且将因子之间对蒸腾调控的协同作用由点尺度向面尺度提升，有利于进一步明确连续体内水分运转的定量关系和调控机制，筛选出温室 VPD 为影响水分传输的主导因子，对于温室高效节水灌溉具有一定的理论和实践意义。

在作物蒸腾过程中，各生理生态因子并不是孤立的，各因子之间相互作用、相互影响，共同作用于作物蒸腾，存在着错综复杂的相关性（Losch and Schulze，1994；Domec et al.，2012），具体表现为因子之间的互补性、适度性、复合性、协同性。前人对温室作物蒸腾耗水过程，以及其与气象环境因子和土壤水分因子的关系进行了大量研究，对于指导节水灌溉具有一定意义，但大部分研究局限于作物某一栽培季节或地区（戴剑锋等，2006；张大龙等，2013）。在温室环境中，温度和光辐射等环境因子波动剧烈（Fitz-Rodríguez et al.，2010；Liu et al.，2014），冬季亚低温弱光和夏季高温强光是生产中的常见问题，而且因温室具有环境调控设备，使得温度与光辐射变化趋势不一致（Linker et al.，2011）。因此，温室环境因子的组合和变化比大田环境更为复杂，而作物蒸腾与温室环境因子的定量研究往往具有地域和季节限制，普适性较差，因而限制了其应用推广性。

（一）综合因子分析

二次正交旋转组合设计同时具有正交性和旋转性。该方法能保证与试验中心点距离相等的球面上的各点的预测值的方差相等，具有取点分散均匀、试验次数少、计算简便的优点，可以对多指标进行综合评价（袁志发，2000）。为了克服不

同栽培季节的温室环境因子对作物蒸腾影响的错综复杂性，使试验处理能尽量地涵盖各环境因子的波动范围和兼顾各种环境因子组合，我们以甜瓜为试验材料，利用二次正交旋转组合设计模拟自然环境变化，将土壤、植物、大气作为一个物理连续体，从整体和相互作用上来定量研究环境因子对作物蒸腾的驱动与调控作用，以期揭示各因子之间的协同调控效应，为建立具有较强普适性的黄瓜、甜瓜水分传输模型奠定理论基础。试验因子为土壤相对含水率、空气温度、空气相对湿度和光合有效辐射 4 个因子。采用四元二次正交旋转组合设计 1/2 实施（袁志发，2000）。幼苗于 2015 年 4 月 2 日四叶一心期定植于相同规格的花盆内，根据水量平衡法（张大龙等，2013）进行水分处理，定植 40d 后于伸蔓期选择长势一致的健壮植株进行可控环境下的蒸腾试验。

在每一试验植株中部选 3 片生长健壮的成熟叶片，应用美国 LI-COR 公司生产的 Li-6400 型光合作用系统，测定不同环境因子组合下的叶片气体交换参数：蒸腾速率和气孔导度。利用 LED 光源控制光合有效辐射强度，通过安装高压浓缩 CO_2 小钢瓶控制叶室 CO_2 浓度为 400μmol/mol，气体流速为 400μmol/s。每个叶片重复 3 次，取平均值进行分析。

蒸腾作用水分散失的主要途径是气孔，气象环境条件对蒸腾的影响主要表现在调控叶内水分蒸发所需的能量及叶片与周围环境之间的水汽压梯度，而土壤水分能态对蒸腾的影响则是通过调控气孔开度。大气蒸发驱动力和传输导度可分别用水汽压亏缺（VPD）和气孔导度（G_s）表示，气象和土壤环境主要通过影响这两个因子来调控蒸腾速率（Peak and Mott，2011）。

环境因子与蒸腾的相互作用及通径分析如表 2-1 所示，各环境因子并不是孤立的，它们共同作用于蒸腾，且相互影响。通径分析在多元回归的基础上将相关系数分解为直接通径系数（某一自变量对因变量的直接作用）和间接通径系数（该自变量通过其他自变量对因变量的间接作用）。根据通径分析可量化各环境因子对蒸腾速率的效应，如表 2-1 所示。环境因子对蒸腾调控的交互作用及作用力如图 2-2 所示。

表 2-1　甜瓜环境因子与蒸腾的相互作用及通径分析

变量	与 T_r 的相关系数	直接通径系数	间接通径系数						
			合计	SW	T	RH	PAR	VPD	G_s
SW	0.038 12	0.088 21	−0.050 09		−0.266 56	0.002 25	−0.023 3	0.100 58	0.136 94
T	0.640 12*	2.197 22	−1.557 11	−0.010 7		0.629 09	−0.027 65	−1.478 3	−0.669 55
RH	−0.637 36*	−1.077 83	0.440 48	−0.000 18	−1.282 44		−0.015 47	1.300 17	0.438 4
PAR	0.609 92*	0.273 67	0.336 26	−0.007 51	−0.222 01	0.060 94		0.072 54	0.432 3
VPD	0.726 95**	−1.605 29	2.332 23	−0.005 53	2.023 41	0.872 97	−0.012 37		−0.546 25

续表

变量	与 T_r 的相关系数	直接通径系数	间接通径系数						
			合计	SW	T	RH	PAR	VPD	G_s
G_s	−0.194 73	0.902 94	−1.097 67	0.013 38	−1.629 29	−0.523 32	0.070 41	0.971 15	

注：* 表示 $P < 0.05$，** 表示 $P < 0.01$。T_r 为蒸腾速率 [mmol/(m²·s)]，SW 为土壤相对含水率（%），T 为空气温度（℃），RH 为空气相对湿度（%），PAR 为光合有效辐射 [μmol/(m²·s)]，VPD 为水汽压亏缺（kPa），G_s 为气孔导度 [μmol/(m²·s)]。后同

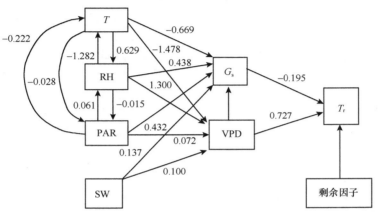

图 2-2　环境因子对蒸腾调控的交互作用及作用力

（二）关键因子筛选

由通径分析可知，VPD 对蒸腾的综合作用力最大，是分析其他环境因子作用路径的重要中转因子。气孔导度与蒸腾速率未表现出显著性相关，说明在瞬时尺度上环境因子是控制蒸腾速率的主导因子。各因子对水分传输的交互作用如图 2-3 所示，温度与相对湿度对 VPD 的效应较大，是蒸腾速率的主要驱动因子，也是气孔导度的重要调控因子。光合有效辐射和土壤水分主要通过影响气孔导度，与 VPD 协同调控蒸腾速率。另外，气象环境因子之间对蒸腾速率的调控存在密切交互作用，主要表现为相对湿度和温度之间的协同与拮抗作用。

我们发现 VPD 对甜瓜蒸腾的综合作用力最大，而关于蒸腾调控的主导环境因子一直未有定论，主要取决于试验环境和植株生物学差异。本试验采用人工控制环境，光源为 LED 红蓝光源，与自然光存在较大差异，而且为瞬时尺度和稳态环境下的蒸腾–气孔响应机制。植株生物学差异也影响植物水分传输过程，气孔水汽扩散导致界面层湿润，增大界面层阻力。界面层厚度与叶片表面结构密切相关，有学者很早就采用 Jarvis 等提出的无量纲脱耦联系数（$0 \leq \Omega \leq 1$）描述冠层蒸腾与大气的相互关系：当 Ω 趋近于 0 时，气孔对蒸腾的控制逐渐增强；当 Ω 趋近于 1 时，叶片表面逐渐增厚的界面层削弱饱和水汽压亏缺的驱动作用，气孔对蒸腾

的控制取决于光辐射的强度（Wullschleger et al.，2000；Nicolás et al.，2008；Rivera et al.，2013）。

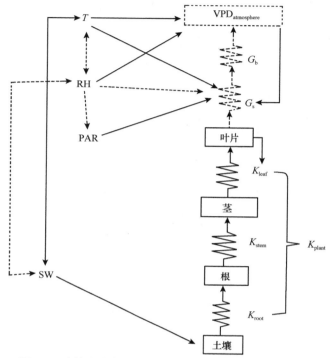

图 2-3　土壤和大气环境因子驱动与调控蒸腾的交互作用

G_s 为气孔导度；G_b 为边界层导度；K_{leaf}、K_{stem}、K_{root}、K_{plant} 分别为叶片、茎、根和单株水力导度；$VPD_{atmosphere}$ 为大气水汽压亏缺。图中因子间实线为正效应，虚线为负效应。实折线表示液态水传输，虚折线表示气态水传输

二、VPD 与温室 SPAC 系统水分传输能力的关系

（一）温室蔬菜水分传输日变化进程

1. VPD 调控对充分灌溉条件下番茄叶水势日变化动态进程的影响

由于黎明前植株蒸腾较弱，水势驱动力可近似为零，基质到叶片间的水势近似平衡，因此黎明前叶水势是根系栽培环境中整体土壤水分能态的表现。我们对番茄植株进行充分灌溉后，植株黎明前叶水势与对照差异不显著（图 2-4），说明栽培基质水分状态一致，消除了基质间水分的差异。在日变化进程中，两个品种的番茄植株在 VPD 调控中均呈现出相似的叶水势动态变化趋势：随着光合有效辐射的增强和蒸腾速率的增大，叶水势均呈现出下降趋势，并且随着大气蒸发能力在正午达到最高，叶水势在正午前后达到最低谷；16:00 后，随着光合有效辐射和大气蒸发能力的减弱，蒸腾速率逐渐减小，叶水势逐渐恢复（图 2-4）。加湿降低

VPD 处理对两个品种的叶水势日变化进程影响显著,叶水势的下降趋势可以得到有效缓解,加湿降低 VPD 处理中番茄叶水势日动态变化曲线相对稳定和平缓。这种缓解作用在正午前后表现得尤为明显:正午前后加湿降低 VPD 处理中植株叶水势显著高于对照组高 VPD 处理植株。

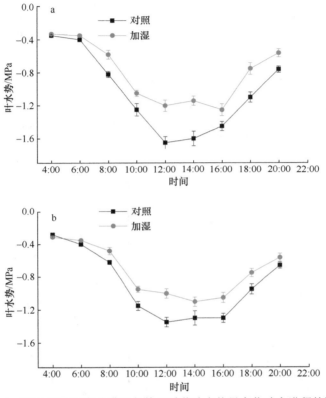

图 2-4 VPD 调控对充分灌溉条件下番茄叶水势日变化动态进程的影响

图中数值为平均值 ± 标准误。a 和 b 分别代表供试番茄品种 '迪粉尼' 与 '金棚'

2. 温室甜瓜叶片蒸腾和单株茎流速率的日变化进程

伴随着 VPD 的日变化,甜瓜在叶片和单株水平上的水分耗散过程及生物物理调控机制表现出较大差异。在叶片水平上,叶片蒸腾速率、气孔导度和叶片水力导度的日动态变化过程呈现双峰曲线(图 2-5a、c、e):6:00 ~ 8:00 光照弱、温度低,叶片气孔导度、水力导度和蒸腾速率均较弱;随着温度和光合有效辐射的升高,气孔导度和叶片水力导度迅速升高,叶片蒸腾速率增大,于正午时刻达到第 1 次峰值;此后,为抑制叶片失水,气孔导度和叶片水力导度迅速下降,叶片蒸腾速率相应下降;16:00 后,温度、光合有效辐射下降,叶片气孔导度、水力导度和蒸腾速率又有所回升并达到第 2 次峰值,但随着光合有效辐射和温度的持续下降,这 3 个因子逐渐下降。与叶片水平上的动态过程不同，个体水平上的冠层导度、单株水力导度和单株茎流速率日动态变化较为平缓，呈现单峰曲线（图 2-5b、d、f），但是 3 个因子动态变化的同步性较差，其峰值出现时间不一致：冠层导度最早达到峰值，单株水力导度次之，单株茎流速率则表现出明显的滞后性。

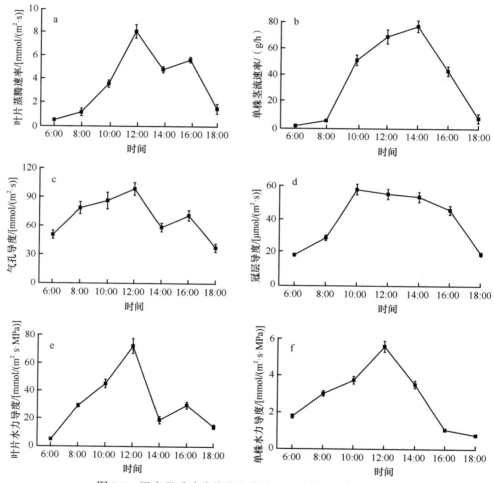

图 2-5　温室甜瓜叶片蒸腾和单株茎流速率的日变化进程

3. VPD 对番茄不同生育期黎明前和正午叶水势的影响

如图 2-6 所示，由于及时精准补充灌溉，随着番茄生育进程的推进，两个品种的黎明前叶水势波动较小（图 2-6a 和 b）。随着叶片生长、衰老，正午叶水势在定植 20～30d 达到峰值，随后逐渐下降（图 2-6c 和 d）。

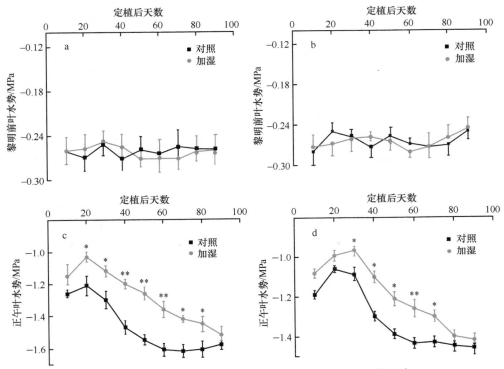

图 2-6　VPD 对番茄不同生育期黎明前和正午叶水势的影响

* 表示加湿处理与对照在 0.05 水平差异显著，** 表示加湿处理与对照在 0.01 水平差异显著

（二）温室 SPAC 系统水分势能分布

对于作物蒸腾作用，重要的是解析其驱动力。降低驱动力，或将驱动力分解作用于其他方向，是抑制奢侈蒸腾和实现节水灌溉的有效途径。SPAC 系统中水分循环与能量转化是建立在严格的生理学和物理学基础上的，其严谨的理论与定量方法是基于传统农业中的土壤栽培系统。这些研究结果为解析农田系统水分传输、作物响应过程等提供了重要支持。但多数研究注重单一过程、单个界面、少数因子的影响调控，还缺乏对 SPAC 系统中多界面、多过程的驱动机制及其相互调节、适应机制的量化研究。

土壤灌溉水为"源"，而大气蒸发能力或大气水分状况为"汇"，植株根系、茎导管和叶脉等充当连接"源"与"汇"的"流"。实现"源–汇–流"三者的动态平衡关系，是保证植株维持正常水分状况和生理功能的基础。SPAC 系统理论在节水灌溉农业中的直接应用体现在对土壤水分能态的调控。节水灌溉或亏缺灌溉的理论基础在于降低土壤水的"源"驱动力，抑制作物奢侈蒸腾，实现节水目的。采用水力学理论解析叶–气界面层的水流驱动过程与节水潜力的评价相当复杂，对生产实践具有重要意义，但目前仍未受到重视。本研究以统一能量指标"水势"解析了

SPAC 系统不同界面层驱动力的相对重要性，对作物节水效应具有重要理论和实践意义。

水分蒸腾的巨大拉力还包括边缘效应及热力不稳定性和动力撞击的传输作用，气孔内腔水汽分子很小，具有很大的表面自由能。这些力的综合作用导致气孔表面蒸腾量远远大于同等自由水表面。巨大的蒸腾驱动力类似于大气"漏斗"，也是水汽的来源。我们以番茄和黄瓜为研究对象，以统一的能量指标"水势"解析了 SPAC 系统不同界面层驱动力的相对重要性。在温室正午大气蒸发能力最强的时刻，水分从土到根的传输过程中，水势有近似一个数量级的降低，而从叶片到大气则有近似两个数量级的降低。在充分灌溉条件下，土–根水势差为 $0.5 \sim 1.5\text{MPa}$，而叶–气水势差为 $80 \sim 150\text{MPa}$，叶–气水力学驱动力是土壤水"源"驱动力的 100 倍（图 2-7、图 2-8）。此时，作物蒸腾处于被动状态，虽然气孔关闭抑制水分散失，但巨大的蒸腾拉力仍然是导致作物奢侈耗水的首要因素。而作物被动耗水的根源则是大气高温干旱导致的巨大负压。因此，叶片–大气界面层是调控温室土壤–植物–大气系统水分传输的关键。

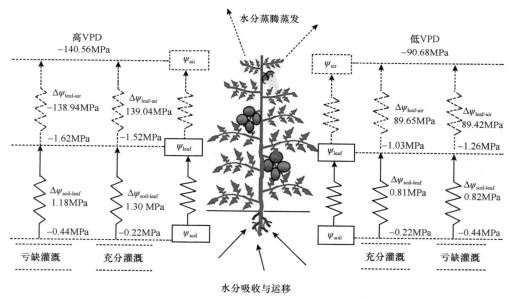

图 2-7　VPD 与土壤水分对温室 SPAC 系统水分势能分布的影响

该结论与中国科学院栾城农业生态系统试验站（刘昌明和王会肖，1999）和西北农林科技大学节水灌溉试验站（康绍忠和刘晓明，1993）的结论一致，在温室作物–水分关系的研究中鲜见报道，具有重要意义。与小麦等大田作物的栽培状况不同，设施栽培由于温室效应，在日照辐射强烈的炎热夏季温室内容易聚集更多热量，空气负压更大，蒸腾被动拉力也要远大于大田栽培环境，在无环境调控装备的简

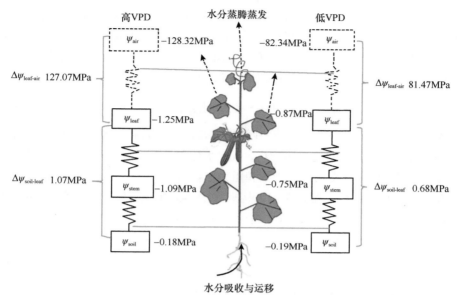

图 2-8 VPD 对温室黄瓜水分传输系统水势分布的影响

易设施内，蔬菜作物遇到的水分胁迫状况更为严重。植物吸水与叶片蒸发失水的质量平衡，满足方程式：

$$\Delta W = J - E = K_{plant} \cdot (\Psi_{soil} - \Psi_{leaf}) - G_s \cdot \mathrm{VPD} \tag{2-3}$$

式中，ΔW 是植物体内水分含量变化；J 是植株对液态水的吸收量；E 是叶-气界面层水汽散失量，G_s 是单株水平上作物冠层导度。

在巨大的空气负压和蒸腾被动拉力下，单纯调节土壤水"源"已经很难满足强烈的大气蒸发能力，水分液态运输很难满足气态水散失，水分平衡状态被打破，并最终导致作物奢侈蒸腾和水分胁迫状态。即使在温室水培状况下，提高"源"水势仍然难以满足蒸腾失水，作物仍然会出现萎蔫状态。因此，在炎热夏季，维持水分平衡的最有效途径在于降低大气蒸发需求。相较于大田作物，温室虽然容易聚集热量，但在环境调控上具有独特优势。温室通风、遮阳和蒸发降温法已经广泛应用，可以有效降低大气蒸发能力、缓解大气干旱胁迫。在本研究中，加湿降低 VPD 处理可以有效缓解大气负压：加湿降低 VPD 处理使大气水势从-117MPa提高到-62.3MPa，使叶-气蒸腾拉力从 115MPa 降低到 61.1MPa，是维持水分平衡的重要基础。水分运输的平衡状态缓解了叶水势的下降，维持了叶片正常的水分生理功能。从水力学角度解析夏季温室巨大的蒸发能力，可以为环境调控提供理论依据。

用 SPAC 系统中各个界面的水势差推导驱动力的量级主要是为了使用的方便，从理论上存在局限性。由于土壤-叶片界面层水流是液态流，而叶片-大气界面层水流是气态流，系统中水流发生了相变，不同相态之间驱动力的比较具有一定的局限性。把 VPD 梯度转换为势能，夸大了水气相态中的势能下降，由此而计算出的水流阻力与实际有较大差异。按照 Van-den Honert 对欧姆定律在植物水分传输上的应用，过分夸大了叶–气界面层的水流阻力。

（三）温室 SPAC 系统中的各部分水流阻力的相对重要性

我们以番茄为试验材料，以叶片为单元，解析叶片内部微观尺度的阻力网络构成并进行定量表征。类比电阻分析，研究水分和 CO_2 "流" 各支路的串–并联 "电路" 构成方式，根据各支路形态参数和阻力结构模型计算水 "流" 传输阻力。

水分在叶片内的运移路径及阻力构成如图 2-9 所示，水分由叶柄–叶脉导管系统串联输入，质外体途径和共质体途径并联构成叶肉组织输水系统，最终输送至气孔下腔。

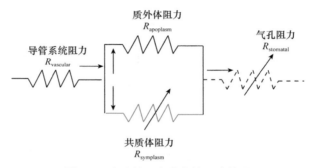

图 2-9　叶片单元水分传输阻力构成

根据串–并联电路原理，叶片单元水分传输总阻力构成可由下式计算。

$$R_{\text{leaf}} = R_{\text{vascular}} + \frac{R_{\text{apoplasm}} \times R_{\text{symplasm}}}{R_{\text{apoplasm}} + R_{\text{symplasm}}} + R_{\text{stomatal}} \tag{2-4}$$

式中，R_{vascular} 为导管系统阻力，主要以叶脉为介导，通过主脉依次向下一级叶脉运输，由小叶脉进入叶肉组织，构成叶片输水 "血管系统"，如图 2-10 所示。

除一级叶脉外，第 n 级叶脉总阻力 R_n 由各支路并联构成：

$$\frac{1}{R_n} = \frac{1}{R_{n1}} + \frac{1}{R_{n2}} + \frac{1}{R_{n3}} + \cdots + \frac{1}{R_{nm}} \tag{2-5}$$

在本研究中，假定每一级叶脉结构与阻力参数相同，因此 R_n 可由单元叶脉阻力和叶脉密度参数估算。对于某一单元叶脉阻力，可根据导管参数 Hagen-Poiseuille 方程进行模拟，叶脉外的水力阻力根据水力模型（Sack et al.，2004）进行估算。气孔阻力的模拟基于气孔形态参数，根据 Franks 和 Farquhar（2001）构建的模型进行估算。

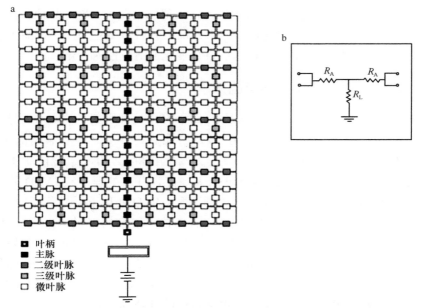

图 2-10 叶脉水力传输电阻类比及网络系统构成（Sack and Holbrook，2004）

R_A 表示质外体运输；R_L 表示共质体运输

第三节 VPD调控对温室蔬菜作物水分生理的影响

一、VPD调控对番茄叶片水孔蛋白基因表达的影响

高 VPD（HVPD）处理下，'金棚 1 号'（JP）叶片水孔蛋白基因 *PIP2.1* 和 *PIP2.6* 的表达量均较低 VPD（LVPD）处理升高，分别升高了 26% 和 22%；相反，'中杂 105'（ZZ）*PIP2.1* 和 *PIP2.6* 的表达量在 HVPD 处理下均较 LVPD 处理下降，其中 *PIP2.1* 下降了 30%，达显著水平（图 2-11）。双因素方差分析结果表明，*PIP2.1*

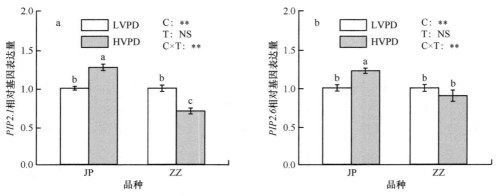

图 2-11 VPD调控对番茄叶片水孔蛋白基因 *PIP2.1*（a）和 *PIP2.6*（b）表达量的影响

** 表示在 0.01 水平差异显著，NS 表示无显著差异（$P > 0.05$），下同

和 *PIP2.6* 的表达量在品种间差异较大，而在处理间差异不显著，品种和处理的交互效应对两者的影响也均达显著水平。由此说明 HVPD 处理下，不同品种间叶片水孔蛋白基因表达量的差异导致了其对 VPD 变化的适应性的差异。

二、VPD 调控对番茄水力导度的影响

根据作物水势和水分传输速率参数，不同 VPD 处理引起了植株水力导度的变化（图 2-12）。与 LVPD 处理相比，JP 的 K_{plant} 在 HVPD 处理下显著增高了 18%，而 ZZ 的 K_{plant} 则在 HVPD 处理下下降了 25%。JP 和 ZZ 的 K_{leaf} 在 HVPD 处理下表现出了与 K_{plant} 相同的变化趋势。JP 的 K_{leaf} 在 HVPD 处理下较 LVPD 处理下提高了 22%。JP 和 ZZ 的 K_{stem} 在 LVPD 处理下和 HVPD 处理下无显著变化。HVPD 处理下 JP 的 K_{root} 是 LVPD 处理下的 1.46 倍，VPD 处理对 ZZ 的 K_{root} 无显著影响。由双因素方差分析结果可知，K_{plant}、K_{leaf} 和 K_{stem} 在品种间和处理间均无显著差异。品种和处理的交互效应对 K_{plant} 和 K_{leaf} 影响显著但对 K_{stem} 无影响。K_{root} 在品种间有较大的差异，而处理及品种和处理的交互效应对其影响不大。由此表明 VPD 处理对茎中水分传输的速率影响不大，主要通过影响叶片和根系中的水分传输速率来

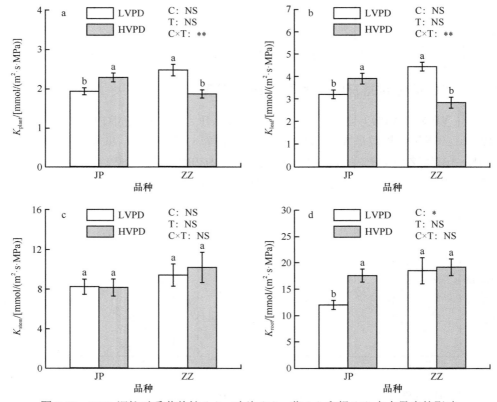

图 2-12 VPD 调控对番茄整株（a）、叶片（b）、茎（c）和根（d）水力导度的影响

调控水分在植物体内的传输。植株在正午时的水力参数在不同 VPD 处理中表现出较大差异。通过加湿降低 VPD，叶片和单株水平上水力导度均显著提高，有效缓解了大气干旱导致的水力学限制（图 2-13）。

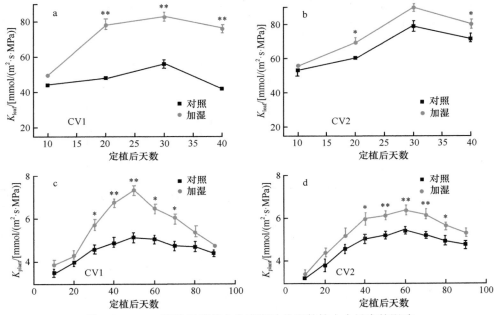

图 2-13　VPD 调控对番茄全生育期叶片和单株水力导度的影响

CV1 和 CV2 分别代表品种'迪粉尼'与'金棚'；* 表示 $P < 0.05$，** 表示 $P < 0.01$。下同

随着番茄生育进程的推进，叶片和单株水力导度逐渐升高，达到峰值后逐渐下降。在不同生育阶段，加湿降低 VPD 均可以提高叶片和单株水力导度（图 2-13）。

黄瓜与番茄对 VPD 呈现相似的响应趋势，在土壤保持相同水分含量的情况下，加湿降低 VPD 可以有效缓解正午叶水势的下降，提高单株水力导度（图 2-14）。根据水分胁迫指数（CWSI），加湿降低 VPD 可以有效缓解植物水分胁迫（图 2-14）。

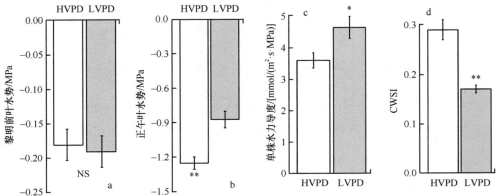

图 2-14　VPD 调控对温室黄瓜黎明和正午叶水势、单株水力导度与水分胁迫指数（CWSI）的影响

三、VPD 调控对水汽通量导度的影响

植株在叶片（气孔导度，g_s）和冠层（冠层导度，G_s）水平上对水汽通量导度在加湿降低 VPD 处理中均得到显著提高（图 2-15a ~ d），但是由于水汽扩散驱动力的大幅下降，叶片蒸腾速率显著下降（图 2-15e 和 f）。

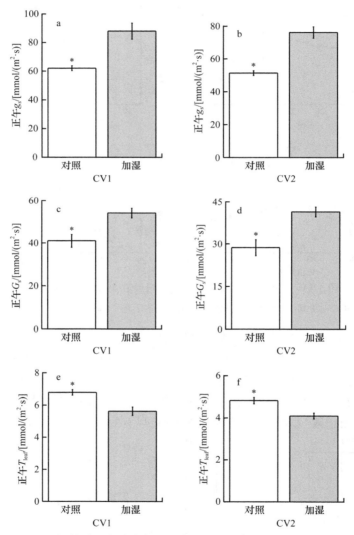

图 2-15　VPD 调控对正午叶片气孔导度、冠层导度和叶片蒸腾速率的影响

数值为平均值 ± 标准误（n=10），显著性差异通过 Tukey's 检验获得，∗ 表示 $P < 0.05$

四、植物输水功能组织对 VPD 调控的响应

在叶片响应大气 VPD 调控的过程中，叶片的气孔和叶脉形态的可塑性与其输水能力密切相关。如图 2-16 所示，加湿降低 VPD 环境下，叶片潜在最大气孔导度（g_{max}）、一级叶脉最大水力导度和二级叶脉最大水力导度均要显著高于 HVPD 环境下生长的叶片。

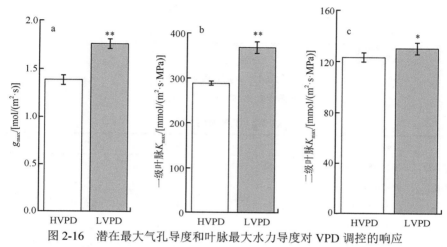

图 2-16 潜在最大气孔导度和叶脉最大水力导度对 VPD 调控的响应

数值为平均值 ± 标准误（$n=10$），显著性差异通过 Tukey's 检验获得，* 表示 $P < 0.05$，** 表示 $P < 0.01$。叶片为第一花序往上第一片叶

五、VPD 调控对番茄 P-V 曲线参数的影响

植物的饱和含水时最大渗透势、膨压损失点渗透势、膨压损失点含水量、细胞体积弹性模量及叶片水容状况是反映作物水分胁迫的耐性特征。不同 VPD 生长环境下，作物 P-V 曲线如图 2-17 所示。作物在 LVPD 环境下，细胞体积弹性模量大，膨压损失点渗透势更低，且水容较大，具有维持叶片较大膨压的结构基础（表 2-2）。

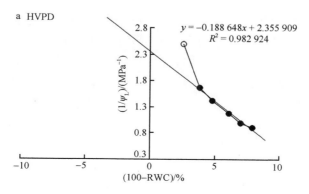

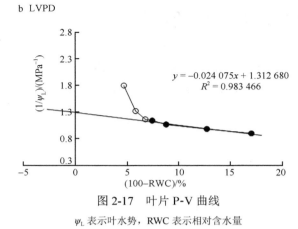

b LVPD

$$y = -0.024\,075x + 1.312\,680$$
$$R^2 = 0.983\,466$$

图 2-17　叶片 P-V 曲线

ψ_L 表示叶水势，RWC 表示相对含水量

表 2-2　P-V 曲线参数

水分参数	单位	HVPD	LVPD	显著性
饱和含水时最大渗透势（Po）	MPa	−0.423	−0.715	**
膨压损失点渗透势（Ψ_{TLP}）	MPa	−0.612	−0.852	*
膨压损失点含水量（RWC_{TLP}）	%	96.149	92.46	NS
细胞体积弹性模量（e）	MPa	9.373	10.557	*
膨压损失前叶相对水容（CFTR）	MPa	0.064	0.081	*
膨压损失后相对水容（CTLP）	MPa	0.079	0.383	**
膨压损失前叶水容（CFT）	mol/(m²·MPa)	1.967	1.963	NS

注：* 表示 $P < 0.05$，** 表示 $P < 0.01$，NS 表示无显著性差异（$P > 0.05$）

第四节　VPD 调控对温室蔬菜作物生产力的影响

一、VPD调控对植株生长的影响

（一）VPD 调控对番茄叶片生长的影响

随着生长时间的变化，番茄叶片长度在初期快速增加，后期逐渐到达最大值，LVPD 处理叶片长度在测量的第 15 天达到最大值，HVPD 处理在第 20 天达到最大值（图 2-18）。从叶片的伸长速率可以看出其生长状况，在 LVPD 处理下的番茄叶片伸长速率显著高于生长在 HVPD 处理下的叶片（图 2-18），这表明 LVPD 处理促进了番茄叶片的生长。

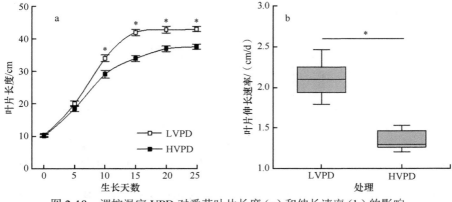

图 2-18　调控温室 VPD 对番茄叶片长度（a）和伸长速率（b）的影响

*表示在 0.05 水平差异显著，下同

（二）VPD 调控对番茄干物质量积累的影响

番茄叶片、茎、根、果实和整株干重均呈现出"S"形的变化规律（图 2-19）。在处理的第 0～20 天，叶片、茎、根和整株干重积累缓慢；在处理的第 20～40 天，叶片、茎、根和整株干重快速积累；在处理的第 40 天后，叶片、茎和根干重积累变缓，但由于果实干重积累较快，整株干重继续增加。对比不同处理间叶片、茎、根、果实和整株干重发现，在生长后期，LVPD 处理植株的叶片、茎、果实及整株干重均高于 HVPD 处理。在处理后的第 60～80 天，LVPD 处理的叶片干重显著高

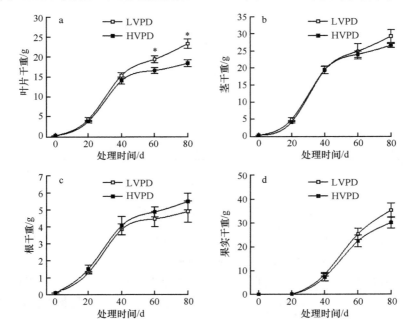

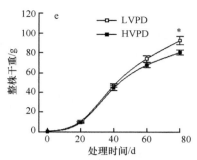

图 2-19　调控温室 VPD 对番茄叶（a）、茎（b）、根（c）、果实（d）和整株（e）干重的影响

于 HVPD 处理。整株干重在处理的第 80 天，LVPD 处理植株显著高于 HVPD 处理植株。根在生长后期表现为 LVPD 处理下的干重低于 HVPD 处理下的干重，但处理间差异不显著。

加湿降低 VPD 可以显著促进植株营养生长。在加湿降低 VPD 环境中，植株根、茎、叶和果实的生物量在品种'迪粉尼'中得到显著提高，但对于品种'金棚'，加湿降低 VPD 仅对叶和果实生物量有显著促进作用，但对茎和根的生物量无显著作用（表 2-3）。

表 2-3　VPD 调控对植株叶、茎、果实和根生物量的影响

品种	器官	对照/g	加湿/g	显著性
迪粉尼	叶	18.4±0.402	20.8±0.512	*
	茎	20.0±0.532	24.1±0.582	**
	果实	82.6±3.65	102.0±4.37	*
	根	3.5±0.308	5.2±0.375	*
金棚	叶	19.4±0.602	22.8±0.912	*
	茎	21.0±1.51	25.1±1.32	NS
	果实	89.7±3.73	106.0±5.31	*
	根	5.21±0.46	6.31±0.32	NS

注：数值为平均值 ± 标准误（n=10），显著性差异通过 Tukey's 检验获得。* 表示在 0.05 水平差异显著，** 表示在 0.01 水平差异显著，NS 表示无显著性差异（$P > 0.05$）

（三）调控温室内 VPD 对番茄生长参数的影响

根据作物生长分析理论，对于两个品种，加湿降低 VPD 处理均可以显著提高作物相对生长速率（RGR）和净同化速率（NAR）（图 2-20a ～ d）。但品种'迪粉尼'和'金棚'在驯化过程中，叶面积比（LAR）对于 VPD 调控的响应存在较大差异：加湿降低 VPD 处理显著提高了品种'迪粉尼'的 LAR，但对品种'金棚'的 LAR 无显著影响（图 2-20e 和 f）。

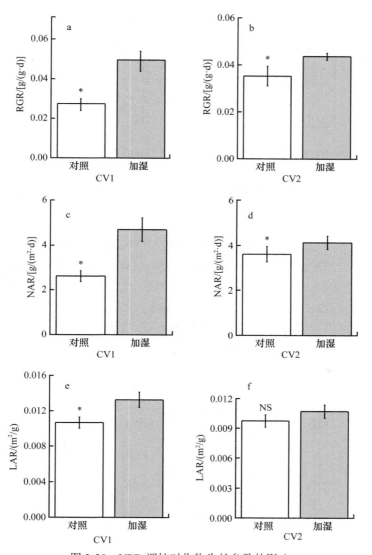

图 2-20 VPD 调控对作物生长参数的影响

RGR:相对生长速率;NAR:净同化速率;LAR:叶面积比。数值为平均值 ± 标准误(*n*=10)。

CV1 代表品种'迪粉尼';CV2 代表品种'金棚'

生长参数反映了植株整体的生长状况,不同 VPD 处理下番茄植株的 NAR 和 RGR 有所差异(图 2-21)。与 LVPD 处理相比,HVPD 处理的 NAR 和 RGR 均有显著的差异。NAR 在 LVPD 处理下为 $10.52g/(m^2 \cdot d)$,而在 HVPD 处理下为 $9.61g/(m^2 \cdot d)$;RGR 在 HVPD 处理也较 LVPD 处理显著下降。这表明高的 VPD 会显著抑制植株的生长,使植株的 NAR 和 RGR 降低,而降低 VPD 可以促进植株生长。

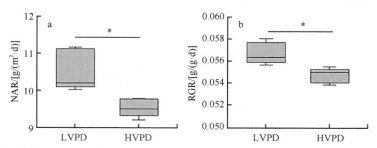

图 2-21　调控温室 VPD 对番茄植株净同化速率（NAR）（a）和相对生长速率（RGR）（b）的影响

二、调控温室内 VPD 对番茄产量和品质的影响

（一）调控温室内 VPD 对番茄产量的影响

VPD 调控对产量、单株干物质量和累积蒸腾耗水量影响显著。加湿降低 VPD 可以显著提高作物生产力：对于'迪粉尼'和'金棚'，加湿降低 VPD 可以分别显著提高番茄产量 14.6% 和 16.7%（图 2-22a 和 b），可以分别提高单株干物质量（根、茎、叶、果实）22.6% 和 16.9%（图 2-22c 和 d）。从植物生理学角度评价，夏季加湿降低 VPD 可以显著降低作物累积蒸腾耗水量，'迪粉尼'和'金棚'全生育期累积蒸腾耗水量分别显著降低 16.9% 和 17.4%（图 2-22e 和 f）。

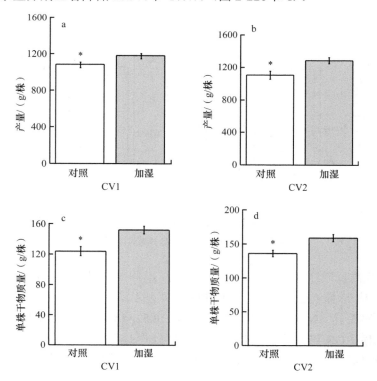

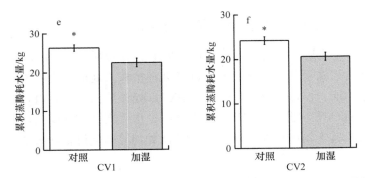

图 2-22　调控温室 VPD 对番茄植株产量、单株干物质量和累积蒸腾耗水量的影响

数值为平均值 ± 标准误（n=10）。CV1 代表品种'迪粉尼'；CV2 代表品种'金棚'

（二）调控温室内 VPD 对番茄品质的影响

不同 VPD 处理对单株产量有显著的影响，而对果实的外观品质和口感品质没有显著的影响（图 2-23）。与 LVPD 处理相比，HVPD 处理番茄的单株产量降低了 13% 左右。番茄的果形指数是评价外观品质的重要指标，LVPD 和 HVPD 处理下番茄的果形指数均在 0.85 左右，差异不大。果实的糖酸含量对果实的口感影响较大，而 LVPD 和 HVPD 处理下番茄果实的糖含量分别为 5.02% 和 5.2%，酸含量分别为 1.01% 和 1.05%。这表明调控 VPD 对番茄果实的品质影响较小。

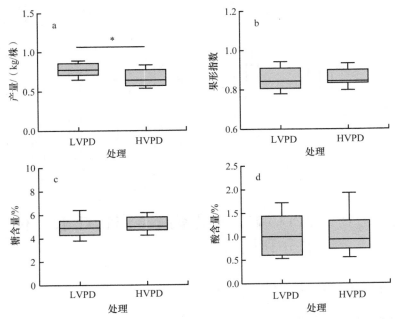

图 2-23　调控温室 VPD 对番茄产量（a）、果形指数（b）、糖含量（c）和酸含量（d）的影响

三、调控温室内 VPD 对番茄干物质分配的影响

分析番茄干物质分配的关系发现（图 2-24），处理后的第 20 天，LVPD 处理植株茎干重所占植株百分比显著大于 HVPD 处理植株。处理后的第 80 天，LVPD 处理植株叶干重所占植株百分比显著大于 HVPD 处理植株，而 HVPD 处理植株根干重所占植株百分比显著大于 LVPD 处理植株。由此表明 LVPD 处理显著促进植株叶片的生长及其干物质量的积累，而 HVPD 处理显著促进植株根的生长及根系干物质量的积累。

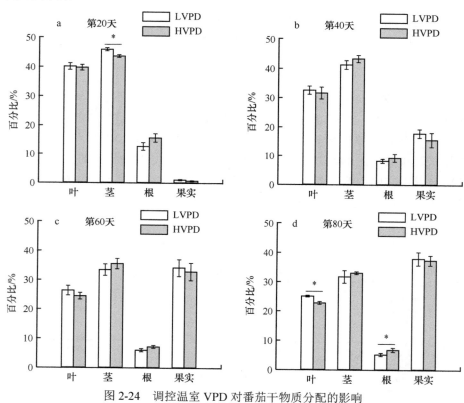

图 2-24　调控温室 VPD 对番茄干物质分配的影响

第五节　VPD 调控对温室蔬菜作物耗水量和水分利用效率的影响

一、VPD 调控对植株水分状况的影响

（一）VPD 调控对累积耗水量的影响

作物耗水量受大气蒸发能力与作物生长发育状况的综合调控。在作物生长发

育初期，由于叶面积较小，VPD 调控对番茄单株累积耗水量影响不显著。随着生育进程的推进，作物叶面积逐渐增大，作物单株水平耗水的差异逐渐明显：加湿降低 VPD 对番茄奢侈蒸腾的节水效应随生育进程而逐渐增大（图 2-25）。

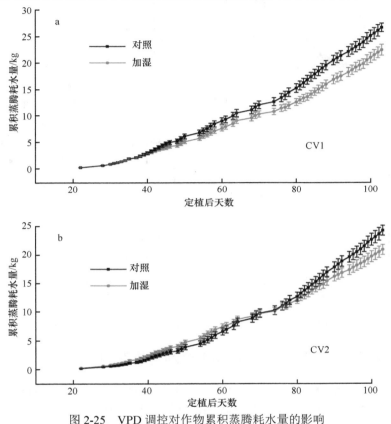

图 2-25　VPD 调控对作物累积蒸腾耗水量的影响

数值为平均值 ± 标准误（n=10）。CV1 和 CV2 分别代表品种'迪粉尼'和'金棚'

（二）调控温室内 VPD 对累积供水量的影响

在植株生长期间水分的用量包括灌溉用水量和加湿用水总量（图 2-26）。LVPD 处理番茄植株累积灌溉用水量低于 HVPD 处理，单株累积灌溉用水量在 LVPD 处理下为 20.07kg，而在 HVPD 处理下为 28.75kg。相较于 HVPD 处理的植株，由于调控 VPD 的需要，LVPD 处理下调控植株生长的水分除基质灌溉用水外还有空气加湿用水。LVPD 处理下加湿用水总量为 80.76kg/m^3。

分析植株用水量和 VPD 间的关系发现（图 2-27），日灌溉用水量和日平均 VPD 间线性回归关系显著，决定系数（R^2）达 0.84；而日加湿用水量和不同处理下日平均 VPD 差值间线性回归关系显著，R^2 为 0.88。由此表明 VPD 越大时，植株的蒸腾耗水量也越大，而为使 VPD 降低，用于调控 VPD 所需的水分也越多。

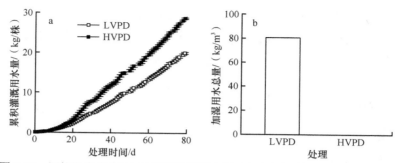

图 2-26　调控温室内 VPD 对累积灌溉用水量（a）和加湿用水总量（b）的影响

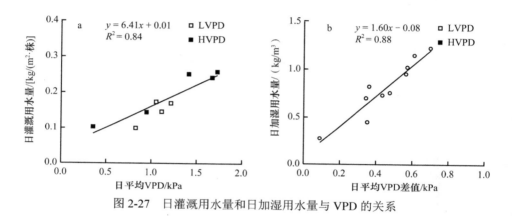

图 2-27　日灌溉用水量和日加湿用水量与 VPD 的关系

二、VPD 调控对不同尺度的作物水分利用效率的影响

　　基于温室 VPD 调控对作物水分传输和生产力的评价：蒸腾拉力调控具有显著的生理节水和增产潜力，可以显著提高潜在水分利用效率。基于气体交换、单株干物质量和产量的番茄植株水分利用效率均得到显著提高（图 2-28）。

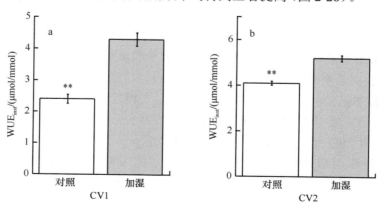

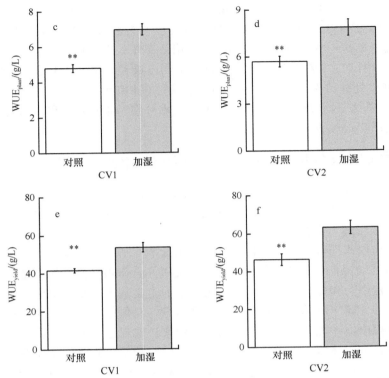

图 2-28　VPD 调控对不同尺度（气体交换、单株干物质量、产量）作物水分利用效率的影响

CV1 代表品种'迪粉尼'；CV2 代表品种'金棚'。WUE_{inst} 表示叶片内禀水分利用效率，WUE_{plant} 表示基于单株干物质量的水分利用效率，WUE_{yield} 表示基于产量的水分利用效率。显著性差异通过 Tukey's 检验获得，** 表示 $P < 0.01$

HVPD 处理下基于单株干物质量和基于产量的水分利用效率分别为 2.81g/kg 和 23.35g/kg（图 2-29）。由于用于单株的加湿用水量和种植密度有关，因此，LVPD 处理下番茄的水分利用效率因种植密度不同而有所差异。当每平方米种植 1 株

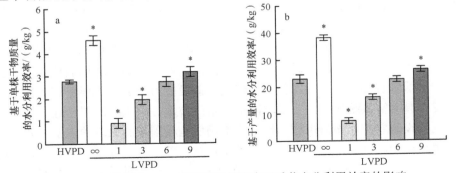

图 2-29　调控温室 VPD 对不同种植密度下番茄水分利用效率的影响

1、3、6、9 分别代表种植密度为 1 株 /m^2、3 株 /m^2、6 株 /m^2、9 株 /m^2，∞ 表示不考虑种植密度

或 3 株番茄时，LVPD 处理下番茄植株的基于单株干物质量的水分利用效率和基于产量的水分利用效率均显著低于 HVPD 处理下的番茄植株。当每平方米种植 6 株时，基于单株干物质量和产量的水分利用效率在处理间均无显著性差异。每平方米种植 9 株时，LVPD 处理下基于单株干物质量和产量的水分利用效率均显著高于 HVPD 处理植株。当不考虑加湿用水量时（种植密度为∞，即不考虑种植密度），基于单株干物质量和产量的水分利用效率分别为 4.62g/kg 和 38.60g/kg，均较 HVPD 处理高 65% 左右。

三、温室调控大气蒸发能力提高水分利用效率的综合评价

"叶片—单株—群体—农田—农业"尺度上的水分利用效率具有不同的内涵，微观尺度上的水分利用效率针对作物生理学方面，宏观尺度上的水分利用效率是针对灌溉水管理方面的。在温室大气蒸发能力调控中，适宜的 VPD 可以显著提高叶片、单株和产量水平上的作物水分利用效率。从作物生理学角度评价，降低 VPD 可以显著降低作物蒸腾量，同时可以促进光合作用从而增加产量，因此具有巨大的节水潜力和增产效应。水分利用效率的定义基于传统大田作物栽培，其中水分消耗的计算一般基于作物耗水量和灌溉量。与传统大田作物栽培不同，在温室栽培过程中，环境调控是生产中的重要因素。宏观意义上的农业耗水量包括灌溉用水量和调控环境用水量。微喷雾是温室内一种重要的环境调控手段，微喷雾形成的小水滴吸收热量变为气态水分子，同时空气中水分含量的增加也提高了空气湿度。本研究结果显示，温室内可通过微喷雾的方式降低 VPD，但是，通过增加空气湿度降低 VPD 的效果有限，当 VPD 超过 4kPa 时，VPD 就不能有效地控制在设定值左右。Perez-Martin 等（2009）也发现在温室环境中，通过调控空气湿度可以降低 VPD。但与本研究不同的是，当 VPD 超过 3kPa 后，VPD 就不能被控制在其设定值 1.5kPa 范围内，这可能是当地气候条件、温室结构和加湿设备等因素与本研究中不同导致的。

在我们的研究中，基于蒸发冷却原理的微喷雾调控技术虽然是缓解大气干旱、降低 VPD 的有效手段，但是在调控大气蒸发能力的过程中喷淋也要消耗大量水分。以调控土壤水分状态为主导的传统亏缺灌溉理论，在生产中容易转化为实践，而且灌溉造价低。大气蒸发能力的调控基于作物生理理论虽然具有巨大节水潜力，但是对于大田作物仍然难以转化为生产实践。大田作物栽培环境调控难度大。温室生产虽然具有环境可控性的优势，但大气蒸发能力的调控需要更高的技术与设备投资。微喷雾系统作为温室夏季降温的常用技术目前主要应用于连栋温室。而对于我国设施农业，塑料拱棚和日光温室仍然是我国设施栽培的主要方式，但塑料拱棚和日光温室的结构与环境调控设备相对简单，对大气水分能态的调控能力有限。因此，本研究中通过调控 VPD 节约作物水分消耗的节水和提高水分利用效率的思路虽具有理论基础，但仍需综合权衡植物耗水–环境调控用水与投资–增产收益之间的相对平衡关系。

第三章　VPD 对蔬菜作物光合作用的调控与影响

【导读】本章主要介绍了 VPD 调控对植物光合作用的影响，研究了光合生理特性参数随 VPD 变化的规律和番茄不同品种对 VPD 变化的敏感程度；探讨了不同 VPD 处理下番茄叶片气体交换参数的日变化规律，同时分析了环境因子对气体交换参数影响的通路。最后分析了 VPD 调控对番茄光合特性和水分生产力差异的影响，阐明了维持番茄叶片较高光合作用的最优 VPD 调控途径。

第一节　VPD 调控对蔬菜作物光合作用的研究

番茄是一种栽培范围较广的蔬菜作物，在温室及露地均有种植。在温室栽培中，由于和露地栽培环境差异比较大，番茄生长会表现出很大的差异。因此，选育适宜温室环境生长的番茄品种对温室栽培意义重大。空气湿度是温室内重要的环境因子。VPD 作为空气湿度的基本表征形式之一，是指在一定温度下，饱和水汽压与空气中实际水汽压之间的差值，反映了大气水分亏缺的程度。目前研究认为，适宜大部分作物生长的 VPD 范围为 0.5 ～ 1.5kPa（Lu et al.，2015；Zhang et al.，2015）。过高的 VPD 会使作物的净同化速率显著降低，严重抑制作物生长，同时增加蒸腾耗水需求，影响作物的产量和水分的高效利用（Lu et al.，2015；Zhang et al.，2015）。过低的 VPD 也会对作物造成许多负面影响，如蒸腾拉力减小，导致生理缺素（Renkema et al.，2012；Sellin et al.，2013）；花粉发育不良，产量降低（Peet，2003；Koubouris et al.，2009）等。所以，在温室番茄的选育中，对空气湿度变化的敏感性也是一个必须要考虑的因素。但是，当前对适宜温室栽培的品种选育基本都集中在耐弱光、低温上（雷江丽等，2000；石嵩等，2005；陈胜萍等，2017），未见文献报道番茄不同品种对空气湿度响应的评价研究。

水分是最重要的环境因素之一，对植物的生理代谢和物质运输过程至关重要。大气的水分状态常用 VPD 来表示。温室作为一个相对封闭的环境空间，同时又与室外环境进行着物质和能量的交换，极大地受到外界环境变化的影响。温室环境的最优调控是设施农业高产优质栽培的重要手段。在我国西北地区，晴天温室内 9:00 ～ 17:00 的 VPD 在 2 ～ 5kPa，最高可达 8kPa（焦晓聪，2018；Zhang et al.，2018）。而适宜植物生长的最优 VPD 范围在 0.5 ～ 1.5kPa（Lu et al.，2015；Shamshiri et al.，2017）。因此，VPD 的最优调控是实现温室环境最优管理的关键。

温室中 VPD 的调控手段有很多，微喷雾是最有效的方法之一。微喷雾相对其他方法而言，雾化效果更好，较小的水滴的汽化过程更快，减少了加湿过程中叶片上水滴的附着，而若叶片上附着过多的水滴将导致病原菌的快速生长（Toida et al.，2006）。微喷雾的使用可以为植物生长提供一个适宜的 VPD 环境。此外，植物的光合作用和生长受环境影响很大，生长在最优 VPD 环境条件下的植物，其光合作用和生长会作出相应的适应与调整。目前许多研究认为，降低 VPD 可提高植物的光合作用（薛义霞等，2010a；Zhang et al.，2017；Du et al.，2018a），但这些研究都是基于稳态环境条件得出的结论。在自然环境条件下，VPD 的波动极为剧烈，而光合作用会随环境的变化而变化。因此，光合作用对 VPD 快速变化的响应还需要进行深入研究。

　光合作用作为初级代谢的关键过程，受温度、光照、土壤湿度等诸多环境因子的影响（Valentini et al.，1995；陈年来等，2009；Lawlor and Tezara，2009）。VPD 作为表征大气水分亏缺程度的指标，是影响光合作用的最重要的环境因素之一（Shirke and Pathre，2004）。高 VPD 广泛存在于半干旱和干旱地区。高 VPD 下生长的植物通常会表现出较低的光合速率（Lu et al.，2015；Zhang et al.，2015）。在光合作用过程中，CO_2 需要从大气中通过气孔和叶肉扩散到叶绿体中的羧化位点（Evans et al.，2009；韩吉梅等，2017）。因此，气孔导度和叶肉导度的降低将导致叶片内可用的 CO_2 减少，从而限制光合作用。

　许多研究表明，高 VPD 下气孔导度的降低引起了胞间 CO_2 浓度的减少，进而限制了叶片净同化速率（Lu et al.，2015；Du et al.，2018b）。然而，目前尚不清楚叶肉导度如何调节植物光合作用对 VPD 的响应。尽管许多对光合作用的研究都假设叶肉导度很大且为常数，但是对于叶肉导度的研究结果显示，叶肉导度的大小和气孔导度的大小在数量级上相同（Evans and von Caemmerer，1996）。这表明叶肉导度对 CO_2 扩散的限制也将是引起叶片净同化速率下降的不可忽略的因素。关于 VPD 对叶肉导度影响的研究发现，随 VPD 升高叶肉导度表现为降低或无显著的变化（Bongi and Loreto，1989；Warren，2008；Perez-Martin et al.，2009；Qiu et al.，2017）。因此，不同 VPD 处理下叶肉导度在叶绿体的 CO_2 浓度变化中的作用亟待明确。此外，叶肉导度改变气孔下腔到叶绿体的 CO_2 浓度梯度的过程被证明与叶片水分的散失无关。所以，通过提高叶肉导度来改善光合作用，或许同时将显著改善作物的水分利用效率（Tomeo and Rosenthal，2017）。

第二节　不同番茄品种对 VPD 调控的响应

　本研究选用 15 个番茄品种为试材，通过对比不同空气湿度下番茄的生长形态、叶片保水性和叶绿素含量，分析各指标间的关系，并采用主成分分析法和隶属函数法对供试番茄品种进行综合评价，以期揭示番茄植株对空气湿度变化的响应机制，为温室环境的优化管理和温室专用番茄品种的选育提供依据。

一、不同番茄品种的来源

供试的 15 个番茄品种名称和来源如表 3-1 所示。各品种选取饱满、均匀一致的种子在 55℃温水中浸种 15min，再在 25℃清水中浸种 5h 使其充分吸水，然后置于光照培养箱内在 28℃下避光催芽，待种子 80% 露白后，播于装有基质的穴盘中进行育苗。待番茄幼苗长至两叶一心时，选取长势一致的健壮植株定植于高 15cm、直径 10cm 的花盆内（1 株 / 盆）。每个品种种植 30 株，随机分为两组，每组 15 株，分别置于两个规格相同的人工气候箱。在人工气候箱内缓苗 3d 后开始处理。缓苗期间，人工气候箱环境参数设置：光照周期为昼 14h、夜 10h，光照强度 20 000lx，温度为昼 30℃、夜 20℃，相对湿度为昼 65%、夜 80%（VPD：昼 1.48kPa、夜 0.47kPa）。

表 3-1　供试番茄品种名称和来源

编号	品种名称	品种来源
1	中杂 9 号	中国农业科学院蔬菜花卉研究所
2	中杂 105	中国农业科学院蔬菜花卉研究所
3	粉果 06-2	中国农业科学院蔬菜花卉研究所
4	毛粉 802	西安市金晟种业有限公司
5	金粉 9 号	西安市金晟种业有限公司
6	金粉 2 号	西安市金晟种业有限公司
7	金棚朝冠	西安金鹏种苗有限公司
8	金棚 1 号	西安金鹏种苗有限公司
9	金棚 14-6	西安金鹏种苗有限公司
10	东圣 7 号	陕西东圣种业有限责任公司
11	农博粉 3 号	石家庄农博士科技开发有限公司
12	东亚粉冠	辽宁东亚农业发展有限公司
13	合作 903	上海长种番茄种业有限公司
14	申粉 11 号	上海嘉田番茄种业科技有限公司
15	红灯笼	佳果多实业有限公司

试验设置低 VPD（LVPD）和高 VPD（HVPD）两个处理。LVPD 处理：仍继续保持缓苗期间的各项环境参数设置；HVPD 处理：设置空气湿度为昼 40%、夜 80%（VPD 为昼 2.55kPa、夜 0.47kPa），其他环境参数同缓苗期间设置。当第 5 片真叶（从下往上）完全展开时结束处理（处理 20d）。

二、VPD 调控对不同番茄品种的影响

（一）VPD 调控对不同番茄品种生长和生理特性的影响

本研究采用各指标的相对值（表 3-2）对各品种进行对比。与各指标的绝对值相比，相对值能更好地反映不同番茄品种的湿度敏感性。番茄对 VPD 变化的响应是十分复杂的，不同品种对 VPD 变化的响应存在显著差异。叶片保水率反映了叶片调控水分散失的能力。所有品种的叶片保水率在 LVPD 处理下均低于 HVPD 处理下，保水率相对值为 60.80% ～ 88.63%，其中保水率最大的品种为'东圣 7 号'，最小的品种为'金棚 14-6'。在叶片自然脱水的过程中，前期主要通过关闭气孔来减少水分的散失。Arve 等（2013）认为生长在低 VPD 下的植物，其叶片上的气孔会出现关闭功能丧失的现象。尽管这一现象的潜在机理尚不明确，但气孔关闭功能的丧失，将导致植物在遭遇高 VPD 时不能有效地控制水分的散失，增加了植物发生生理性缺水的危险。叶片中水分除通过气孔途径散失外，还可经由角质层散失，通过这一途径散失的水分量占到了总散失水分量的 5% ～ 10%（Macková et al.,

表 3-2　不同番茄品种各指标的相对值　　　　（单位：%）

编号	品种名称	WR	Chl	LA	TW	R/S	LMA	SI
1	中杂 9 号	80.06	106.25	100.03	81.83	104.30	96.13	99.57
2	中杂 105	71.33	96.61	99.86	81.51	114.57	103.29	97.35
3	粉果 06-2	71.57	87.69	99.88	99.25	137.36	106.29	132.80
4	毛粉 802	73.63	98.39	89.68	93.25	108.96	118.50	131.76
5	金粉 9 号	74.16	89.73	99.60	82.07	108.94	98.01	101.14
6	金粉 2 号	71.28	100.41	92.44	90.84	108.12	106.21	98.63
7	金棚朝冠	85.56	120.65	101.51	108.82	119.21	126.49	118.13
8	金棚 1 号	85.85	122.41	104.26	95.36	99.21	101.84	128.74
9	金棚 14-6	60.80	100.00	91.88	88.51	148.21	134.08	113.01
10	东圣 7 号	88.63	105.64	96.28	93.37	111.55	106.02	99.18
11	农博粉 3 号	81.85	116.18	90.88	78.91	104.27	99.41	107.87
12	东亚粉冠	62.29	101.77	99.66	86.39	106.48	99.17	106.97
13	合作 903	88.39	103.21	97.17	93.61	99.05	115.20	117.82
14	申粉 11 号	82.38	112.24	101.92	96.29	125.15	116.37	132.35
15	红灯笼	72.66	113.24	99.39	86.09	146.75	108.69	122.22
	变异系数	11.50	9.87	4.54	8.85	13.90	10.11	11.77

注：WR，保水率；Chl，叶绿素含量；LA，叶面积；TW，总干重；R/S，根冠比；LMA，比叶重；SI，壮苗指数。表中各指标数值为相对值（除保水率为 LVPD/HVPD 外，其他各指标均为 HVPD/LVPD）

2013）。干旱胁迫下的研究表明，角质层蜡质的增加会有效减少角质蒸腾（王立山等，2018；杨彦会等，2018）。这说明，番茄不同品种间叶片保水能力的差异可能是由不同品种的气孔功能和角质层蜡质对 VPD 变化响应的不同而引起的。'粉果06-2''金粉 9 号'的叶绿素含量相对值均低于 95%，而'金棚朝冠''中杂 9 号''农博粉 3 号''申粉 11 号''红灯笼''东圣 7 号''金棚 1 号'的叶绿素含量相对值均高于 105%，其他品种在 95% ～ 105%。

植株的生长可以直观反映 VPD 对番茄的影响。通过调节 VPD 改善番茄生长状态已经是现代温室管理中必不可少的内容。许多研究表明，空气湿度对植株的形态建成影响很大。Schwerbrock 和 Leuschner（2016）认为空气湿度是限制蕨类植物生长的决定因素，Sellin 等（2013）的研究结果也发现植株会调整形态来适应空气湿度的改变。本试验结果表明：叶面积相对值的变化范围较小，在90.88% ～ 104.26%，变异系数也最小，说明 VPD 变化对叶面积的影响不大。壮苗指数相对值的变化范围为 97.35% ～ 132.80%，除了'中杂 105''金粉 2 号''中杂 9 号''金粉 9 号''东圣 7 号'的壮苗指数相对值在 105% 以下，其他各番茄品种的壮苗指数均高于 105%。总干重相对值除'金棚朝冠'为 108.82% 外，其余各品种总干重相对值均小于 100%，最小的为'农博粉 3 号'，说明高 VPD 处理显著抑制了'农博粉 3 号'的干物质的积累。

植物干物质在各部位间的分配可表明植物生长受到的水分资源限制。根冠比大小的改变可说明水分资源的限制程度。本研究结果表明，根冠比相对值均在99% 以上，其中'金棚 14-6'的值最高，可达 148.21%，'金棚 1 号''合作 903'在 HVPD 处理下根冠比略小于 LVPD 处理，剩余 13 个品种均表现出相反趋势。'东亚粉冠''金粉 9 号''中杂 9 号''农博粉 3 号'在 HVPD 处理下比叶重（LMA）均小于 LVPD 处理，剩余 11 个品种均表现为 HVPD 处理高于 LVPD 处理。在 7 个测量指标中，根冠比的变异系数最大，说明对 VPD 变化响应最明显的指标是根冠比，这也与"旱长根，涝长苗"的生产经验一致（Sellin et al.，2015；施成晓等，2016）。在高 VPD 条件下，番茄叶片蒸腾速率过大，对土壤水分要求较高，根系需要大量生长来获取足够的水分以供作物奢侈蒸腾（Leuschner，2002；曹庆平等，2013），而当空气湿度较高时，通过调控叶片细胞中扩增和延伸基因的表达来促进番茄叶片扩展，此时番茄的地上部生长量就会迅速积累（Devi et al.，2015）。

番茄不同指标相对值的平均值差异明显（图 3-1）。其中，根冠比、LMA 和壮苗指数的数值较大，叶绿素含量和叶面积处于中间，而叶片保水率最小。这说明若用任何单一指标评价番茄对 VPD 的响应都会严重影响评价结果的正确性和准确性，因此选用多个指标来综合评价番茄对 VPD 的响应是十分必要的。

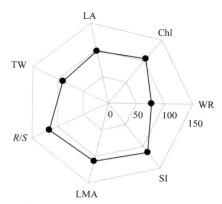

图 3-1　各指标相对值的平均值（%）

WR: 保水率；Chl: 叶绿素含量；LA: 叶面积；TW: 总干重；R/S: 根冠比；LMA: 比叶重；SI: 壮苗指数。下同

（二）VPD 调控对不同番茄品种的影响的主成分分析

从各指标间的相关分析结果（表 3-3）可以看出，保水率与叶绿素、比叶重与总干重、壮苗指数与总干重、比叶重与根冠比均呈显著正相关。叶面积与各指标间均不存在显著的相关关系。不同指标间存在的相关性，表明各指标在阐明不同番茄品种对 VPD 的响应时存在交叉重叠。如果采用多个单一的指标对不同番茄品种的敏感性进行评价，将导致重复的信息出现在评价系统中，对敏感性不能作出科学的评估。因此，本研究采用主成分分析法，利用提取出的相互独立的综合指标进行评估。

表 3-3　各指标间的相关系数矩阵

指标	WR	Chl	LA	TW	R/S	LMA	SI
WR	1.00						
Chl	0.55*	1.00					
LA	0.27	0.25	1.00				
TW	0.35	0.25	0.27	1.00			
R/S	−0.47	−0.14	−0.02	0.15	1.00		
LMA	−0.09	0.11	−0.26	0.57*	0.52*	1.00	
SI	0.12	0.21	0.17	0.59*	0.32	0.41	1.00

注：* 表示相关性在 0.05 水平显著

特征值可以反映对应主成分在所有成分中的重要程度。根据特征值≥1 的原则，可将所有指标综合成 3 个相互独立的主成分（表 3-4）。这 3 个主成分特征值的和占所有成分特征值总和的 77.61%，说明它们可以解释原始变量信息的大部分变异，基本可以代表番茄对 VPD 变化响应的整体情况。

表 3-4　各指标主成分分析结果

指标	主成分 1	主成分 2	主成分 3
WR	0.24	0.56	−0.26
Chl	0.32	0.39	−0.22
LA	0.19	0.33	0.80
TW	0.56	0.02	−0.01
R/S	0.22	−0.53	0.30
LMA	0.43	−0.38	−0.37
SI	0.50	−0.10	0.15
特征值	2.40	2.04	1.00
贡献率 /%	44.22	37.61	18.17
累计贡献率 /%	34.32	63.51	77.61

主成分 1、主成分 2 和主成分 3 对应的特征值分别为 2.40、2.04 和 1.00，分别占所有成分特征值总和的 44.22%、37.61% 和 18.17%。根据各主成分下指标的特征向量及各主成分特征值，分别求得 3 个主成分中各指标对应的系数，在主成分 1 对应的特征向量中，数量较大的性状为总干重和壮苗指数，对应的系数分别为 0.56 和 0.50。在主成分 2 对应的特征向量中，绝对值最大的指标为保水率（0.56），其次为根冠比，但根冠比对应的系数值为负，说明根冠比在主成分 2 中起负的解释作用。在主成分 3 对应的特征向量中，数量最大的性状为叶面积，对应的系数为 0.80。根据主成分载荷图（图 3-2）也可以看出，主成分 1 主要为生物量累积的相关指标，主成分 2 为水分相关指标，主成分 3 为叶片形态相关指标。因此，总干重、保水率和叶面积的变化基本可以反映番茄对 VPD 变化的敏感性。但由于叶面积相对值变异系数较小，且主成分 3 解释的变异较少，选用总干重和叶片保水率作为番茄

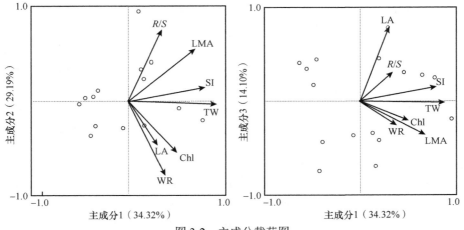

图 3-2　主成分载荷图

对 VPD 敏感性筛选与评价的重要指标。

主成分分析法是将多个原始变量中共同包含的信息提取出来，转化为相互独立的新变量，在尽量减少原始信息损失的基础上达到降维的目的，这有利于减少评估信息的重复，使评价方法更加合理和科学，该方法已被广泛用于作物对环境适应性的评价及作物品种筛选等多个方面（李同花等，2018）。将主成分分析法和隶属函数法相结合，可得到一个无量纲的综合评价值，便于对不同番茄品种的 VPD 响应差异进行综合评估。在本研究中，利用主成分分析法得出 3 个主成分，其可解释原始变量 77.61% 的变异，说明其涵盖了原始变量的大部分信息，可以作为评价不同番茄品种对 VPD 响应的差异的综合指标。以 3 个综合指标为依据，求出相应的主成分得分值，进而根据 3 个综合指标对应的特征值计算其权重，再结合隶属函数法得出不同番茄品种对 VPD 变化响应的差异的综合得分值。综合得分值反映了不同番茄品种对 VPD 变化的敏感程度，值越高代表该番茄品种对 VPD 变化越不敏感。

（三）VPD 调控对不同番茄品种影响的综合评价

主成分综合得分值（D）反映了不同番茄品种对 VPD 变化的敏感性，得分越高表明该品种对 VPD 变化越不敏感。在供试品种中，'金棚 1 号''金棚朝冠''申粉 11 号'的 D 值较大，表明其对 VPD 变化不敏感。'金棚 14-6''金粉 9 号''中杂 105''金粉 2 号'的 D 值较小，表明其对 VPD 变化敏感（表 3-5）。

表 3-5　不同番茄品种各综合指标值（C）、隶属函数值（U）和综合得分值（D）

编号	品种名称	C_1	C_2	C_3	U_1	U_2	U_3	D 值
1	中杂 9 号	2.33	0.18	0.47	0.08	0.86	0.36	0.42
2	中杂 105	2.32	0.02	0.51	0.06	0.60	0.52	0.35
3	粉果 06-2	2.63	−0.18	0.64	0.67	0.29	1.00	0.59
4	毛粉 802	2.60	−0.06	0.40	0.61	0.48	0.11	0.47
5	金粉 9 号	2.29	0.05	0.52	0.00	0.66	0.57	0.35
6	金粉 2 号	2.37	0.03	0.41	0.16	0.62	0.17	0.34
7	金棚朝冠	2.80	0.07	0.39	1.00	0.68	0.09	0.71
8	金棚 1 号	2.64	0.27	0.46	0.68	1.00	0.33	0.74
9	金棚 14-6	2.61	−0.36	0.48	0.63	0.00	0.40	0.35
10	东圣 7 号	2.46	0.14	0.40	0.34	0.80	0.12	0.47
11	农博粉 3 号	2.38	0.18	0.37	0.19	0.86	0.00	0.41
12	东亚粉冠	2.35	0.04	0.52	0.12	0.63	0.58	0.40
13	合作 903	2.56	0.15	0.37	0.54	0.81	0.01	0.54
14	申粉 11 号	2.74	0.01	0.50	0.88	0.59	0.49	0.70
15	红灯笼	2.62	−0.13	0.58	0.64	0.37	0.79	0.57

　　将 15 个品种的综合得分值使用欧氏距离法进行聚类分析（图 3-3）。所有品种对 VPD 变化的敏感性根据欧氏距离可归为 4 类。第 1 类群包括'金棚 1 号''金棚朝冠''申粉 11 号'，共 3 个品种，该类群各指标的相对值均较高，属于 VPD 变化不敏感品种。第 2 类群包括'东亚粉冠''红灯笼''合作 903'，为 VPD 变化较不敏感品种。第 3 类群包括'毛粉 802''东圣 7 号''中杂 9 号''农博粉 3 号''粉果 06-2'，共 5 个品种，属于 VPD 变化较敏感品种。第 4 类群包括'金棚 14-6''金粉 9 号''中杂 105''金粉 2 号'，共 4 个品种，该类群各性状指标的相对值均较小，属于 VPD 变化敏感品种。这为后续研究不同 VPD 处理对番茄生长发育的影响奠定了基础。

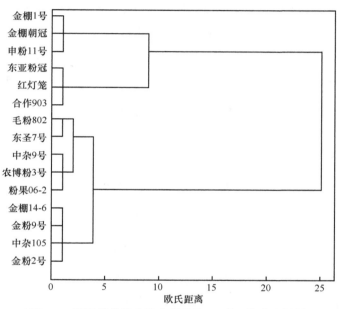

图 3-3　不同番茄品种综合得分值（D 值）聚类分析图

三、小结

　　本研究分析了 VPD 对番茄叶片保水率、叶绿素含量和生长的影响，发现改变 VPD 时，番茄不同品种的响应不同，进而表现出不同的适应性。利用主成分分析法将多个指标转换为 3 个相互独立的综合指标，结合隶属函数法对不同 VPD 下 15 个番茄品种的响应进行了综合评价。最后，利用聚类分析法按对 VPD 变化的敏感性将 15 个番茄品种分为 4 类：不敏感品种（'金棚 1 号''金棚朝冠''申粉 11 号'），较不敏感品种（'东亚粉冠''红灯笼''合作 903'），较敏感品种（'毛粉 802''东圣 7 号''中杂 9 号''农博粉 3 号''粉果 06-2'）和敏感品种（'金棚 14-6''金粉 9 号''中杂 105''金粉 2 号'）。

第三节　VPD 调控对番茄光合日变化的影响

一、温室内微气候环境变化

通过分析气体交换参数测量当天各测量时间点的 VPD、温度、相对湿度和光强发现（图 3-4），8:00 ～ 18:00，HVPD 处理温室中 VPD、温度和相对湿度的平均值分别为 3.3kPa、35.6℃和 50%，VPD 和温度最高值分别为 5.2kPa、41.8℃，相对湿度最低值为 36%，均出现在 14:00；而 LVPD 处理温室中 VPD、温度和相对湿度的平均值分别为 1.9kPa、32.3℃和 64%，VPD 和温度最高值分别为 2.8kPa、37.4℃，均出现在 14:00，相对湿度维持在 54% 以上。两处理的温室中光强没有差异。

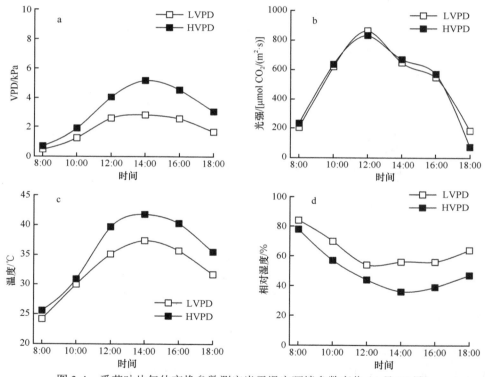

图 3-4　番茄叶片气体交换参数测定当天温室环境参数变化（4 月 30 日）

二、调控温室内 VPD 对番茄叶片气体交换参数日变化的影响

气体交换参数的日变化数据显示（图 3-5），在 8:00 ～ 12:00，LVPD 处理下番茄叶片的净同化速率（P_n）大于 HVPD 处理下的 P_n，其中在 10:00 有显著性差异。而 14:00 时 LVPD 处理下的 P_n 显著低于 HVPD 处理下的 P_n。在 8:00 ～ 18:00，对比不同 VPD 处理下番茄叶片的 P_n 发现，在 LVPD 处理下呈现先显著大于 HVPD

处理，之后又显著低于 HVPD 处理，而后随时间变化又呈现出大于 HVPD 处理的变化趋势。在 HVPD 处理下，番茄叶片的 P_n 随时间的变化趋势呈"单峰"曲线，而 LVPD 处理的呈"双峰"曲线。不同 VPD 处理下峰值出现的时间不同，HVPD 处理下 P_n 的峰值出现在 12:00，之后逐渐下降；LVPD 处理下 P_n 的峰值分别出现在约 11:00 和 16:00，且第二个峰值小于第一个峰值，峰谷出现在 14:00。由此说明 LVPD 处理下番茄叶片的光合作用存在"午休"现象。但张爽等（2014）的研究发现，控制相对湿度为 45% 时，光合日变化表现为"双峰"曲线，增加空气相对湿度可缓解光合"午休"现象。赵宏瑾等（2016）也发现，提高空气湿度可改善植物光合作用，同时还能消除光合"午休"现象的发生。本研究与这些研究结果相反，可能是因为本研究中 HVPD 下空气温度过高造成高温胁迫。路丙社等（2004）在干旱胁迫对阿月浑子的研究中证明，随着干旱胁迫的加重，光合作用日变化由"双峰"曲线逐渐变为"单峰"曲线。

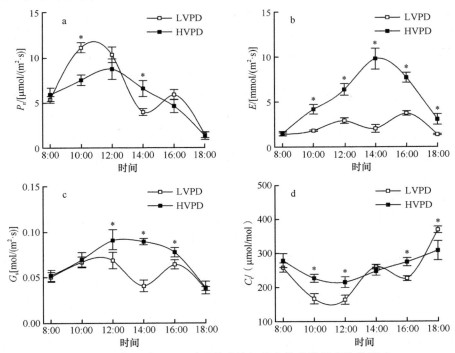

图 3-5　调控温室 VPD 对番茄叶片气体交换参数日变化的影响

a. 净同化速率（P_n）；b. 蒸腾速率（E）；c. 气孔导度（G_s）；d. 胞间 CO_2 浓度（C_i）。

* 表示处理间差异达显著水平（$P < 0.05$）

HVPD 处理下番茄叶片的蒸腾速率在一天中均显著大于 LVPD 处理下的叶片，在 14:00 时，HVPD 处理下番茄叶片的 E 呈现出最大值，而 LVPD 处理下番茄叶片的 E 有所下降。HVPD 处理下番茄叶片的气孔导度（G_s）在 8:00 ～ 18:00 均高于

LVPD 处理，其中在 12:00 ～ 16:00 呈显著性差异；LVPD 处理下番茄叶片的 G_s 在 14:00 时有所降低。胞间 CO_2 浓度（C_i）的变化趋势与 P_n 相反，LVPD 处理下番茄叶片的 C_i 在 10:00 和 12:00 显著低于 HVPD 处理下的值，14:00 时与 HVPD 处理下的值无显著差异，16:00 时又显著低于 HVPD 处理下的值，最后，在 18:00 时大于 HVPD 处理下的值且达显著水平。这表明降低 VPD 显著降低了蒸腾需求，从而使植物的蒸腾作用减小。另外，温室环境中 LVPD 处理下和 HVPD 处理下光合作用日变化的差异可能是由气孔因素和非气孔因素共同作用导致的。

气孔限制是指叶片上气孔的部分关闭，促使 C_i 降低，使光合作用的底物减少（Iio et al.，2004）；非气孔限制主要是指叶片内叶肉细胞中运输和固定 CO_2 的酶及光合作用过程中进行暗反应的酶活性下降，导致其利用 CO_2 的能力减弱，光合作用降低，C_i 升高。本研究中 8:00 ～ 10:00，P_n 在 LVPD 处理下较 HVPD 处理下显著增高，G_s 在两处理下差异不显著，而 C_i 在 LVPD 处理下较 HVPD 处理下显著降低，这说明是由生化活性的不同导致了番茄叶片在两处理下光合作用的差异。在 14:00 时，LVPD 处理表现出光合"午休"的现象，P_n 显著低于在 HVPD 处理下的 P_n，G_s 在 LVPD 处理下也显著低于 HVPD 处理下，但是 C_i 在 LVPD 处理下和 HVPD 处理下无显著的差异。由此表明 LVPD 处理下光合的"午休"现象是由气孔限制和生化限制共同导致的。此时，LVPD 处理和 HVPD 处理的温室内温度均在 37℃以上，其中 HVPD 处理的温室中温度为 41.8℃。Rubisco 作为光合作用过程最关键的酶，当叶片温度超过 35℃时，其活性急剧下降（张国等，2004）。此外，胥献宇（2010）的研究表明，叶片内运输 CO_2 的碳酸酐酶在环境温度为 20 ～ 30℃时，其活性随温度的升高而降低。因此，本研究中，HVPD 处理下长期的高温导致了番茄叶片中酶活性的降低或不可逆的失活，成为限制其光合作用的主要因素，从而呈现出光合日变化的"单峰"曲线；在 LVPD 处理中，加湿缓解了高温胁迫，在非高温时段限制光合作用的主要因素是气孔，从而使光合日变化表现为"双峰"曲线，但在高温时段非气孔限制则成为限制光合作用的主要因素。薛义霞等（2010a）也发现在高温时段增加空气湿度可以缓解光合作用的非气孔限制。

叶片温度的高低会影响光合作用过程中相关酶活性的高低、叶绿体结构及叶肉细胞中膜结构的完整性等许多维持光合作用正常进行的因素（汪良驹等，2005；王冬梅等，2004；张雅君等，2018）。因此，不同 VPD 处理下叶片温度的差异可能是导致光合作用中非气孔限制存在差异的一个重要原因。水分由液态通过蒸发作用变为气态会吸收周围的热量，在叶片中水分从叶肉细胞间隙扩散到达气孔下腔再穿过气孔向空气中扩散的过程中，会使叶片温度降低。LVPD 处理下由于蒸腾需求的减小，番茄叶片的 E 在 10:00 ～ 18:00 显著低于 HVPD 处理下的番茄叶片，但 HVPD 处理的温室中温度较高，即使维持较高的蒸腾也无法使叶片温度保持在最优的范围内，环境温度是引起叶片光合作用非气孔限制的主要因素。LVPD 处理的温室中通过增加空气湿度可降低空气温度，从而缓解了高温导致的非气孔限制，最终改善了光合作用。但是，过高的空气湿度又会使叶片–大气界面处蒸腾驱动力过小，导致蒸腾作用过低。在 33 ～ 43℃高温条件下，70% 的相对湿度即 VPD 为 1.55 ～ 2.59kPa 时较适宜蒸腾作用的进行，过低的空气湿度会造成蒸腾拉力过高；反之，过高的空气湿度会造成蒸腾拉力过低（薛义霞等，2010a），这与本研究中设置的 VPD 调控阈值相接近。

三、番茄叶片气体交换参数和环境因子间关系的分析

对番茄叶片气体交换参数和环境因子间的相关关系进行分析发现，气体交换参数间，P_n 和 G_s、E 和 G_s 呈显著正相关关系，而 P_n 和 C_i、G_s 和 C_i 呈显著负相关关系（表 3-6）。这表明光合作用和蒸腾作用均受 G_s 的调控。气体交换参数和环境因子间：VPD 与 G_s、E 的相关关系达显著水平；PAR 与 P_n、G_s 呈显著正相关关系，而与 C_i 呈显著负相关关系。这说明光照可直接影响植物叶片中光合作用的进行，也可通过调控 G_s 来影响光合作用；VPD 可直接调控蒸腾作用，但其对光合作用的调控需要通过影响 G_s 来实现。

表 3-6　番茄叶片气体交换参数和环境因子间的相关分析

指标	P_n	G_s	C_i	E	VPD	RH	T	PAR
P_n	1.00							
G_s	0.65*	1.00						
C_i	−0.93**	−0.58*	1.00					
E	0.12	0.80**	−0.12	1.00				
VPD	−0.14	0.56*	0.07	0.89**	1.00			
RH	0.23	−0.37	−0.2	−0.64*	−0.82**	1.00		
T	−0.06	0.53	−0.04	0.80**	0.89**	−0.47	1.00	
PAR	0.58*	0.65*	−0.68**	0.45	0.3	0.03	0.51	1.00

注：P_n，净同化速率；E，蒸腾速率；G_s，气孔导度；C_i，胞间 CO_2 浓度；VPD，水汽压亏缺；RH，空气相对湿度；T，空气温度；PAR，光合有效辐射。* 表示在 0.05 水平相关性显著，** 表示在 0.01 水平相关性显著

为了分析环境因子对气体交换参数影响的通路，在相关性分析的基础上构建了环境因子对 P_n 和 E 调控的通路模型。在所构建的模型中，显著水平最优的模型如图 3-6 所示。从通路图可以看出，在构建的环境因子对 E 和 P_n 的调控模型中 χ^2 分别为 0.617 和 0.860，说明构建的调控通路模型具有意义，可以较好地反映环境因子对 E 或 P_n 的调控途径。

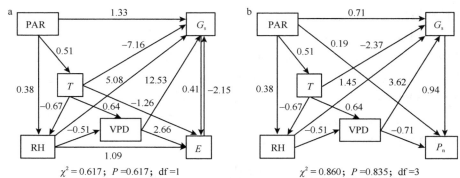

图 3-6　温室环境因子对番茄叶片蒸腾速率（a）和净同化速率（b）影响的通路分析

PAR，光合有效辐射；RH，空气相对湿度；T，空气温度；VPD，水汽压亏缺；

G_s，气孔导度；E，蒸腾速率；P_n，净同化速率

在环境因子对 E 的调控途径中（图 3-6a），VPD、温度和相对湿度对 E 的直接作用分别为 2.66、–1.26 和 1.09，而通过 G_s 对 E 的间接作用系数为 5.13、–2.93 和 2.08。由此可见，温室环境因子主要通过调控 G_s 影响 E，而 VPD 对 E 的直接影响也较大。此外，在环境因子对 G_s 的调控途径中，VPD 对 G_s 的直接影响最大，其次为温度和相对湿度，最小的为 PAR；E 对 G_s 还存在一个负的调控作用，且直接作用系数达–2.15，表明 G_s 的调控受环境和蒸腾作用的共同调节。

在环境因子对 P_n 的调控途径中（图 3-6b），环境因子中仅 VPD 和 PAR 对 P_n 有直接的影响，直接作用系数为–0.71 和 0.19，而 G_s 对 P_n 的直接作用系数为 0.94。间接作用途径中，各环境因子均可通过 G_s 对 P_n 进行调控，VPD、温度、相对湿度和 PAR 通过 G_s 对 P_n 的作用系数分别为 3.40、–2.22、1.36 和 0.66。这表明光合作用的大小直接受 G_s 的调控，而环境因子通过调控 G_s 影响 P_n。

四、小结

本研究通过通径分析，构建了环境因子对 E 和 P_n 的调控途径。VPD 的改变直接导致了植物叶片 E 的变化，G_s 会同时响应环境和 E 的变化，进而调控 P_n。高 VPD 处理下由气孔和非气孔的限制使 P_n 在一天中呈现出了"单峰"曲线的变化，而低 VPD 处理下非气孔限制得到改善，使 P_n 在一天中呈现出了"双峰"曲线的变化。

第四节　VPD 调控对番茄光合特性的影响

一、VPD 调控对番茄叶片气体交换参数的影响

与 LVPD 处理相比，HVPD 处理在'金棚 1 号'（JP）和'中杂 105'（ZZ）中

各气体交换参数均表现为下降的趋势，但 JP 的各气体交换参数下降均不显著（图 3-7）。ZZ 的 P_n、CO_2 分子通过气孔和叶肉时总的扩散导度（G_{tot}）、G_s、叶肉

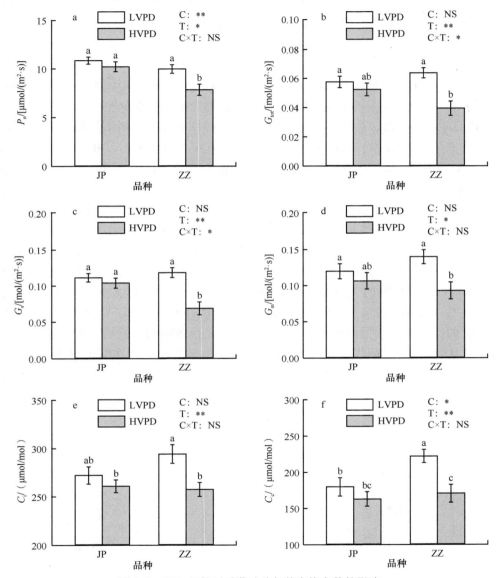

图 3-7　VPD 调控对番茄叶片气体交换参数的影响

a. 净同化速率（P_n）；b. CO_2 分子通过气孔和叶肉时总的扩散导度（G_{tot}）；c. 气孔导度（G_s）；d. 叶肉导度（G_m）；
e. 胞间 CO_2 浓度（C_i）；f. 叶绿体内 CO_2 浓度（C_c）。LVPD，低 VPD 处理（1.48kPa）；HVPD，高 VPD 处理
（2.55kPa）。JP，'金棚 1 号'；ZZ，'中杂 105'。不同小写字母代表处理间差异显著（$P < 0.05$，Duncan's 检验）。
品种（C）和处理（T）的主效应及它们的交互效应（C×T）通过双因素方差分析得到[* 表示 $P < 0.05$，** 表示 $P < 0.01$，
NS 表示主效应或交互效应不显著（$P > 0.05$）]。下同

导度（G_m）、C_i、叶绿体内 CO_2 浓度（C_c）在 HVPD 处理下分别比 LVPD 处理下低 21%、38%、42%、33%、13%、24%。双因素方差分析表明，P_n 和 C_c 在两品种间差异显著，而品种对 G_{tot}、G_s、G_m 和 C_i 的影响较小；VPD 处理对各气体交换参数的影响均达到了显著水平；品种和处理的交互效应仅对 G_{tot} 和 G_s 有显著影响。这说明高的 VPD 会抑制光合作用，增加 CO_2 扩散的阻力，同时使叶片内可利用的 CO_2 浓度减少。

植物的光合作用可利用光能将无机的 CO_2 转化为有机物，为植物的生长提供物质和能量基础。高效的 CO_2 利用对于植物适应环境变化至关重要。本研究结果显示，与 LVPD 处理相比，JP 的 P_n 在 HVPD 处理下有所下降但不显著，而 ZZ 的 P_n 显著下降。前人对番茄（Lu et al.，2015；Zhang et al.，2015）、蕨类植物（*Polystichum braunii*）（Schwerbrock and Leuschner，2016）和白桦树（Sellin et al.，2015）的研究发现，长期生长在高 VPD 下 P_n 降低，这与本研究结果一致。植物光合作用的内在调控主要受光合底物 CO_2 浓度和羧化反应中酶活性的影响。

CO_2 从大气扩散到叶绿体羧化位点需要通过气孔和叶肉组织，CO_2 在这两部分中的扩散阻力分别称为气孔阻力和叶肉阻力（Evans and von Caemmerer，1996）。气孔阻力和叶肉阻力的倒数分别为气孔导度和叶肉导度。通过分析 P_n、CO_2 扩散阻力和 CO_2 浓度差的关系（图 3-8、图 3-9）发现，在 JP 和 ZZ 中 P_n 和 C_a–C_i、P_n 和 C_i–C_c、G_s 和 C_a–C_i、G_m 和 C_i–C_c 均存在负的线性关系，除了 P_n 和 C_i–C_c、G_s 和 C_a–C_i 的回归关系达到显著水平（$P < 0.05$），其他各回归关系均达到极显著水平（$P < 0.01$）。这说明生长在高 VPD 下的植物由于气孔导度和叶肉导度的降低，CO_2 通过气孔和叶肉的阻力增大，使羧化位点 CO_2 浓度减少，从而限制了光合作用。这解释了 ZZ 的 P_n 在 HVPD 处理下降低，同时 HVPD 处理下 ZZ 低的 C_i 和 C_c 证实了这一过程。

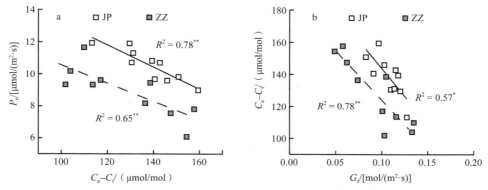

图 3-8　大气与气孔下腔 CO_2 浓度差（C_a–C_i）和净同化速率（P_n）（a）、气孔导度（G_s）（b）间的关系

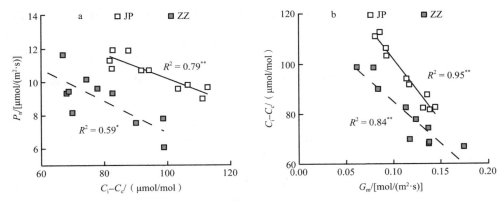

图 3-9　气孔下腔与叶绿体 CO_2 浓度差（C_i－C_c）和净同化速率（P_n）（a）、叶肉导度（G_m）（b）间的关系

对于光合作用过程，G_s 和 G_m 大小的改变代表了从大气到叶绿体中 Rubisco 酶羧化位点的 CO_2 扩散限制的变化。通常，G_s 和 G_m 间呈现出了较强的相关性（Tomeo and Rosenthal，2017）。本研究中 ZZ 的 G_m/G_s 在 HVPD 处理下较 LVPD 处理下明显提高。Perez-Martin 等（2009）通过研究土壤干旱和大气干旱对 G_s 与 G_m 的影响时也发现，与低 VPD 环境条件下正常土壤水分处理相比，高 VPD 环境条件下土壤水分胁迫和正常土壤水分处理下的 G_m/G_s 显著升高，且在调控 G_s 和 G_m 的关系过程中 VPD 变化的影响要比土壤水分变化的影响大。虽然 Warren（2008）认为 G_s 和 G_m 间的关系与物种及环境胁迫的程度有很大的关系，但是在其研究中仍发现胁迫条件下 G_m/G_s 升高，这说明二者之间的比值可以反映环境胁迫的程度。另外，植物用于调节 G_s 的成本要远远低于调节 G_m 的成本。气孔开度是通过水力变化进行被动调节的，调控过程最快仅需几分钟，最长达数小时，这一过程中基本不涉及代谢过程的变化（Rodriguez-Dominguez et al.，2016；Brodribb and McAdam，2017）。在水资源匮乏的地区，G_s 的快速响应可有效地减少水分散失，进而缓解木质部中水分子间的张力，降低木质部栓塞产生的风险（Liu et al.，2015）。G_s 的变化还受气孔密度和大小的影响，高 VPD 下气孔密度的减少表明植物对气孔形成的投资减少（Lu et al.，2015；Dewar et al.，2018）。相比之下，G_m 的变化需要在叶片组织结构构建的过程中将更多的光合产物向叶片组织结构分配来实现（Adachi et al.，2013；Fini et al.，2016），这意味着调控 G_m 有较高的成本，且光合产物向叶片组织结构过多地分配不利于植物的生长。

因为 CO_2 从大气进入叶片气孔下腔最终到达叶绿体羧化位点必须穿过气孔和叶肉细胞，所以 G_s 和 G_m 对 CO_2 的扩散均具有很重要的作用。薛义霞等（2010a）的研究认为，增加空气湿度对气孔导度和光合作用的影响并不总是一致的，由于光合作用受气孔和非气孔因素的影响，因此 VPD 处理将不仅通过影响气孔而且还通过影响叶肉细胞来影响光合作用。ZZ 的 G_s 在高 VPD 处理下降低，这也导致了 C_i 的减少，G_m 的降低进一步限制了叶绿体内的 CO_2 浓度，从而使 P_n 降低。目前对于 G_s 如何介导 P_n 对 VPD 响应的研究较多，且得出的结论相似，认为高 VPD 可以导致 G_s 下降，引起 C_i 的减少，从而导致 P_n 降低（Lu et al.，2015；Zhang et al.，2015）。虽然对气孔响应环境变量特别是土壤水分胁迫的机制有较为全面的了解，但是 G_s 响应 VPD 变化的途径尚不完全清楚，还需开展系统研究。此外，探讨不同 VPD 条件下 P_n 和 G_m 间关系的研究较少，且得出的结论也各不相同。Bongi 和 Loreto（1989）、Qiu 等（2017）发现生长在高 VPD 下的植物叶片 G_m 降低，与本研究中品种 ZZ 的结果一致，而 Perez-Martin 等（2009）、Warren（2008）发现高 VPD 处理对 G_m 影响不显著，与本研究中品种 JP 的结果一致。尽管 Warren（2008）将这一相矛盾的结果归因于 VPD 处理间设置的梯度不同，但是本研究结果中 JP 和 ZZ 对高 VPD 的不同响应，表明有更深层次的原因可以解释这一矛盾的结果。最近的研究表明，不同基因型小麦的 G_m 对环境变异的响应不同（Barbour et al.，2016；Olsovska et al.，2016）。本研究也证明不同品种番茄的 G_m 对 VPD 变化的响应不同，说明 G_m 对环境变化的响应可能受基因表达的调控。另外，叶片解剖学特征也被认为是 G_m 调节的重要决定因素（Evans et al.，1994；Lu et al.，2016a）。因此，VPD 调控对 G_m 的影响机制需要进行深入的研究。

二、VPD 调控对番茄叶片光合羧化作用的影响

V_{cmax} 和 Rubisco 酶活性反映了光合作用中生化代谢活性的变化。JP 的 V_{cmax} 在 LVPD 处理和 HVPD 处理下大小相近，无显著差异；VPD 变化也对 ZZ 的 V_{cmax} 无影响（图 3-10）。JP 和 ZZ 的 Rubisco 酶活性在不同 VPD 处理下呈现出了与 V_{cmax} 相同的变化，其大小均保持在 0.10U/（mg 蛋白质）左右。双因素方差分析结果显示，V_{cmax} 在品种间差异显著，处理及品种和处理的交互效应对其影响不显著。品种、处理及二者的交互效应对 Rubisco 酶活性均无显著影响。以上结果表明高 VPD 下光合作用的变化与生化代谢活性关系较小。

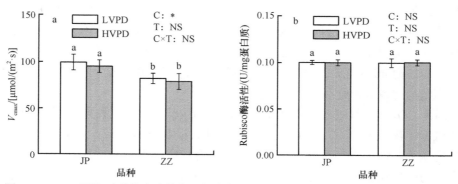

图 3-10　VPD 调控对番茄叶片最大羧化速率（V_{cmax}）（a）和 Rubisco 酶活性（b）的影响

　　在 JP 和 ZZ 中，HVPD 处理下 C_i 和 C_c 的变化与 P_n 的变化趋势相同，且 P_n 和 $C_a\text{-}C_i$、P_n 和 $C_i\text{-}C_c$ 均呈现出显著的线性相关关系，但 LVPD 处理下和 HVPD 处理下的 V_{cmax} 与 Rubisco 酶活性在两个番茄品种中均无显著差异。这表明高 VPD 下光合作用的变化主要是受光合底物 CO_2 浓度的限制，羧化作用代谢过程活性对光合作用的影响不大。这与在土壤干旱胁迫下的研究结果有所差异，Galmés 等（2013）证明在土壤干旱胁迫下羧化作用代谢过程活性对光合作用有很大的限制作用。这可能是因为光合作用对大气水分亏缺和土壤水分亏缺的响应机理不同，叶片会直接响应大气水分状况的变化，而土壤水分状况的变化会通过一系列水力信号、化学信号和电信号逐步传递至叶片中（Lake et al.，2017；Yan et al.，2017）。

三、VPD 调控对番茄叶片光合作用限制的定量分析

　　高 VPD 导致 JP 的 P_n 下降了 6.57%，ZZ 的 P_n 下降了 26.72%（图 3-11）。将光合作用的下降分解为由气孔限制、叶肉限制和生化限制导致的下降，并进行定量分析。分析结果表明，JP 中导致 P_n 下降的最主要因素为叶肉限制（2.78%），其次为生化限制（2.07%），最后为气孔限制（1.72%）；ZZ 中导致 P_n 下降的因素由大到小分别为气孔限制（16.03%）、叶肉限制（9.46%）和生化限制（1.23%）。气孔限制和叶肉限制的总和为 CO_2 扩散限制，在 JP 中 CO_2 扩散限制为 4.50%，在 ZZ 中 CO_2 扩散限制为 25.49%。由此可见，高 VPD 下 P_n 的降低主要是由气孔限制和叶肉限制导致的，并且 P_n 的大幅下降主要是气孔限制的结果。因此，在高 VPD 下植物要将光合作用维持在较高的水平，需要减少气孔导度和叶肉导度的下降，尤其是气孔导度的下降。

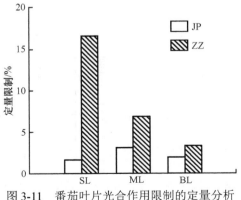

图 3-11　番茄叶片光合作用限制的定量分析

SL，气孔限制；ML，叶肉限制；BL，生化限制

　　此外，P_n 的定量限制分析也表明，CO_2 从大气到羧化位点的扩散限制是高 VPD 下 P_n 下降的主要原因。ZZ 中 P_n 下降了 26.72%，其中由气孔限制导致的下

降为 16.03%，由叶肉限制导致的下降为 9.46%，而 JP 的 P_n 下降了 6.57%，气孔限制为 1.72%，叶肉限制为 2.78%。通过对比发现，高 VPD 处理下 ZZ 的 P_n 下降主要是由气孔限制引起的，其次为叶肉限制，与前人在不同 VPD 处理下的研究结果一致（Bongi and Loreto，1989；Warren，2008；Perez-Martin et al.，2009）。高 VPD 下对光合作用的限制是气孔限制高于叶肉限制，这表明 G_s 比 G_m 对 VPD 的变化更为敏感，响应更快。这可能是由植物的生存策略决定的。高 VPD 下蒸腾需求增大，过高的蒸腾拉力加大了木质部发生栓塞的风险，水分不能高效运输将导致植物的死亡（Salmon et al.，2015；Adams et al.，2017）。研究表明 G_m 在水分散失的过程中不存在调控作用（Tomeo and Rosenthal，2017），而 G_s 的降低能有效减少水分散失。同时，因为通过气孔的水分子的量比 CO_2 分子的量高出大约两个数量级，G_s 的变化可以更有效地调控水分利用效率（Schulze，1986）。

四、VPD 调控对番茄水分利用效率的影响

植物的水分利用效率存在不同的表述方法，代表的意义也有所不同。$WUE_{instant}$ 反映了植物瞬时气体交换过程的水分利用效率。HVPD 处理下，JP 和 ZZ 的 $WUE_{instant}$ 均显著下降，分别降低了 37% 和 16%（图 3-12）。这说明，与在低 VPD 条件下生长的叶片相比，在高 VPD 条件下生长的叶片蒸腾散失相同的水分所生产的干物质有所减少。$WUE_{intrinsic}$ 则反映了植物本身固有的水分利用效率。$WUE_{intrinsic}$ 对 VPD 调控的响应因品种不同而有所差异。VPD 调控对 JP 的 $WUE_{intrinsic}$ 无显著影响，而 ZZ 的 $WUE_{intrinsic}$ 在 HVPD 下较 LVPD 处理下提高 38%，达显著水平。这表明，ZZ 生长在高 VPD 条件时会提高其自身水分利用的能力。

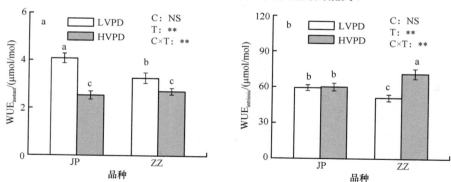

图 3-12　VPD 调控对番茄叶片瞬时水分利用效率（$WUE_{instant}$）（a）和内禀水分利用效率（$WUE_{intrinsic}$）（b）的影响

水分利用效率在本质上表征了作物生产的干物质和用水量间的关系（Bunce，2016）。叶片瞬时水分利用效率（$WUE_{instant}$）通常定义为净同化速率与蒸腾速率

的比值。HVPD 处理下，JP 和 ZZ 的 $WUE_{instant}$ 均显著下降，分别降低了 37% 和 16%。这说明与在低 VPD 条件下生长的叶片相比，在高 VPD 条件下生长的叶片蒸腾散失相同的水分所生产的干物质有所减少。然而，叶片蒸腾和 VPD 的大小直接相关（Streck，2003），因此，高 VPD 下 $WUE_{instant}$ 的降低可能主要是因为蒸腾速率的增加，其次为光合速率的降低。植物内禀的水分利用效率（$WUE_{intrinsic}$）可采用净同化速率和气孔导度的比值反映。本研究中，与 LVPD 处理相比，HVPD 处理下 JP 的 $WUE_{intrinsic}$ 无显著变化，而 ZZ 的 $WUE_{intrinsic}$ 提高 38%。许多研究证明，$WUE_{intrinsic}$ 和 G_m/G_s 间呈显著的正相关关系（Giuliani et al.，2013；Han et al.，2016）。如果 G_s 和 G_m 的变化相互独立，那么 G_m 的改变将导致 $WUE_{intrinsic}$ 的改变，但是如果 G_s 和 G_m 间的变化存在协同关系，那么 G_m 将不是改善 $WUE_{intrinsic}$ 的决定因素（Barbour et al.，2010；Tomeo and Rosenthal，2017）。本研究中 JP 的 G_m/G_s 在 LVPD 处理下和 HVPD 处理下均在 1.05 左右，而 ZZ 的 G_m/G_s 在 LVPD 处理下为 1.18，在 HVPD 处理下为 1.35。这表明 JP 中 G_s 和 G_m 的耦合关系限制了 $WUE_{intrinsic}$ 改善，ZZ 的 $WUE_{intrinsic}$ 改善是因为 G_s 和 G_m 间的解耦。G_s 和 G_m 间的解耦可以调控 $WUE_{intrinsic}$ 的一个可能的原因就是：与 G_s 和 G_m 同等程度的下降相比，G_m 相较于 G_s 有较小的程度降低，可以防止 C_c 的过度减少，进而在一定程度上减少 P_n 的下降。但是，ZZ 中 $WUE_{intrinsic}$ 的改善幅度有限，因为 HVPD 处理下过低的 G_s 严重地限制了光合作用，并且 G_m 的下降也使 P_n 降低（Niinemets et al.，2009；Perez-Martin et al.，2009；Ryan et al.，2016）。

五、VPD 调控对番茄叶片光响应曲线和 CO_2 响应曲线的影响

随 PAR 的增加，P_n 逐渐升高最后达到最高值（图 3-13）。不同番茄品种的光饱和条件下的最大净同化速率（P_{n-I}）对 VPD 变化的响应有较大差异（表 3-7）。与 LVPD 处理相比，HVPD 处理下品种 JP 的 P_{n-I} 变化不显著，而品种 ZZ 的 P_{n-I} 显著下降了 19%。对于 JP，AQE、I_{sat} 和 I_{com} 在 LVPD 处理与 HVPD 处理下的差异均不

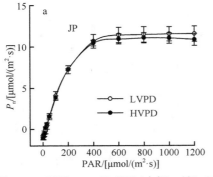
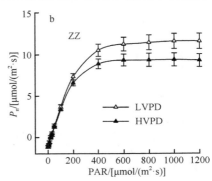

图 3-13　不同 VPD 处理下'金棚 1 号'（JP）（a）和'中杂 105'（ZZ）（b）的光响应曲线

明显。对于 ZZ，AQE、I_{sat} 和 I_{com} 在 LVPD 与 HVPD 处理下的变化与 JP 相同。双因素方差分析结果表明，品种、处理及两者间的交互效应对光响应曲线各参数的影响在统计学上均未达到显著水平。由此说明 VPD 调控除对光饱和条件下最大净同化速率有影响外，对其他各光响应曲线参数均不产生影响。

表 3-7　VPD 调控对光响应曲线参数的影响

品种	处理	P_{n-l}/［μmol/(m²·s)］	AQE	I_{com}/［μmol/(m²·s)］	I_{sat}/［μmol/(m²·s)］
JP	LVPD	11.85±0.83a	0.078±0.002a	18.99±0.34a	959.49±49.58a
	HVPD	11.36±0.47a	0.078±0.002a	17.49±1.26a	911.21±71.42a
ZZ	LVPD	11.88±0.65a	0.077±0.003a	19.75±1.10a	1004.73±36.21a
	HVPD	9.67±0.97b	0.075±0.002a	20.62±1.76a	908.35±48.31a
双因素方差分析					
品种		NS	NS	NS	NS
处理		NS	NS	NS	NS
品种×处理		NS	NS	NS	NS

注：P_{n-l} 是光饱和条件下的最大净同化速率；AQE 是初始量子效率；I_{com} 是光补偿点；I_{sat} 是光饱和点。LVPD，低 VPD 处理（1.48kPa）；HVPD，高 VPD 处理（2.55kPa）。JP，'金棚 1 号'；ZZ，'中杂 105'。不同小写字母代表处理间差异显著（$P < 0.05$，Duncan's 检验）。品种和处理的主效应及它们的交互效应通过双因素方差分析得到［NS 表示主效应或交互效应不显著（$P > 0.05$）］。下同

随 C_i 的升高，P_n 逐渐升高最后达到最高值（图 3-14）。JP 的 P_{n-CO_2} 在不同 VPD 处理下无显著差异，而 ZZ 的 P_{n-CO_2} 在 HVPD 处理下较 LVPD 处理下显著下降（表 3-8）。对于 JP 和 ZZ，CE、Γ 和 C_{isat} 在 LVPD 处理与 HVPD 处理下的差异均不明显。品种对 CO_2 响应曲线各参数的影响均达显著水平，而处理及品种和处理的交互效应对 CO_2 响应曲线各参数的影响不显著。

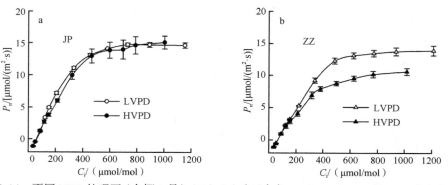

图 3-14　不同 VPD 处理下'金棚 1 号'（JP）（a）和'中杂 105'（ZZ）（b）的 CO_2 响应曲线

表 3-8　VPD 调控对 CO_2 响应曲线参数的影响

品种	处理	$P_{n\text{-}CO_2}$/［μmol/(m²·s)］	CE/［μmol/(m²·s)］	Γ/（μmol/mol）	C_{isat}/（μmol/mol）
JP	LVPD	15.12±0.16a	0.077±0.009a	59.20±0.35b	860.49±34.52b
	HVPD	15.16±1.94a	0.067±0.006a	61.16±0.71b	924.98±32.70ab
ZZ	LVPD	14.23±0.63a	0.059±0.003b	66.69±1.27a	931.72±16.42a
	HVPD	10.55±0.52b	0.049±0.006b	66.03±2.68a	947.31±43.96a
双因素方差分析					
品种		*	**	**	*
处理		NS	NS	NS	NS
品种×处理		NS	NS	NS	NS

注：$P_{n\text{-}CO_2}$ 是 CO_2 饱和条件下的最大净同化速率；CE 为初始羧化效率；Γ 是 CO_2 补偿点；C_{isat} 是 CO_2 饱和点。品种和处理的主效应及它们的交互效应通过双因素方差分析得到，* 表示 $P < 0.05$，** 表示 $P < 0.01$，NS 表示主效应或交互效应不显著（$P > 0.05$）

本研究对比了不同 VPD 处理对光响应曲线参数和 CO_2 响应曲线参数的影响，结果表明不同的 VPD 处理仅对 ZZ 的 $P_{n\text{-}CO_2}$ 和 $P_{n\text{-}I}$ 有影响，HVPD 处理下两者均显著下降。分析发现，对于品种 ZZ，LVPD 处理下 $P_{n\text{-}CO_2}$ 是 $P_{n\text{-}I}$ 的 1.20 倍，HVPD 处理下 $P_{n\text{-}CO_2}$ 是 $P_{n\text{-}I}$ 的 1.09 倍；对于 JP，在 LVPD 处理下和 HVPD 处理下 $P_{n\text{-}CO_2}$ 均比 $P_{n\text{-}I}$ 高 30% 左右。这表明与 HVPD 处理下 CO_2 浓度升高对光合作用的改善效果相比，LVPD 处理下大气 CO_2 浓度升高更能有效地促进光合作用的改善。焦晓聪（2018）通过在温室栽培环境中进行 VPD 和 CO_2 两因子的交互处理，发现降低 VPD 同时增施 CO_2 可显著提高番茄的 P_n 和产量，这与本研究结果一致。与 HVPD 处理相比，LVPD 处理促进了气孔的开放，CO_2 由大气扩散进入叶片的阻力减小，可使更多的 CO_2 进入叶片中，为光合作用的进行提供更多的底物，进而解除光合作用的原料限制，提高净同化速率（陈年来等，2009；Arve and Torre，2015）。对于 JP，其 G_s 在 LVPD 处理下和 HVPD 处理下均维持在较高水平，大气 CO_2 浓度的提高将显著促进光合作用。因此，在温室栽培生产中，增施 CO_2 与调控 VPD 相结合有助于进一步提高作物的光合能力。

六、小结

本研究通过定量分析光合作用的气孔限制、叶肉限制和生化限制，发现生长在高 VPD 处理下番茄叶片 P_n 的下降是由气孔阻力的增大使叶片内 C_i 减小，伴随着叶肉阻力的增高，C_c 也进一步下降，最终使光合作用底物不能充足供应而引起的。其中，气孔阻力的增高是最主要的限制因素。另外，本研究结果表明低 VPD 处理下提高 CO_2 浓度较高 VPD 下提高 CO_2 浓度能更加有效地改善光合作用。

第四章　VPD 对蔬菜作物 CO_2 传输通道的调控

【导读】本章主要研究了叶片 CO_2 扩散途径中相关的形态结构与解剖结构特征，分析了叶片内 CO_2 扩散中气孔阻力和叶肉阻力对光合作用的限制比率、叶片形态结构与解剖结构形成过程对 VPD 调控的结构响应，揭示了 VPD 调控对番茄叶片结构可塑性的影响及其对番茄叶片 CO_2 扩散阻力的调控机制，明确了不同 VPD 处理下由气孔形态和动力学介导的气孔导度调控机制与叶肉结构调控叶肉导度的机制。

第一节　VPD 调控蔬菜作物 CO_2 传输通道的研究

气孔导度是气孔对 CO_2 扩散的传导度，控制 CO_2 由大气向气孔下腔扩散的过程。气孔导度受光照、VPD 和土壤水分状况等诸多外界环境因子的影响，并且建立了许多气孔导度模型去模拟其对外界环境变化的响应（叶子飘和于强，2009；范嘉智等，2016）。在这些模型当中 VPD 是最重要的环境因子之一。因此，探讨气孔导度对 VPD 调控的响应机制，将对气孔导度的机制模型建立，明确不同 VPD 条件下光合作用底物 CO_2 变化的过程有重要意义。

气孔是由两个保卫细胞构成的小孔，通过调控保卫细胞的运动来控制开闭，进而控制气体的交换。所以，气孔导度的变化由气孔密度、气孔大小和气孔开度调节。研究表明，生长在高 VPD 条件下的植物叶片，气孔变小，而气孔密度变化因物种而有所差异。生长在高 VPD 条件下的番茄、玫瑰和蚕豆气孔密度降低（Fanourakis et al.，2013；Aliniaeifard et al.，2014；Lu et al.，2015），而在红椿（*Toona ciliata*）和钟草叶风铃草（*Campanula trachelium*）中气孔密度升高（Leuschner，2002；Carins Murphy et al.，2014）。尽管在这些研究中气孔密度在高 VPD 条件下的变化不一致，但是气孔导度均在高 VPD 条件下降低。事实上，除了气孔密度和气孔大小，气孔开度也对气孔导度有决定性的作用（Lawson and Blatt，2014）。Buessis 等（2006）发现气孔开度的变化可以弥补因气孔密度降低对气孔导度的影响。气孔开度的变化由叶片水分状态调控，当叶片中水分供应不能维持蒸腾需水时，叶水势下降，防止叶片过度失水，气孔关闭（Brodribb and McAdam，2017）。不考虑外界环境变化时，对于植物本身，水分的供应受叶脉的限制（Brodribb et al.，2007），而水分的散失受气孔密度的影响（Franks and Beerling，2009）。在不同光照条件下的研究发现，叶脉密度和气孔密度的比值相对恒定，表明叶脉和气孔是协同变化的（Brodribb and Jordan，2011；Carins Murphy et al.，2012）。但是，Cardoso 等（2018）证明叶脉和气孔的分化与发育是相互独立的，这导致叶片扩展过程中叶脉密度和气孔密度的比值变异很大。因此，叶脉和气孔如何驱动气孔导度对 VPD 变化的响应尚不明确。

叶肉导度为 CO_2 从气孔下腔向叶绿体中羧化位点扩散过程的阻力的倒数，决定了羧化位点光合作用底物 CO_2 的浓度。尽管叶肉导度和光合作用紧密相关，但是目前对于 VPD 调控叶肉导度的研究较少，且研究结果不一致。Bongi 和 Loreto（1989）、Qiu 等（2017）发现高 VPD 处理会使叶肉导度降低，而 Perez-Martin 等（2009）、Warren（2008）发现高 VPD 处理对叶肉导度的影响不显著。虽然 Warren（2008）认为这种差异是由不同的高 VPD 处理导致的，但更本质的原因可能与叶片结构的不同有关（Perez-Martin et al.，2009）。

大量的研究表明，叶肉导度和比叶重呈正相关关系，并且对二者之间关系的研究常分解为研究叶肉导度与叶片密度、叶肉导度与叶片厚度间的关系（Niinemets et al.，2009；Galmés et al.，2013；Tomás et al.，2013）。叶片密度和叶片厚度是叶片的整体特征参数，但是 CO_2 分子在叶肉中的扩散需要穿过细胞间隙、细胞壁、质膜、细胞质、叶绿体膜和叶绿体基质。所以，要明确叶肉导度对环境变化的响应机制必须要确定叶肉组织内单个解剖结构特征的变化。根据 CO_2 在叶肉中的扩散途径，叶肉导度的变化可以分为气相导度和液相导度的变化（Evans et al.，1994；Niinemets and Reichstein，2003）。由于 CO_2 在液相中的扩散阻力远远高于在气相中的扩散阻力，因此 CO_2 在叶肉中的扩散阻力由液相中的阻力决定（Tosens et al.，2012b）。在液相中，最重要的结构组分是单位叶面积面向细胞间隙的叶绿体的表面积（S_c/S），其大小反映了溶解 CO_2 的表面积（Galmés et al.，2013）。Bongi 和 Loreto（1989）认为高 VPD 处理使 S_c/S 降低，进而使叶肉导度下降。然而，其他的研究结果显示叶肉导度的变化与 S_c/S 无关，因为细胞壁、细胞质、叶绿体基质和细胞排列方式等其他结构在调节叶肉导度中也具有重要的作用（Hanba et al.，2004；Tomás et al.，2013；Muir et al.，2014）。因此，了解与叶肉导度相关的叶片解剖结构的变化对于确定叶肉导度对 VPD 的响应至关重要。

第二节　VPD 对蔬菜作物 CO_2 传输通道气孔的调控

本研究通过分析气孔大小、气孔密度、叶脉密度、叶脉木质部特征和植株水力学特性的变化，探讨了气孔形态和运动在气孔导度对 VPD 变化的适应过程中的作用，揭示了气孔导度对 VPD 变化的响应机制。

一、VPD 调控对番茄叶片气孔导度和蒸腾速率的影响

JP 的 G_s 在不同 VPD 处理下差异不显著，而 ZZ 中 G_s 在 HVPD 处理下比 LVPD 处理下低了 35%，达显著水平（图 4-1）。在 JP 和 ZZ 中，E 在 HVPD 处理

下的变化与 G_s 在 HVPD 处理下的变化不同。JP 中 E 在 HVPD 处理下是 LVPD 处理下的 1.21 倍；VPD 处理对 ZZ 的 E 没有显著影响。通过双因素方差分析发现：品种、处理及它们的交互效应对 G_s 均有显著影响，其中交互效应对 G_s 的影响达极显著水平；对于 E，处理及品种和处理的交互效应对其影响显著，品种对其影响不明显。这说明 G_s 和 E 对 VPD 处理的响应不同，在植物对环境适应的过程中两者间存在相互协调的关系。

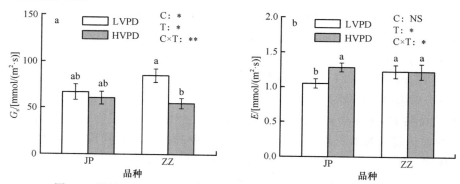

图 4-1　调控 VPD 对气孔导度（G_s）（a）和蒸腾速率（E）（b）的影响

LVPD，低 VPD 处理（1.48kPa）；HVPD，高 VPD 处理（2.55kPa）。JP，'金棚 1 号'；ZZ，'中杂 105'。不同小写字母代表处理间差异显著（$P < 0.05$，Duncan's 检验）。品种（C）和处理（T）的主效应及它们的交互效应（C×T）通过双因素方差分析得到 [* 表示 $P < 0.05$；** 表示 $P < 0.01$；NS 表示主效应或交互效应不显著（$P > 0.05$）]。下同

　　植物的蒸腾速率受叶边界层导度、VPD 和 G_s 等因素的控制。在土壤-植物-大气连续体中，蒸腾拉力为水分向上运输提供动力。植物对气孔数量、大小和开度的调控反映了番茄对高 VPD 条件下水分需求改变的一种适应。VPD 较高时，蒸腾需求较大，生长在高 VPD 条件下的植物为减少水分的耗散，往往具有较小的气孔。在应对环境的改变时，较小的气孔往往比较大的气孔反应更加灵活，能够迅速地关闭和开启（Lawson and Blatt，2014）。在 LVPD 条件下，蒸腾需求较小，水分不再成为限制因子，较大的气孔可以通过更多的 CO_2，从而维持较高的光合速率。然而，对高 VPD 条件下 E 的研究发现，VPD 和 E 之间的变化并不总是一致的。HVPD 处理使 JP 的 E 较 LVPD 处理显著提高了 21%，而 ZZ 的 E 在 LVPD 处理和 HVPD 处理下没有显著差异。张爽等（2014）研究发现低 VPD 处理下的椴叶草 E 变大。而 Arve 等（2013）则研究发现在 90% 的空气相对湿度下番茄叶片 E 下降，与本试验中 JP 的结果相同。在叶边界层导度相同的情况下，根据 $E=G_s \times VPD$，当 VPD 变小，由于不同植物 G_s 的大小不同，E 会出现不同的变化。这也解释了本研究中 ZZ 的 E 在 LVPD 处理下和在 HVPD 处理下无差异的原因。根据 Medlyn 等（2011）在最优气孔行为理论上建立的气孔导度机制模型，植物是以达到最优的水分利用效率为目的对 G_s 进行调控的。植物通过调控 G_s 来优化水分利用效率，这有利于其在气候干旱区的生存（Yong et al.，1997；范嘉智等，2016）。

二、VPD 调控对番茄叶片气孔特征的影响

不同 VPD 处理下气孔形态结构不同（图 4-2）。通过分析气孔结构特征发现（表 4-1），与 LVPD 处理下相比，HVPD 下 JP 的 SD 和 SA 均没有显著差异，ZZ 的 SD 和 SA 分别显著降低了 17% 和 21%。不同 VPD 处理下叶片上表皮和叶片下表皮的气孔密度变化趋势相同。JP 中 SD_{ad} 和 SD_{ab} 在不同 VPD 处理下差异不大，ZZ 中 SD_{ad} 和 SD_{ab} 在 HVPD 处理下比 LVPD 处理下分别下降了 26% 和 13%，达显著水平。叶片上表皮和叶片下表皮的气孔面积对 VPD 变化的响应不同。JP 和 ZZ 的 SA_{ad} 在 HVPD 处理下与 LVPD 处理下的差异均不显著，而 SA_{ab} 在 JP 中的变化不明显，在 ZZ 中显著下降。双因素方差分析结果表明，品种和处理对 SD_{ad} 与 SD_{ab} 有显著影响，但品种和处理的交互作用对两者影响不大。对于 SA_{ad}，品种对其影响较大，而处理及品种和处理的交互作用对其无显著影响。相反，SD、SA_{ab} 和 SA 在品种间差异不大，而处理及品种和处理的交互作用对 SD、SA_{ab} 和 SA 有显著影响。这些结果说明叶片上表皮的气孔和下表皮的气孔表现出了相互独立的变化，进而导致叶片上表皮的气孔和下表皮的气孔对 VPD 变化的响应有所差异。

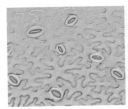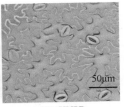

JP+LVPD　　　　　　　JP+HVPD　　　　　　　ZZ+LVPD　　　　　　　ZZ+HVPD

图 4-2　不同 VPD 处理下番茄叶片下表皮气孔特征图

表 4-1　VPD 调控对番茄叶片气孔特征的影响

品种	处理	SD_{ad}/mm^{-2}	SD_{ab}/mm^{-2}	SD/mm^{-2}	$SA_{ad}/\mu m^2$	$SA_{ab}/\mu m^2$	$SA/\mu m^2$
JP	LVPD	53.8±3.3a	132.7±4.7b	93.2±3.4ab	277.5±9.9ab	294.6±11.7b	286.0±10.7b
	HVPD	52.9±4.1a	125.9±2.7b	89.4±2.5bc	265.6±8.2b	300.0±10.4b	282.8±8.2b
ZZ	LVPD	51.4±3.6a	150.6±4.8a	101.0±2.5a	296.2±9.3a	378.9±18.9a	337.5±6.5a
	HVPD	38.0±2.0b	130.7±4.2b	84.3±2.7c	285.9±5.6ab	247.2±19.2c	266.6±11.6b
双因素方差分析							
品种		*	*	NS	*	NS	NS
处理		*	**	**	NS	**	**
品种×处理		NS	NS	*	NS	**	**

注：SD_{ad}，叶片上表皮的气孔密度；SD_{ab}，叶片下表皮的气孔密度；SD，叶片上表皮和下表皮气孔密度的平均值；SA_{ad}，叶片上表皮的气孔面积；SA_{ab}，叶片下表皮的气孔面积；SA，叶片上表皮和下表皮气孔面积的平均值。LVPD，低 VPD 处理（1.48kPa）；HVPD，高 VPD 处理（2.55kPa）。JP，'金棚 1 号'；ZZ，'中杂 105'。不同小写字母代表处理间差异显著（$P < 0.05$，Duncan's 检验）。品种和处理的主效应及它们的交互效应通过双因素方差分析得到 [* 表示 $P < 0.05$；** 表示 $P < 0.01$；NS 表示主效应或交互效应不显著（$P > 0.05$）]。下同

VPD 作为环境因子之一，影响植物的生长发育和生理代谢。气孔导度是气孔对 H_2O 和 CO_2 的传导度，与叶片气体交换直接相关。气孔是植物与周围环境进行气体交换的通道，直接调节光合作用和蒸腾作用的进行。当气孔数目较多、面积较大、开度也较大时，可以有更多的 CO_2 进入叶片，为光合作用的进行提供充足的 CO_2，增强光合作用（Lu et al.，2015；Zhang et al.，2015）。本研究结果表明，提高 VPD 对 JP 的 SD 和 SA 没有显著影响，但使 ZZ 的 SD 和 SA 显著下降。此外，叶片上表皮的气孔和下表皮的气孔表现出了相互独立的变化。这说明 VPD 处理影响了番茄叶片气孔的发育和形成，这与 Lu 等（2015）在番茄上、Fanourakis 等（2013）在玫瑰上、Aliniaeifard 等（2014）在蚕豆上的研究结果一致，但与 Carins Murphy 等（2014）在红椿（*Toona ciliata*）上、Leuschner（2002）在钟草叶风铃草（*Campanula trachelium*）上的研究结果相反。这可能是因为不同物种自身存在固有的对环境变化响应的差异。

三、VPD 调控对番茄叶片最大气孔导度的影响

利用气孔特征参数，通过计算得出了 G_{s-m}。不同 VPD 处理下 G_{s-m} 的差异因品种而异（图 4-3）。与 LVPD 处理相比，HVPD 处理对 JP 的 G_{s-m} 影响不大，而使 ZZ 的 G_{s-m} 显著降低了 17%。双因素方差分析的结果表明，品种、处理及它们的交互效应对 G_{s-m} 的影响均达到了显著水平。G_s/G_{s-m} 表征了气孔开度对气孔导度变化的贡献。G_s/G_{s-m} 的变化与 G_{s-m} 的变化趋势相同，JP 中 G_s/G_{s-m} 在 LVPD 处理下和 HVPD 处理下无显著差异，而 ZZ 的 G_s/G_{s-m} 在 HVPD 处理下较 LVPD 处理下低 22%，达显著水平。双因素方差分析也表明，处理对 G_s/G_{s-m} 的影响显著，品种及品种和处理的交互效应对其无影响。这说明 ZZ 中 HVPD 处理下气孔开度的变化限制了气孔导度。

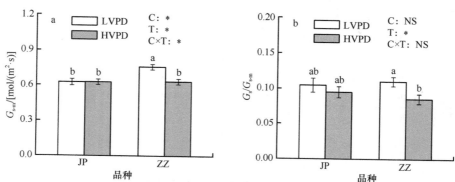

图 4-3　VPD 调控对番茄叶片最大气孔导度（G_{s-m}）（a）和 G_s/G_{s-m}（b）的影响

气孔的密度和大小决定了最大气孔导度（Franks and Beerling，2009）。本研究中 HVPD 处理使 ZZ 的 G_{s-m} 较 LVPD 处理下降了 17%，但 HVPD 使 ZZ 的 G_s 较

LVPD 处理下降了 35%。因此，对于 ZZ，HVPD 处理下 G_s 变化的 48% 可以由气孔密度和气孔大小的变化来解释。气孔密度和气孔大小与 G_s 间的正相关关系在许多研究中已被证实（Taylor et al.，2012；Aliniaeifard and van Meeteren，2016；Caine et al.，2019）。对转基因植物的研究也表明，通过改变控制气孔发育的基因使气孔密度减少，植物的 G_s 也显著下降（Xie et al.，2012）。而较小的气孔减小了供气体进行交换的面积（Xu and Zhou，2008；Drake et al.，2013）。但是，在 ZZ 中，VPD 处理导致 G_s 的变化中有 52% 是气孔密度和气孔大小的改变无法解释的。而对于 JP，虽然 VPD 处理对 $G_{s\text{-}m}$ 和 G_s 均无显著的影响，但 G_s 在 HVPD 处理下仍较 LVPD 处理下降低了 9%，$G_{s\text{-}m}$ 没有变化，说明 HVPD 处理下 JP 中 G_s 的变化并不能由气孔密度和气孔大小的改变解释。气孔导度除了受气孔密度和气孔大小的影响，气孔的运动对气孔导度的大小也有决定性的作用（Lawson and Blatt，2014）。$G_s/G_{s\text{-}m}$ 反映了气孔开度变化对 G_s 变化的贡献程度，其值越大说明气孔开度对 G_s 的限制越大。JP 中 $G_s/G_{s\text{-}m}$ 在 LVPD 处理下和 HVPD 处理下无显著差异，ZZ 的 $G_s/G_{s\text{-}m}$ 在 HVPD 处理下较 LVPD 处理下低 22%。双因素方差分析结果也发现，VPD 处理对 $G_s/G_{s\text{-}m}$ 的影响达显著水平。所以，不同 VPD 处理下气孔开度的变化也介导了 G_s 的变化。

研究表明在 G_s 对环境变化适应的过程中，气孔密度和气孔开度对气体扩散的影响存在着相互协调的关系（Buessis et al.，2006）。气体通过气孔扩散的过程遵循小孔扩散定律，即气体经气孔扩散出去的过程中，由于沿气孔边缘扩散的分子间相互碰撞机会比在气孔中间部位扩散的分子间相互碰撞机会少，因此沿气孔边缘的扩散速率要比中间的快，这样在气孔周围就会形成一个扁半球形的扩散壳（Dow et al.，2014b）。当气孔密度较大时，扩散壳间相互重叠，分子沿气孔边缘扩散的速率减小（Ting and Loomis，1963）；反之，当气孔密度较小时，扩散壳间互不影响，气体通过单个气孔的扩散速率增大，但是气孔数目的减少导致了气体扩散通道的减少，如果气孔开度不变，气孔导度将会降低。因此，植物会通过协调气孔密度和气孔开度间的关系来调控 G_s 的变化。

四、VPD 调控对番茄叶片 P-V 曲线参数的影响

气孔是由两个保卫细胞组成的，气孔开度直接受保卫细胞水分状况的影响。保卫细胞吸水时，膨压增大，气孔打开；保卫细胞中水分向外流出时，膨压丧失，气孔关闭（Martins et al.，2016；Rodriguez-Dominguez et al.，2016；Merilo et al.，2018）。这一过程中细胞水分的运动主要通过渗透调节作用进行（Blum，2017）。通过分析 P-V 曲线各参数发现（表 4-2），在 JP 和 ZZ 中，VPD 处理对 $\varPsi_{\pi,TLP}$ 和 RWC_{TLP} 均无显著影响。$\varPsi_{\pi,FT}$ 代表了细胞饱和含水时的渗透势，反映了细胞进行渗透调节的能力，其值越低说明细胞中渗透调节物质浓度越高，耐旱能力越强。JP

的 $\varPsi_{\pi,\text{FT}}$ 在 LVPD 处理下和 HVPD 处理下分别为 -0.53MPa 和 -0.55MPa，而 ZZ 的 $\varPsi_{\pi,\text{FT}}$ 在 LVPD 处理下和 HVPD 处理下分别为 -0.49MPa 和 -0.54MPa，差异达显著水平。由此说明 HVPD 处理使 ZZ 的渗透调节能力增强，当水分供应不足以维持蒸腾需求时，细胞失去水分，气孔关闭，防止水分进一步减少导致细胞脱水死亡。ε 表征了细胞壁的物理学特性，其值越小表明细胞壁弹性越大。与 LVPD 处理相比，JP 的 ε 在 HVPD 处理下无显著变化，而 ZZ 的 ε 在 HVPD 处理下显著降低。双因素方差分析表明，品种、处理及它们的交互效应对 $\varPsi_{\pi,\text{TLP}}$、RWC_{TLP} 和 ε 均无显著影响；$\varPsi_{\pi,\text{FT}}$ 在处理间及品种间差异显著，品种和处理的交互效应对其无影响。这说明 JP 的耐旱能力强于 ZZ，HVPD 处理使 ZZ 的耐旱能力提升。

表 4-2   VPD 调控对番茄叶片 P-V 曲线参数的影响

品种	处理	$\varPsi_{\pi,\text{FT}}$/MPa	$\varPsi_{\pi,\text{TLP}}$/MPa	RWC_{TLP}/%	ε/MPa
JP	LVPD	-0.53±0.02ab	-0.74±0.01a	92.03±0.77a	6.39±0.32ab
	HVPD	-0.55±0.02b	-0.73±0.01a	92.56±0.44a	6.53±0.29ab
ZZ	LVPD	-0.49±0.01a	-0.73±0.01a	92.14±0.46a	7.45±0.46a
	HVPD	-0.54±0.01b	-0.75±0.02a	92.12±0.86a	5.82±0.45b
双因素方差分析					
品种		*	NS	NS	NS
处理		*	NS	NS	NS
品种 × 处理		NS	NS	NS	NS

注：$\varPsi_{\pi,\text{FT}}$，饱和含水时的渗透势；$\varPsi_{\pi,\text{TLP}}$，初始质壁分离时的渗透势；RWC_{TLP}，初始质壁分离时的相对含水量；ε，弹性模量

五、VPD 调控对番茄植株水力导度的影响

VPD 处理引起了植株水力导度的变化（图 4-4）。与 LVPD 处理下相比，JP 的 K_{plant} 在 HVPD 处理下显著增加了 18%，而 ZZ 的 K_{plant} 则在 HVPD 处理下下降了 25%。K_{plant} 表征了植物水分供应能力的大小。本研究中，与 LVPD 相比，JP 的 K_{plant} 在 HVPD 处理下显著升高，而 ZZ 的 K_{plant} 在 HVPD 处理下降低。这表明 JP 中 G_s 在 HVPD 处理下无显著变化是因为其拥有较强的水分供应能力，可以维持较高的蒸腾需求，而 ZZ 由于水分供应能力减弱无法维持较高的蒸腾需求，通过增加细胞的渗透调节能力，使气孔关闭，进而降低 E。因此，ZZ 中气孔开度的变化表现为一种前馈调节。Buckley（2005）认为气孔的前馈调节实际上是气孔对 VPD 变化的负反馈响应的最终结果。随着 VPD 的升高，当叶水势下降到一定阈值时，植物为了防止木质部栓塞的形成，保证水分传输的安全性，会通过降低 E 保持体内水分的平衡（Cochard et al.，2002；Bunce，2006；Liu et al.，2015）。

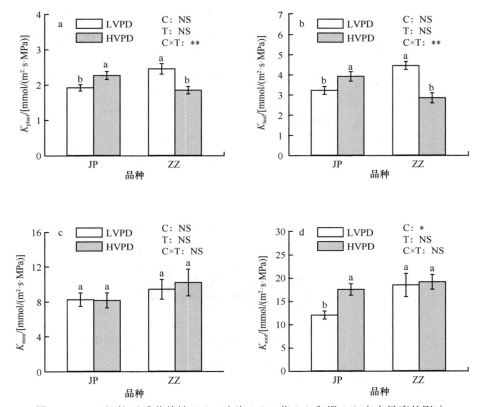

图 4-4　VPD 调控对番茄整株（a）、叶片（b）、茎（c）和根（d）水力导度的影响

JP 和 ZZ 的 K_{leaf} 在 HVPD 处理下表现出与 K_{plant} 相同的变化趋势。JP 的 K_{leaf} 在 HVPD 处理下较 LVPD 处理提高了 22%，ZZ 的 K_{leaf} 由 LVPD 处理下的 4.46mmol/(m^2·s·MPa) 降低至 HVPD 处理下的 2.85mmol/(m^2·s·MPa)，下降了 36%。JP 和 ZZ 的 K_{stem} 在 LVPD 处理下与 HVPD 处理无显著变化。HVPD 处理下 JP 的 K_{root} 是 LVPD 处理下的 1.46 倍，VPD 处理对 ZZ 的 K_{root} 无显著影响。由双因素方差分析结果可知，K_{plant}、K_{leaf} 和 K_{stem} 在品种间与处理间均无显著差异。品种和处理的交互效应对 K_{plant} 与 K_{leaf} 影响显著，但对 K_{stem} 无影响。K_{root} 在品种间有较大的差异，而处理及品种和处理的交互效应对其影响不大。由此表明 VPD 处理对茎中水分的传输速率影响不大，主要通过影响叶片和根系中的水分传输速率来调控水分在植物体内的传输。

在植物体组织中，水分传输阻力被定义为水力导度的倒数。根据欧姆定律，叶、茎和根中水分传输阻力的总和为植株总的水分传输阻力。从图 4-5 可以看出，VPD 处理对植株中水分传输阻力的比例分配没有显著影响。叶片中水分传输阻力占整株水分传输阻力的比例最大，达到了 60% 左右，其次为茎中的水分传输阻力，平均达到了 26%，根中水分传输阻力占的比例最小，为 14% 左右。由此可见，植物整株水力导度的变化主要受叶片水力导度的调控。另外，根系中水分传输阻力占整株水分传输阻力的比例最小。与 LVPD 处理相比，JP 的 K_{root} 在 HVPD 处理下显著升高，ZZ 的 K_{root} 则在 HVPD 处理下没有明显的变化。这表明 JP 中 K_{root} 的提升也是 K_{plant} 增高的一个重要原因。

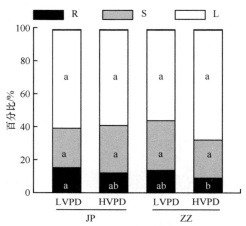

图 4-5　叶（L）、茎（S）和根（R）水分传输阻力占整株水分传输阻力的比例

六、VPD 调控对番茄叶片叶脉结构的影响

通过观察番茄叶片叶脉结构特征（图 4-6），发现 VPD 处理对 JP 和 ZZ 的 VD_{major} 均没有显著影响（表 4-3）。对于 JP，VD_{minor} 和 VD_{total} 在 LVPD 处理下与 HVPD 处理下也没有显著的变化；而对于 ZZ，VD_{minor} 和 VD_{total} 在 HVPD 处理下均比 LVPD 处理下降低。HVPD 处理使 JP 的 CD_i 由 LVPD 处理下的 16.33μm 增大到了 18.00μm，而使 ZZ 的 CD_i 由 LVPD 处理下的 18.04μm 减小到了 16.16μm。利用叶脉结构特征可以模拟得出 $K_{leaf-max}$。不同 VPD 处理下 $K_{leaf-max}$ 的变化与 CD_i 的变化相同。与 LVPD 处理相比，JP 的 $K_{leaf-max}$ 在 HVPD 处理下增高了 57%，ZZ 的 $K_{leaf-max}$ 在 HVPD 处理下降低了 37%。双因素方差分析结果表明，品种、处理及它们的交互效应对 VD_{major} 均没有显著影响。VD_{minor} 和 VD_{total} 仅在处理间差异显著，品种及品种和处理的交互效应对其影响不大。CD_i 和 $K_{leaf-max}$ 在品种间与处理间也无显著差异，但品种和处理的交互效应对两者的影响均达极显著水平。

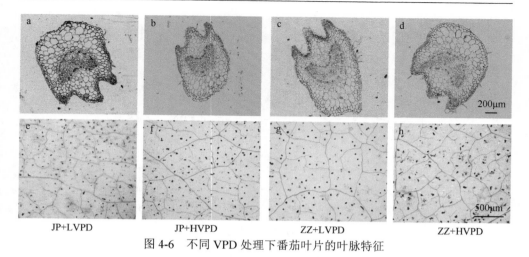

图 4-6　不同 VPD 处理下番茄叶片的叶脉特征

表 4-3　VPD 调控对番茄叶脉特征和叶片最大水力导度的影响

品种	处理	VD_{major}/(mm/mm²)	VD_{minor}/(mm/mm²)	VD_{total}/(mm/mm²)	CD_i/μm	$K_{leaf-max}$/[mmol/(m²·s·MPa)]
JP	LVPD	0.057±0.003a	5.27±0.17a	5.33±0.17a	16.33±0.37b	13.19±1.34c
	HVPD	0.055±0.002a	5.20±0.12ab	5.25±0.12ab	18.00±0.56a	20.74±1.57ab
ZZ	LVPD	0.059±0.004a	5.43±0.06a	5.49±0.06a	18.04±0.60a	24.48±3.50a
	HVPD	0.056±0.004a	4.85±0.14b	4.91±0.14b	16.16±0.51b	15.44±1.13bc
双因素方差分析						
品种		NS	NS	NS	NS	NS
处理		NS	*	*	NS	NS
品种×处理		NS	NS	NS	**	**

注：VD_{major}，大叶脉密度；VD_{minor}，小叶脉密度；VD_{total}，叶脉总密度；CD_i，主叶脉导管直径；$K_{leaf-max}$，叶片最大水力导度

　　JP 的 K_{leaf} 和 VD_{minor} 间关系不显著，ZZ 中 K_{leaf} 随 VD_{minor} 的增加而线性增加，二者间呈现出极显著的相关关系（图 4-7）。对于 K_{leaf} 和 $K_{leaf-max}$，在 JP 和 ZZ 中均表现为极显著正相关关系。这表明叶脉密度和叶脉木质部共同调控 K_{leaf} 的变化。但在 JP 中，K_{leaf} 在 HVPD 处理下较 LVPD 处理下高，而 VD_{minor} 在不同 VPD 处理下没有显著差异，说明 K_{leaf} 还受到其他因素的调控。

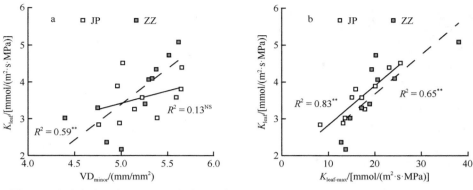

图 4-7　叶片水力导度（K_{leaf}）和小叶脉密度（VD_{minor}）（a）、叶片最大水力导度（$K_{leaf-max}$）

（b）之间的关系

七、VPD 调控对番茄茎解剖结构的影响

　　JP 和 ZZ 的茎木质部导管内腔面积（$A_{lumen-s}$）在 LVPD 处理下与 HVPD 处理下差异均不显著（图 4-8 和图 4-9）。导管厚度与跨度比平方 [$(T_w/b)^2$] 的大小反映了茎的水力安全性。VPD 处理对 JP 的 $(T_w/b)^2$ 无显著影响，但 ZZ 中，$(T_w/b)^2$ 在 HVPD

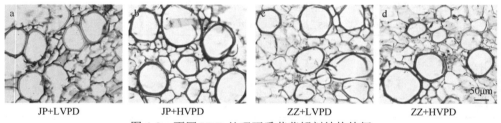

JP+LVPD　　　　　JP+HVPD　　　　　ZZ+LVPD　　　　　ZZ+HVPD

图 4-8　不同 VPD 处理下番茄茎解剖结构特征

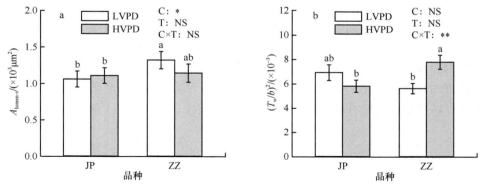

图 4-9　VPD 调控对番茄茎结构参数的影响

a，茎木质部导管内腔面积（$A_{lumen-s}$）；b，导管厚度与跨度比平方 [$(T_w/b)^2$]

处理下是 LVPD 处理下的 1.38 倍。双因素方差分析发现，$A_{lumen-s}$ 在品种间差异显著，处理及品种和处理的交互效应对其影响不显著。$(T_w/b)^2$ 在品种间和处理间差异不显著，但品种和处理的交互效应对其影响达显著水平。以上结果说明 ZZ 茎的水力安全性在 HVPD 处理下得到了提高。

　　虽然叶片中水分传输阻力占整株水分传输阻力的比例最大，但是水分在茎和根中的传输阻力占总传输阻力的 40% 左右，因此，茎和根中水分传输阻力的变化对水分在植物体内的传输也有重要的调控作用。本研究中，在 JP 和 ZZ 中，K_{stem} 和 $A_{lumen-s}$ 在 LVPD 处理下与 HVPD 处理下的差异均不显著。这说明植物对 VPD 变化的响应过程中，茎的木质部结构不会发生变化，由于水分在茎中的传输主要在木质部中进行，因此 K_{stem} 也不会发生改变。但是，ZZ 的 $(T_w/b)^2$ 在 HVPD 处理下较 LVPD 处理下显著提高，表明 HVPD 处理下 ZZ 的茎通过增加木质部导管细胞细胞壁的厚度提高了其水力安全性。当蒸腾作用过强时，木质部中水分子间的张力增大，木质部中负压加大，增加了导管发生坍塌的风险（潘莹萍和陈亚鹏，2014；Dai et al.，2018）。较厚的木质部导管细胞细胞壁，可以防止导管的坍塌而提高水分传输的安全性。

八、VPD 调控对番茄根系形态的影响

　　VPD 处理对 JP 的 RV、RSA 和 RAD 有显著影响，但对 RTL 影响不大（表 4-4）。JP 中，RV、RSA 和 RAD 在 HVPD 处理下分别是 LVPD 处理下的 1.57 倍、1.34 倍和 1.18 倍。ZZ 中各根系形态参数在 LVPD 处理下和 HVPD 处理下的差异均不显著。品种、处理及它们的交互效应对 RSA 和 RTL 没有显著影响。RV 和 RAD 在品种间的差异较大，前者在处理间的差异也达显著水平，品种和处理的交互效应对其影响较小，但对于后者，处理及品种和处理的交互效应对其影响均不显著。这表明植物的根系主要通过调控根系的直径而不是根系的长度来适应 VPD 的变化。

表 4-4　VPD 调控对番茄根系形态参数的影响

品种	处理	RV/cm³	RSA/cm²	RAD/mm	RTL/cm
JP	LVPD	0.86±0.08b	87.42±7.19b	0.39±0.01b	708.54±49.66ab
	HVPD	1.35±0.11a	116.74±6.53a	0.46±0.02a	798.42±50.91a
ZZ	LVPD	1.36±0.14a	104.21±8.78ab	0.51±0.03a	653.38±34.42b
	HVPD	1.37±0.12a	103.50±6.93ab	0.48±0.02a	721.25±53.93ab
双因素方差分析					
品种		*	NS	**	NS
处理		*	NS	NS	NS
品种 × 处理		NS	NS	NS	NS

注：RV，根系体积；RSA，根系表面积；RAD，根系平均直径；RTL，根系总长度

通过分析根系结构发现，植物的根系主要通过调控根系的直径而不是根系的长度来适应 VPD 的变化，这与 Sellin 等（2015）在树木上的研究结果相似。根系长度的变化主要决定了用于吸收水分的面积，而根系直径决定了可用于水分运输的木质部导管的数量（张岁岐和山仑，2001）。在土壤水分充足的情况下，根系表面积将不是植物吸收水分的主要限制因子，提高根系水分运输的能力才能有效保证水分的充足供应。

九、小结

本研究分析了不同 VPD 处理下番茄品种 JP 和 ZZ 的气孔导度、植株水力导度，植株叶片、茎、根的解剖结构特征及水分特征参数的变化，发现 JP 中 G_s 在不同 VPD 处理下无显著变化的原因主要是 JP 植株的叶片通过改变叶脉木质部结构特征提高了自身水分供应的能力，能够满足高 VPD 下的蒸腾需求；而 ZZ 中，尽管气孔密度减少，但由于叶脉密度和气孔密度存在协同变化关系，且叶脉木质部直径减小，茎和根的形态结构不变，而高 VPD 下蒸腾需求变大，水分供应不能维持正常的蒸腾需求，因此 G_s 变小，以防止水分的过度散失导致细胞脱水死亡。

第三节　VPD 对蔬菜作物 CO_2 传输通道叶肉的调控

本研究通过对不同 VPD 处理下的叶肉组织结构、细胞结构和细胞器结构进行观察，分析了叶片形态对叶肉导度的影响，并逐一定量分析了各解剖结构对叶肉导度的限制，明确了不同 VPD 处理下叶肉结构调控叶肉导度的机理。

一、VPD 调控对番茄叶片叶肉导度的影响

基于叶肉解剖结构特征计算的叶肉导度（G_{m-A}）与基于气体交换参数和叶绿素荧光参数计算的叶肉导度（G_{m-J}）结果相似（图 4-10）。JP 品种的 G_{m-A} 和 G_{m-J} 在不同 VPD 处理下均无显著差异，而 ZZ 的 G_{m-A} 和 G_{m-J} 在 HVPD 处理下均比 LVPD 处理下低。这表明对 VPD 变化敏感的品种生长在高 VPD 环境条件下时，叶肉导度会被抑制。通过回归分析发现（图 4-11），基于不同方法计算的叶肉导度间呈极显著的正相关关系，并且接近于 1 : 1 的比例，这说明叶肉解剖结构的变化决定了叶肉导度的变化。

CO_2 在叶肉组织中的扩散需要从气孔下腔经过细胞间隙、细胞壁、细胞膜、细胞质、叶绿体膜、叶绿体基质，最后到达羧化位点。Tomás 等（2013）基于 CO_2 在叶肉组织中的扩散过程建立了一个一维的气体扩散模型，该模型构建了叶肉解剖结构特征和叶肉导度间的关系。通过研究基于叶肉解剖结构特征计算的叶肉导度（G_{m-A}）与基于气体交换参数和叶绿素荧光参数计算的叶肉导度（G_{m-J}）之间的

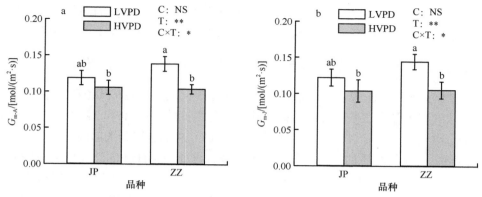

图 4-10　VPD 调控对 G_{m-A}（a）和 G_{m-J}（b）的影响

LVPD，低 VPD 处理（1.48kPa）；HVPD，高 VPD 处理（2.55kPa）。JP，品种'金棚 1 号'；ZZ，品种'中杂 105'。不同小写字母代表处理间差异显著（$P < 0.05$，Duncan's 检验）。品种（C）和处理（T）的主效应及它们的交互效应（C×T）通过双因素方差分析得到 [*表示 $P < 0.05$；**表示 $P < 0.01$；NS 表示主效应或交互效应不显著（$P > 0.05$）]。下同

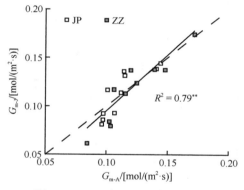

图 4-11　G_{m-A} 与 G_{m-J} 之间的关系

关系，发现 G_{m-A} 和 G_{m-J} 之间存在很强的线性相关关系，且接近于 1∶1。G_{m-A} 和 G_{m-J} 之间的相关关系也在许多其他研究当中被证明了（Pons et al.，2009；Fini et al.，2016；Peguero-Pina et al.，2017）。这表明不同 VPD 处理下叶肉导度的变化主要是由叶肉结构的变化引起的。然而，G_{m-A} 和 G_{m-J} 之间并不是严格的 1∶1 关系，这些差异可能是因为存在除叶肉解剖结构以外的影响叶肉导度的因素。Barbour 等（2016）利用小麦定位群体研究了叶肉导度的遗传控制，鉴定出一个对叶肉导度贡献率为 9% 的 QTL 位点。Olsovska 等（2016）也证明了叶肉导度的变化受遗传基因的控制。碳酸酐酶是一种广泛分布在细胞膜上的酶，其功能是催化 CO_2 和 H_2O 生成 H_2CO_3（蒋春云等，2013）。Perez-Martin 等（2014）对 *Olea europaea* 的研究发现，碳酸酐酶参与了叶肉导度的调节。此外，水通道蛋白也被证明参与了叶肉导度的调节（Flexas et al.，2006）。尽管水通道蛋白和碳酸酐酶的活性不直接响应

VPD 的变化，但是研究证明控制水通道蛋白和碳酸酐酶的基因表达量在不同环境条件处理下发生了改变（Perez-Martin et al.，2009；Perez-Martin et al.，2014）。

二、VPD 调控对番茄叶片叶肉中气相导度和液相导度的影响

叶肉组织中 CO_2 从气孔下腔扩散到叶绿体羧化位点需要在气相和液相中进行。CO_2 从气孔下腔到细胞壁外侧的扩散过程为气相扩散。在 JP 和 ZZ 中，VPD 处理对 G_{ias} 均无显著影响（图 4-12）。液相扩散是 CO_2 从细胞壁到细胞膜、细胞质、叶绿体膜、叶绿体基质的扩散过程。与 LVPD 处理相比，HVPD 处理使 JP 和 ZZ 的 G_{liq} 均下降。在 HVPD 处理下，G_{liq} 在 JP 中降低了 11%，差异不显著；在 ZZ 中降低了 25%，差异达显著水平。通过对比 G_{ias} 和 G_{liq} 发现，G_{ias} 的大小为 G_{liq} 的大小的 50 倍左右。由此可见，CO_2 在叶肉组织液相中的扩散是最大的扩散限制阻力。双因素方差分析结果表明，G_{ias} 在品种间的差异显著，处理及品种和处理的交互效应对其影响不大；而处理对 G_{liq} 有极显著的影响，品种及品种和处理的交互效应对其影响不显著。

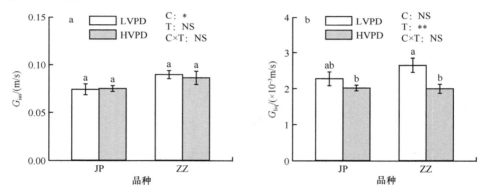

图 4-12　VPD 调控对番茄叶片叶肉中气相导度（G_{ias}）（a）和液相导度（G_{liq}）（b）的影响

三、VPD 调控对番茄叶片结构的影响

LMA 作为叶片的综合结构特征指标，与 LVPD 处理相比，JP 和 ZZ 的 LMA 在 HVPD 处理下均有所增高，但差异均未达显著水平（表 4-5 和图 4-13）。LMA 可以分为两个组分：叶片厚度（LT）和叶片密度（LD）。在 JP 中，不同 VPD 处理对 LT 和 LD 均无显著影响；而 ZZ 的 LT 和 LD 在不同 VPD 处理下的差异均达显著水平，HVPD 处理下 LT 较 LVPD 处理下降低了 19%，LD 较 LVPD 处理下升高了 39%。这表明 LMA 的两个组分 LT 和 LD 在 HVPD 处理下的变化方向不同。栅栏组织厚度 / 海绵组织厚度（PT/ST）在一定程度上反映了 LD 变化的原因。JP 的 PT/ST 在 LVPD 和 HVPD 处理下变化不明显，ZZ 中 PT/ST 的变化与 LD 的变化相同，HVPD 处理下较 LVPD 处理显著增加了 20%。双因素方差分析结果表明，处理及

品种与处理的交互效应对 LMA 均无显著影响；对于 LT、LD 和 PT/ST，品种间 LT 差异较大，处理对三者均有显著影响，品种和处理的交互效应对 LD 影响显著。

表 4-5　VPD 调控对番茄叶片结构的影响

品种	处理	LMA/(g/m²)	LT/μm	LD/(g/cm³)	PT/ST
JP	LVPD	14.52±0.33ab	159.13±5.20a	0.091±0.003bc	0.827±0.059b
	HVPD	15.17±0.40a	145.03±6.24a	0.105±0.004ab	0.829±0.069b
ZZ	LVPD	12.51±1.03b	147.98±5.36a	0.084±0.004c	0.811±0.069b
	HVPD	14.15±0.94ab	120.31±6.69b	0.117±0.003a	0.976±0.105a
双因素方差分析					
品种		*	**	NS	NS
处理		NS	**	**	*
品种 × 处理		NS	NS	*	NS

注：LMA，比叶重；LT，叶片厚度；LD，叶片密度；PT/ST，栅栏组织厚度 / 海绵组织厚度。LVPD，低 VPD 处理（1.48kPa）；HVPD，高 VPD 处理（2.55kPa）。JP，品种'金棚 1 号'；ZZ，品种'中杂 105'

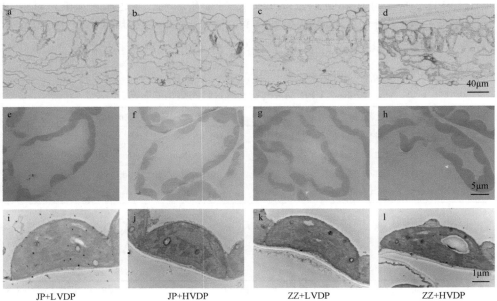

图 4-13　不同 VPD 处理下番茄叶片横切面（a～d）、叶肉细胞结构（e～h）和叶绿体结构（i～l）

叶肉导度在很大程度上决定了叶绿体羧化位点的 CO₂ 浓度。叶肉导度的降低会使叶绿体内 CO₂ 浓度降低，进而限制光合作用。前人研究认为，叶肉导度与 LMA 呈负相关关系（Flexas et al.，2008；Perez-Martin et al.，2009；Xiong et al.，2017）。JP 和 ZZ 的 LMA 在不同 VPD 处理下均不明显。然而，对于 G_{m-A}，尽管在品种 JP 中在 LVPD 和 HVPD 处理下差异不显著，但在品种 ZZ 中 HVPD 处理下显著下降。这表明本研究中叶肉导度的变化和 LMA 的变化关系不大，与前人研究结果有所差异。LMA 的变化受其两个组分 LT 和 LD 的影响（Poorter et al., 2009）。在 ZZ 中，HVPD 处理下 LT 较 LVPD 处理下降低 19%，LD 较 LVPD 处理下升高 39%，这解释了 ZZ 的 LMA 在 HVPD 处理下无显著变化的原因。叶肉导度和 LMA 的关系可以分解为叶肉导度和 LT 及叶肉导度和 LD 间的关系。Lu 等（2016a）通过分析钾亏缺处理下油菜叶片叶肉导度、LT 和 LD 间的关系，发现叶肉导度和 LD 存在紧密的相关关系，而叶肉导度和 LT 关系不显著。这与本研究结果相似，在 JP 和 ZZ 中 G_{m-A} 与 T_{mes} 间相关性不显著，而 f_{ias} 与 G_{m-A}、f_{ias} 与 LD 间均存在显著相关关系，说明 LD 的变化在叶肉导度响应环境变化的过程中有重要作用。

四、VPD 调控对番茄叶片叶肉结构的影响

叶肉结构决定了 CO_2 在叶肉组织中的扩散途径。在不同 VPD 处理下 T_{mes}、f_{ias}、S_m/S 和 S_c/S 变化趋势相同（表 4-6）。在 JP 中，T_{mes}、f_{ias}、S_m/S 和 S_c/S 在 LVPD 处理下与 HVPD 处理下无显著差异；在 ZZ 中，T_{mes}、f_{ias}、S_m/S 和 S_c/S 在 HVPD 处理下比 LVPD 处理下分别减少了 22%、26%、21% 和 24%，均达显著水平。对于 JP 和 ZZ，VPD 处理对 S_c/S_m 的影响均不显著。从双因素方差分析结果可知，品种间 T_{mes} 差异较大，处理间 T_{mes}、f_{ias}、S_m/S 和 S_c/S 差异较大，品种和处理的交互效应对 f_{ias} 有显著影响。

表 4-6　VPD 调控对番茄叶片叶肉结构的影响

品种	处理	T_{mes}/μm	f_{ias}	$S_m/S/(m^2/m^2)$	$S_c/S/(m^2/m^2)$	S_c/S_m
JP	LVPD	134.91±5.42a	0.51±0.03ab	10.61±0.43ab	8.73±0.55ab	0.83±0.03a
	HVPD	122.42±5.78a	0.47±0.01bc	9.62±0.48ab	7.87±0.34b	0.81±0.02a
ZZ	LVPD	123.62±5.20a	0.57±0.03a	11.91±1.06a	9.98±0.60a	0.84±0.02a
	HVPD	96.38±5.53b	0.42±0.01c	9.49±0.40b	7.53±0.44b	0.80±0.02a
双因素方差分析						
品种		**	NS	NS	NS	NS
处理		**	**	*	**	NS
品种×处理		NS	*	NS	NS	NS

注：T_{mes}，叶肉厚度；f_{ias}，细胞间空隙面积占叶肉组织面积的比例；S_m/S，面向细胞间隙的叶肉细胞表面积；S_c/S，面向细胞间隙的叶绿体表面积；S_c/S_m，面向细胞间隙的叶绿体表面积与面向细胞间隙的叶肉细胞表面积的比值

从 G_{m-A} 和 f_{ias}、G_{m-A} 与 T_{mes} 之间的回归关系（图 4-14）可以看出，G_{m-A} 和 f_{ias} 在 JP 与 ZZ 中均呈极显著正相关关系，而 G_{m-A} 和 T_{mes} 在 JP 与 ZZ 中回归关系均不显著。这表明叶肉导度的变化受 f_{ias} 变化的影响较大，而 T_{mes} 的变化对叶肉导度影响不大。S_c/S 和 S_m/S 的变化对叶肉导度响应不同 VPD 处理也具有很重要的作用（图 4-15）。通过分析 f_{ias} 和 LD、S_m/S 的关系（图 4-16）发现，LD 和 f_{ias} 间存在显著的负相关

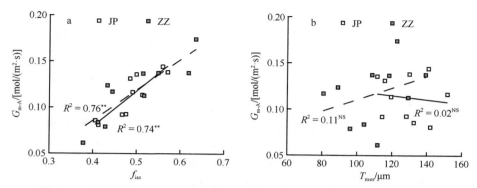

图 4-14　叶肉导度（$G_{m\text{-}A}$）与细胞间空隙面积占叶肉组织面积比例（f_{ias}）（a）、

叶肉厚度（T_{mes}）（b）之间的关系

** 表示在 0.01 水平回归关系显著；NS 表示回归关系不显著（$P > 0.05$）。下同

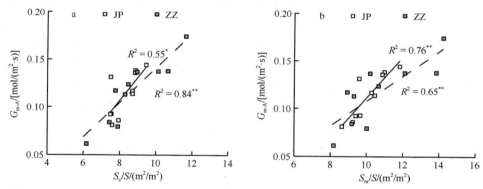

图 4-15　叶肉导度（$G_{m\text{-}A}$）和面向细胞间隙的叶绿体表面积（S_c/S）（a）、面向细胞间隙的

叶肉细胞表面积（S_m/S）（b）之间的关系

* 表示在 0.05 水平回归关系显著，下同

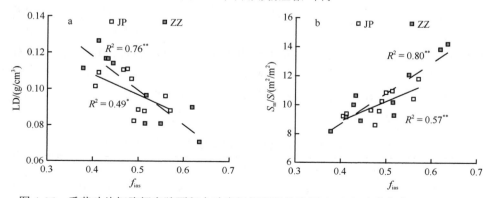

图 4-16　番茄叶片细胞间空隙面积占叶肉组织面积的比例（f_{ias}）与叶片密度（LD）（a）、

面向细胞间隙的叶肉细胞表面积（S_m/S）（b）之间的关系

关系，JP 和 ZZ 的决定系数（R^2）分别为 0.49 和 0.76；而 f_{ias} 与 S_m/S 呈正线性相关，JP 和 ZZ 的决定系数（R^2）分别为 0.57 和 0.80。这说明叶肉解剖结构特征间存在着相互协调的关系。

根据 CO_2 在叶肉组织中的一维扩散模型，叶肉导度可以分为气相导度和液相导度两个部分（Tomás et al.，2013）。由于 f_{ias} 和 T_{mes} 决定了 CO_2 从气孔下腔扩散到细胞壁外表面的路径长度（Syvertsen et al.，1995；Niinemets and Reichstein，2003），因此 CO_2 在气相中的扩散导度很大程度上受到了 f_{ias} 和 T_{mes} 的影响。本研究中，品种 JP 的 f_{ias} 和 T_{mes} 不受 VPD 处理的影响，这解释了 JP 中气相阻力（r_{ias}）在 LVPD 和 HVPD 处理下没有差异的原因。但是，在 ZZ 中，r_{ias} 在不同 VPD 处理下也无显著差异，而 ZZ 的 f_{ias} 和 T_{mes} 在 HVPD 处理下均较 LVPD 处理下显著下降，这可能是 f_{ias} 和 T_{mes} 的协同变化导致的。在 ZZ 中，这种叶肉变薄和 f_{ias} 减小的适应变化模式有助于在不利的环境中维持 CO_2 在气相扩散途径中的扩散导度（Galmés et al.，2013）。尽管如此，在 HVPD 处理下，两种品种的 r_{ias} 仅占总叶肉阻力的 3% ~ 4%，这表明 CO_2 在液相中的扩散阻力是造成叶肉导度在不同环境处理下变异的主要原因，与前人的研究结果一致（Lu et al.，2016a；Peguero-Pina et al.，2017）。在 JP 和 ZZ 中，G_{m-A} 与 T_{mes} 相关性不显著，而 G_{m-A} 与 f_{ias} 表现出了极显著的正相关关系，同时，G_{m-A} 与 S_m/S、S_m/S 与 f_{ias} 也表现出了极显著的相关性，说明 G_{m-A} 和 f_{ias} 紧密的相关关系是 S_m/S 与 f_{ias} 对 VPD 变化的协同响应导致的。S_m/S 作为影响 CO_2 在液相中扩散的重要解剖结构特征，进一步证实了叶肉导度对环境变化的响应主要受液相导度的调控。

五、VPD 调控对番茄叶片叶肉细胞超微结构的影响

CO_2 由细胞壁外侧向叶绿体内的扩散是由细胞器水平上的结构特征决定的。通过透射电镜观察叶肉细胞超微结构，发现不同 VPD 处理对 JP 的 L_{chl}、ΔT_{chl}、ΔL_{cw}、$\Delta L_{cyt,l}$、ΔL_{chl}、N_{chl} 均没有显著影响；ZZ 中除 HVPD 处理使 $\Delta L_{cyt,l}$ 较 LVPD 处理下显著增加 60% 以外，其他各超微结构特征在 LVPD 和 HVPD 处理间也没有显著差异（表 4-7）。通过双因素方差分析发现，品种及品种和处理的交互效应对各超微结构特征均没有影响，处理因素仅对 $\Delta L_{cyt,l}$、N_{chl} 的影响显著，对 L_{chl}、ΔT_{chl}、ΔL_{cw}、ΔL_{chl} 无显著影响。

表 4-7　VPD 调控对番茄叶片叶肉细胞超微结构的影响

品种	处理	L_{chl}/μm	ΔT_{chl}/μm	ΔL_{cw}/μm	$\Delta L_{cyt,l}$/μm	ΔL_{chl}/μm	N_{chl}
JP	LVPD	5.82±0.21a	2.43±0.12a	0.12±0.01a	0.14±0.02ab	0.07±0.02b	13.22±1.03a
	HVPD	5.16±0.58a	2.56±0.17a	0.11±0.01a	0.15±0.02ab	0.11±0.01ab	12.76±0.61a
ZZ	LVPD	5.97±0.23a	2.35±0.10a	0.11±0.01a	0.10±0.01b	0.11±0.02ab	15.61±1.32a
	HVPD	6.28±0.33a	2.44±0.02a	0.12±0.00a	0.16±0.02a	0.15±0.03a	12.90±0.93a

续表

品种	处理	L_{chl}/μm	ΔT_{chl}/μm	ΔL_{cw}/μm	$\Delta L_{cyt,l}$/μm	ΔL_{chl}/μm	N_{chl}
双因素方差分析							
品种		NS	NS	NS	NS	NS	NS
处理		NS	NS	NS	*	NS	*
品种 × 处理		NS	NS	NS	NS	NS	NS

注：L_{chl}，叶绿体长度；ΔT_{chl}，叶绿体厚度；ΔL_{cw}，细胞壁厚度；$\Delta L_{cyt,l}$，细胞膜到正对叶绿体外膜的平均距离；ΔL_{chl}，相邻叶绿体间的距离；N_{chl}，单个叶肉细胞中叶绿体数目

六、VPD 调控对番茄叶片叶肉细胞内扩散阻力的影响

CO_2 在叶肉细胞中的扩散需要克服细胞壁、细胞膜、细胞质、叶绿体膜及叶绿体基质的阻力才能最终到达羧化位点。由于生物膜对 CO_2 扩散造成的阻力大小相似，因此液相阻力的变化主要是由细胞壁、细胞质和叶绿体基质中扩散阻力的变化引起的。通过分析液相阻力中各部分扩散阻力（图 4-17）发现，在 JP 和 ZZ 中，不同 VPD 处理对 CO_2 在细胞壁中的扩散阻力（r_{cw}）和 CO_2 在叶绿体基质中的扩散阻力（r_{st}）均无显著影响。JP 的 r_{cyt} 在 LVPD 处理下和 HVPD 处理下也无显著变化，而 ZZ 的 r_{cyt} 在 HVPD 处理下是 LVPD 处理下的 1.38 倍，差异达显著水平。这些结果表明不同 VPD 处理下细胞质中扩散阻力的差异导致了液相阻力的变化。

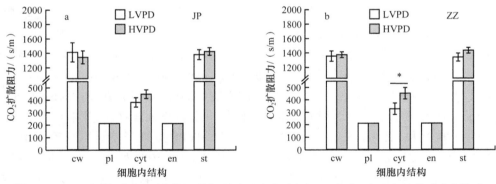

图 4-17　VPD 调控对番茄'金棚 1 号'（JP）（a）和'中杂 105'（ZZ）（b）叶片叶肉细胞内
CO_2 扩散阻力的影响

cw、pl、cyt、en 和 st 分别代表细胞壁、细胞膜、细胞质、叶绿体膜与叶绿体基质

S_c/S 和叶肉细胞内总扩散阻力共同决定了 G_{liq} 的变化。为了分析叶肉细胞内总扩散阻力和 S_c/S 对 G_{liq} 变化的贡献，本研究对比了 $\log_{10}[(S_c/S)^{-1}]$ 和 $\log_{10}(r_{cw}+r_{pl}+r_{cyt}+r_{en}+r_{st})$ 的变化，变化范围越大说明对 G_{liq} 变化的贡献越大（图 4-18）。对于 JP，$\log_{10}[(S_c/S)^{-1}]$ 和 $\log_{10}(r_{cw}+r_{pl}+r_{cyt}+r_{en}+r_{st})$ 的变化相似；对于 ZZ，$\log_{10}[(S_c/S)^{-1}]$ 变化了 0.28 个单位，$\log_{10}(r_{cw}+r_{pl}+r_{cyt}+r_{en}+r_{st})$ 变化了 0.10 个单位。另外，ZZ 中，

HVPD 下 $\log_{10}[(S_c/S)^{-1}]$ 的变化比 $\log_{10}(r_{cw}+r_{pl}+r_{cyt}+r_{en}+r_{st})$ 的变化大 0.06 个单位。这说明 S_c/S 对 VPD 变化的适应是导致 G_{liq} 改变的主要原因。

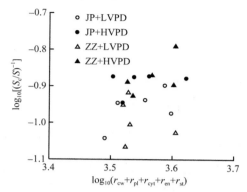

图 4-18　番茄叶片叶肉细胞内总扩散阻力（$r_{cw}+r_{pl}+r_{cyt}+r_{en}+r_{st}$）和面向细胞间隙的

叶绿体表面积（S_c/S）之间的关系

r_{cw}、r_{pl}、r_{cyt}、r_{en} 和 r_{st} 分别代表 CO_2 在细胞壁、细胞膜、细胞质、叶绿体膜与叶绿体基质中的扩散阻力

对 CO_2 在液相中的扩散阻力的研究表明，S_c/S 和叶肉细胞中各组分扩散阻力对叶肉导度的影响较大（Muiretal.，2014；Flexasetal.，2016）。通过对比 $\log_{10}[(S_c/S)^{-1}]$ 和 $\log_{10}(r_{cw}+r_{pl}+r_{cyt}+r_{en}+r_{st})$ 的变化，发现 HVPD 下 $\log_{10}[(S_c/S)^{-1}]$ 的变化比 $\log_{10}(r_{cw}+r_{pl}+r_{cyt}+r_{en}+r_{st})$ 的变化大，这说明 S_c/S 对 VPD 变化的适应是导致 G_{liq} 改变的主要原因（Tosens et al.，2012b）。S_c/S 是细胞中面向细胞间隙的叶绿体表面积，决定了能够充分用于溶解 CO_2 的面积（李勇等，2013；Ellsworth et al.，2018）。S_c/S 是由 S_c/S_m 和 S_m/S 两个组分构成的（Niinemets and Reichstein，2003）。S_c/S_m 受叶绿体数目和叶肉细胞中叶绿体分布的影响（Tholen et al.，2008；Weise et al.，2015）。在 JP 和 ZZ 中叶绿体均沿细胞壁排列，并且 VPD 处理对 N_{chl} 影响均不显著，这使得在 JP 和 ZZ 中，S_c/S_m 在 LVPD 处理下和 HVPD 处理下差异不显著。因此，S_c/S 在不同 VPD 处理下的变化由 S_m/S 决定。本研究中，VPD 处理对 S_m/S 的影响与其对 S_c/S 的影响相同：HVPD 处理对 JP 的 S_m/S 和 S_c/S 影响不显著，使 ZZ 的 S_m/S 和 S_c/S 显著下降。S_m/S 和 f_{ias} 对 VPD 的响应存在着协同变化的关系，而 f_{ias} 和 LD 之间呈极显著的负相关关系，证明在气相扩散过程中接触 CO_2 的细胞表面积较小可能是由细胞堆积较致密所致（Galmés et al.，2013）。相互紧贴的细胞将导致 CO_2 不能通过这些紧贴的部分扩散进入细胞（李勇等，2013；韩吉梅等，2017）。另外，Robertson 和 Leech（1995）证明叶肉细胞中叶绿体的数目随叶肉细胞的大小而改变。尽管 VPD 处理对 N_{chl} 影响均不显著，N_{chl} 在 JP 中 HVPD 处理下较 LVPD 处

理下下降了 3%，在 ZZ 中 HVPD 处理下较 LVPD 处理下下降了 17%，表明叶肉细胞在 HVPD 处理下变小，尤其是对于品种 ZZ。较小的叶肉细胞意味着与 CO_2 接触的面积也较小。细胞体积的增大受细胞膨压的调控（Bongi and Loreto，1989；Xu et al.，2012）。因此，ZZ 中 HVPD 处理下水分供应不足引起了细胞膨压的降低，细胞体积减小，进而导致了较小的 S_m/S；而 JP 在 HVPD 处理下调控水分供应的能力较强，可维持细胞膨压和细胞的正常增大，使 S_m/S 不受影响。

虽然 S_c/S 对 VPD 变化的适应是导致叶肉导度改变的主要原因，但是叶肉细胞中各部分扩散阻力的变化也对叶肉导度的改变起到了不可忽略的作用。在本研究中，VPD 处理仅引起了 r_{cyt} 的增高，叶肉细胞中其他各部分扩散阻力均未发生改变。先前的研究将 r_{cyt} 的增高归因于细胞质中 CO_2 扩散距离的增加（Lu et al.，2016a）。根据 Tomás 等（2013）建立的 CO_2 扩散途径模型，在细胞质中，CO_2 从细胞膜内侧向叶绿体的扩散有两种途径：一种是面向叶绿体处细胞膜位置的 CO_2 扩散，一种是相邻两个叶绿体中间处细胞膜位置的 CO_2 扩散。前者受 $\Delta L_{cyt,1}$ 的影响，后者受 $\Delta L_{cyt,1}$ 和 ΔL_{chl} 的影响。在 JP 和 ZZ 中，ΔL_{chl} 在不同 VPD 处理下无显著的变异。$\Delta L_{cyt,1}$ 在 JP 中 HVPD 处理下与 LVPD 处理下无显著变化，而在 ZZ 中 HVPD 处理下较 LVPD 处理下显著增加了 60%。因此，$\Delta L_{cyt,1}$ 在 HVPD 处理下的不同变化导致了 JP 和 ZZ 中 r_{cyt} 的不同变化。Sage 和 Sage（2009）认为 $\Delta L_{cyt,1}$ 的变化受细胞中液泡体积占细胞体积的比例的影响。在 HVPD 处理下，ZZ 由于水分供应限制，细胞中液泡失水，相对体积减小，最终导致 $\Delta L_{cyt,1}$ 增大；而 JP 中水分供应充足，细胞中液泡体积不变，可将叶绿体压向细胞外围，紧贴细胞膜。此外，Evans 等（2009）还指出，由于样品制作过程中需要许多步骤，制作好的用于观察叶绿体位置的样品是否反映了植物活体叶片中叶绿体的位置还有待商榷。因此，r_{cyt} 在叶肉导度响应环境变化过程中的作用还需要更进一步的研究。

七、VPD 调控对番茄叶片叶肉导度限制的定量分析

通过分析 CO_2 在叶肉细胞扩散途径中各部分扩散阻力占总叶肉扩散阻力的比例，发现 VPD 处理对 JP 和 ZZ 的 l_{cw}、l_{pl}、l_{en} 及 l_{st} 无显著影响（表 4-8）。与 LVPD 处理相比，JP 的 l_{ias} 和 l_{cyt} 在 HVPD 处理下变化不明显；ZZ 的 l_{ias} 在 HVPD 处理下较 LVPD 处理下显著降低，而 ZZ 的 l_{cyt} 较 LVPD 处理下显著升高。双因素方差分析结果表明，品种、处理及品种和处理的交互效应对 l_{cw}、l_{pl}、l_{en} 和 l_{st} 影响不显著。另外，品种及品种和处理的交互效应对 l_{ias} 与 l_{cyt} 也无显著的影响，但处理对两者均有显著影响。这表明生长在高 VPD 环境条件下的植物会权衡 CO_2 扩散途径中各部分扩散阻力的变化，使自身能够针对环境的变化作出最恰当的调节。

表 4-8　**VPD 调控对番茄叶片叶肉细胞中各部分扩散阻力所占总叶肉扩散阻力比例的影响**

品种	处理	l_{ias}/%	l_{cw}/%	l_{pl}/%	l_{cyt}/%	l_{en}/%	l_{st}/%
JP	LVPD	4.03±0.36a	38.83±2.18a	5.94±0.39a	10.71±1.23ab	5.93±0.38a	38.18±1.20a
	HVPD	3.52±0.19a	36.66±1.87a	5.88±0.20a	12.17±0.97a	5.82±0.19a	38.91±1.77a
ZZ	LVPD	3.88±0.24a	39.29±1.14a	6.23±0.16a	9.39±1.02b	6.27±0.18a	38.82±0.83a
	HVPD	3.03±0.25b	37.83±0.18a	5.81±0.18a	12.25±0.93a	5.83±0.23a	39.47±0.33a
双因素方差分析							
品种		NS	NS	NS	NS	NS	NS
处理		**	NS	NS	*	NS	NS
品种×处理		NS	NS	NS	NS	NS	NS

注：l_{ias}、l_{cw}、l_{pl}、l_{cyt}、l_{en} 和 l_{st} 分别代表 CO_2 在细胞间隙、细胞壁、细胞膜、细胞质、叶绿体膜与叶绿体基质中的扩散阻力占总叶肉扩散阻力的比例

八、小结

　　本研究基于 CO_2 在叶片中的一维扩散模型，通过分析与叶肉导度相关的叶肉解剖结构的变化，发现叶肉解剖结构在叶肉导度响应环境变化的过程中起到了决定性的作用。高 VPD 处理下叶肉导度的下降主要是由 CO_2 在液相中扩散路径的变化引起的。一方面，高 VPD 处理下细胞排列紧密，导致 CO_2 与叶绿体的有效接触面积减小，使 CO_2 进入叶绿体的量减少；另一方面，叶绿体与细胞膜间的距离加大，使 CO_2 在细胞质中的扩散路径加长，影响 CO_2 进入叶绿体。

第五章　VPD 与 CO₂ 耦合对番茄生长和产量的影响

【导读】本章主要介绍了 VPD 和 CO$_2$ 对番茄植株生长的协同作用，研究了夏季不同 VPD 环境、不同 CO$_2$ 浓度环境及两因子耦合对番茄植株产生的影响，包括水分状态、光合参数、生长参数、响应曲线和产量、品质等；同时也分析探讨了 VPD 与 CO$_2$ 耦合对冬季温室番茄光合作用及生理代谢的影响，阐述了通过 VPD 和 CO$_2$ 共同应用来协调提高温室作物生产力的理论基础。

第一节　VPD 与 CO₂ 耦合对夏季番茄光合作用及生理代谢的影响

设施栽培中植物进行光合作用时受到周围多种环境因素的影响。例如，光照提供能量供植株同化，影响相关光合系统发育及光合作用（张昆，2009），在一定范围内，光照增加可促进气孔张开（付海曼，2009）。温度影响光合电子传递及碳同化，但高温会伤害光合器官（Wise et al.，2010；Mathur et al.，2013）。CO$_2$ 浓度增加可以增加 Rubisco 酶活性（于国华，1997），提高 PSII（photosystem II complex，光系统 II）活性（施定基等，1983）；在一定范围内空气相对湿度增加会提高番茄的产量和品质（Bertin et al.，2000）；营养元素如氮可以提高叶绿素含量，促进植株光合作用，进而影响作物生长（张福埁和马国成，1995；徐坤等，2001）。温室环境相对密闭，气体交换能力差，随作物光合作用的进行，温室内 CO$_2$ 浓度逐渐降低，不能满足植物光合作用。水汽压亏缺（VPD）是由空气温度和湿度综合计算出的一个代表大气干旱程度的值，影响植株生长。我国西北地区是典型的干旱半干旱地区，夏季温室中午最高 VPD 大于 6kPa，冬季温室中午最高 VPD 大于 3kPa，超出番茄生长的适宜范围（约 1.5kPa）。

夏季温室高 VPD 已经成为越夏番茄栽培的重要限制因素，尤其是我国西北地区夏季温室最高 VPD 大于 6kPa，是典型的干旱半干旱地区环境条件，且温室内存在 CO$_2$ 严重亏缺的现象。本实验室前期研究表明，适当降低 VPD 可以有效维持水分平衡（Zhang et al.，2017），促进番茄植株生长发育，提高产量。本节探究不同 VPD 和 CO$_2$ 水平及两因子耦合对番茄植株生长的一系列形态指标与生理指标的影响。

一、材料和试验设计

供试番茄品种为耐旱品种'粉冠'和不耐旱品种'金棚'（见本书第三章第一节），本试验设置 VPD 和 CO_2 浓度两个试验因子，各两个水平，共 4 个试验处理：CK 处理（高 VPD、低 CO_2 浓度），CO_2 处理（高 VPD、高 CO_2 浓度），VPD 处理（低 VPD、低 CO_2 浓度），VPD+CO_2 处理（低 VPD、高 CO_2 浓度）。其中高 VPD 为温室自然环境下的 VPD，最高大于 6kPa，低 VPD 设置为约 1.5kPa；高 CO_2 浓度设置为（800±20）μmol/mol，低 CO_2 浓度为自然环境下的 CO_2 浓度，为（400±20）μmol/mol。当温室内的 VPD 超过 1.5kPa 时，高压雾化设备自动启动，并在 1kPa 的设定点自动关闭。用带有流量控制阀和 CO_2 浓度感应探头的 CO_2 气瓶进行 CO_2 增施（图 5-1）。阴雨天不进行任何试验处理。其他管理措施同田间措施。

图 5-1 通过管道实现 CO_2 增施（左）和通过高压雾化设备实现 VPD 降低（右）

二、环境数据分析

选取 4 个典型晴天 8:00 ~ 20:00 的 VPD 值作图（图 5-2），数据表明高 VPD 与低 VPD 温室内环境 VPD 值存在差异。在高 VPD 环境下，10:00 ~ 14:00 时 VPD 值呈快速上升趋势，在有高压雾化设备的低 VPD 温室，随着雾化处理的施加，该趋势下降。在 11:00 ~ 17:00 时，4 个典型晴天中施加雾化处理后平均 VPD 值分别下降了 68.16%、58.58%、70.86% 和 65.28%。

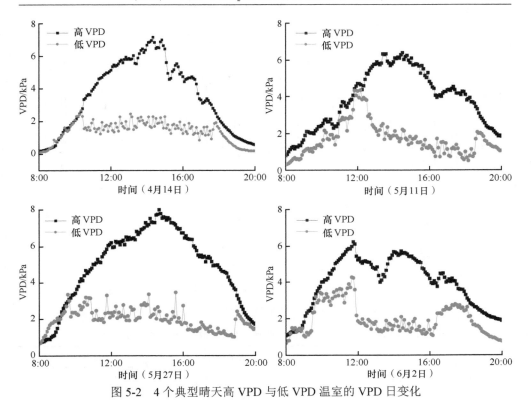

图 5-2　4 个典型晴天高 VPD 与低 VPD 温室的 VPD 日变化

三、VPD 与 CO₂ 耦合对植株水分状态的影响

　　叶片相对含水量（RWC）和叶水势（Ψ_{leaf}）是反映水分状态的重要指标。叶水势是反映叶片组织水分亏缺和水分制约程度的最灵敏的生理指标（Chu et al.，2012；Franzluebbers，2002）。测量结果显示（图 5-3），VPD 与 CO₂ 浓度两因子对'粉冠'植株 RWC 及 Ψ_{leaf} 均无显著影响，而'金棚'植株受到显著影响。'金棚'的 VPD 及 VPD+CO₂ 处理植株 RWC 均显著大于 CK 处理植株，分别增大 2.33% 和 6.89%，Ψ_{leaf} 显著大于 CK 处理植株，分别增大 53.40% 和 49.74%（图 5-3）。由此说明低 VPD 环境的植株叶片保卫细胞含有水分较多，可以维持叶肉细胞较高的膨压，进而保卫细胞张开，VPD+CO₂ 处理下，环境 CO₂ 浓度高，气孔的张开有利于 CO₂ 进入叶肉细胞，为植株光合作用提供原料。'金棚'的 RWC 和正午 Ψ_{leaf} 受 CO₂ 浓度与 VPD 及 CO₂ 浓度交互作用的影响显著（表 5-1）。

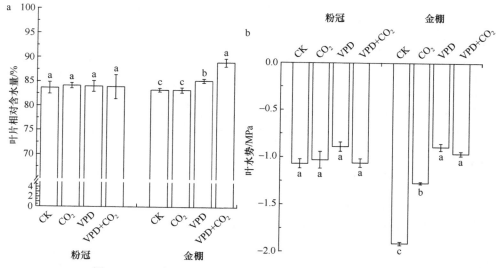

图 5-3　VPD 与 CO_2 耦合对叶片相对含水量及叶水势的影响

不同小写字母表示处理间差异显著（$P < 0.05$），下同

表 5-1　VPD 与 CO_2 耦合对番茄植株水分状态影响的双因素方差分析

品种	因素	叶片相对含水量 /%	正午叶水势 /MPa
粉冠	CO_2 浓度	ns	ns
	VPD	ns	ns
	VPD×CO_2 浓度	ns	ns
金棚	CO_2 浓度	**	**
	VPD	**	**
	VPD×CO_2 浓度	**	**

注：ns 表示差异不显著（$P > 0.05$）；** 表示差异极显著（$P < 0.01$）。下同

　　夏季温室内不同的 VPD 环境产生不同的空气负压，当 VPD 值在植株生长的适宜范围内，该空气负压会促进植株根系吸收水分以供应植株地上部的各部分水分消耗，当 VPD 值超出植株生长的适宜范围时，过高的 VPD 值会使植株出现过度蒸腾，增加水分的气态散失，导致植株体内水分出现失衡，产生水分胁迫，如叶片出现萎蔫、茎部干枯等现象，在这种情况下，降低大气 VPD 可以有效减少植株奢侈蒸腾乃至降低生育期耗水，使叶片维持较高的 RWC、Ψ_{leaf} 及保卫细胞膨压（杨明超，2007），减少 CO_2 进入气孔的阻力。本夏季试验中，降低环境 VPD 后，'粉冠'植株的 RWC 和正午 Ψ_{leaf} 虽无显著变化，但相对 CK 处理均增加，'金棚'植株的 RWC 和正午 Ψ_{leaf} 较 CK 处理均显著增加。

　　植株叶片蒸腾的强弱取决于叶片表面水汽压差及气孔阻力（李永宏和汪诗平，

1999）。气孔通过调节自身开度控制 CO_2 浓度，当植株长期处于高 CO_2 浓度时会增大气孔阻力，诱导保卫细胞发生质酸化，还会增加 ATP 消耗，使质子泵能量降低，导致气孔关闭，进而蒸腾速率减小（Rogers，2007；Vahisalu et al.，2008）。VPD 是植物吸收和运输水分的主要驱动力，可以通过影响蒸腾作用来调节叶片温度（刘娜，2013）。本试验中 CO_2 处理植株蒸腾速率显著低于 CK 处理植株的可能原因是高温导致叶片气孔关闭，以至于其 RWC 和 Ψ_{leaf} 均大于 CK 处理。VPD 处理与 VPD+CO_2 处理植株蒸腾速率降低的原因是蒸腾拉力的减弱，与 RWC 大于 CK 处理、Ψ_{leaf} 高于 CK 处理的结果一致。此外蒸腾作用引起的水分在植株体内的上升有利于根系吸收的营养物质运转到植物体所需部分，满足各部分生长的需要，因而蒸腾作用对植物生长意义重大。其中 VPD+CO_2 处理的 RWC 大于 VPD 处理的原因可能是 VPD+CO_2 处理的 CO_2 浓度大于 VPD 处理，光合作用产生的有机物较多，渗透势下降，植物吸收更多的水分，因此 VPD+CO_2 处理的 RWC 大于 VPD 处理。

四、VPD 与 CO_2 耦合对番茄叶片光合色素含量的影响

光合色素是作物进行光合作用的重要物质。研究结果显示（表 5-2），CK 处理中'粉冠'植株的 Chl a 和 Chl（a+b）含量在各时期基本不变，'金棚'植株的 Chl a 和 Chl（a+b）含量随栽培时间先增加后降低。CO_2 处理中'粉冠'植株的 Chl a 含量先增加后降低，其生长中期 Chl a 含量显著大于 CK 处理，生长后期显著小于 CK 处理；Chl b 含量在生长后期显著低于 CK 处理。而'金棚'植株的 Chl a 含量在各时期均显著大于 CK 处理，Chl b 含量在生长前、中期显著大于 CK 处理。VPD 处理中'粉冠'植株的 Chl a 含量呈下降趋势，在生长的中、后期均显著小于 CK 处理，Chl b 含量在生长中、后期均显著低于 CK 处理。而'金棚'植株中 Chl a 含

表 5-2 VPD 与 CO_2 耦合对光合色素含量的影响

品种	时间 /d	处理	Chl a 含量 / (mg/g)	Chl b 含量 / (mg/g)	Chl a/ Chl b	Chl（a+b）含量 /(mg/g)	类胡萝卜素含量 / (mg/g)
粉冠	0		2.19	0.88	2.48	3.07	0.37
	40	CK	2.33b	0.82ab	2.85a	3.14b	0.46b
		CO_2	2.43a	0.86a	2.81ab	3.28a	0.49a
		VPD	2.13c	0.76c	2.79bc	2.89c	0.43c
		VPD+CO_2	2.22c	0.81bc	2.76c	3.02bc	0.44c
	60	CK	2.45a	1.03a	2.40a	3.48a	0.41a
		CO_2	1.41c	0.57c	2.47a	1.98c	0.28d
		VPD	1.83b	0.74b	2.48a	2.56b	0.33c
		VPD+CO_2	1.91b	0.78b	2.46a	2.69b	0.37b

续表

品种	时间 /d	处理	Chl a 含量 /(mg/g)	Chl b 含量 /(mg/g)	Chl a/ Chl b	Chl（a+b）含量 /(mg/g)	类胡萝卜素含量 /(mg/g)
金棚	0		1.95	0.86	2.31	2.81	0.34
	30	CK	2.35bc	1.04b	2.25a	3.40b	0.31a
		CO₂	2.56a	1.17a	2.18b	3.73a	0.33a
		VPD	2.52ab	1.15a	2.18b	3.67a	0.34a
		VPD+CO₂	2.33c	1.06b	2.19b	3.39b	0.32a
	40	CK	1.97c	0.74c	2.67a	2.71c	0.38a
		CO₂	2.14b	0.84b	2.54c	2.98b	0.37a
		VPD	2.01bc	0.77bc	2.61b	2.78bc	0.38a
		VPD+CO₂	2.27a	0.93a	2.44d	3.20a	0.39a
	60	CK	1.41c	0.59b	2.41a	2.02d	0.97d
		CO₂	1.65b	0.68b	2.43a	2.33b	1.22b
		VPD	2.02a	0.89a	2.28ab	2.91a	1.44a
		VPD+CO₂	1.48c	0.68b	2.19b	2.16c	1.11c

注：Chl a，叶绿素 a；Chl b，叶绿素 b；Chl（a+b），叶绿素 a+ 叶绿素 b。数值后不同小写字母表示处理间差异达到 5% 显著水平，下同

量在后期显著大于 CK 处理，Chl b 含量在各时期（除 40d 外）均显著大于 CK 处理。VPD+CO₂ 处理中'粉冠'植株 Chl a 含量先增加后降低，在生长中、后期均显著小于 CK 处理；Chl b 含量在后期显著低于 CK 处理；VPD 和 VPD+CO₂ 处理植株类胡萝卜素含量在各时期均显著小于 CK 处理。'金棚'植株中 Chl a 含量在中期显著大于 CK 处理；Chl b 含量仅定植后 40d 时显著大于 CK 处理。两个品种各处理的 Chl a/Chl b 均在 40d 时达最大值，60d 时又出现下降。'金棚'的类胡萝卜素含量在各处理中均在 60d 时达到最大值（表 5-2）。增施 CO₂ 及降低 VPD 均显著增加'金棚'植株叶片的 Chl a 含量；VPD 和 VPD+CO₂ 处理显著降低'金棚'生长中期叶片 Chl a/ Chl b，此时植株利用弱光的能力增强。

五、VPD 与 CO₂ 耦合对番茄叶片气体交换参数的影响

光合作用是植株生物量积累的物质基础，影响植物的生长发育进程（王丽红等，2017）。两个番茄品种植株叶片的净光合速率（P_n）、气孔导度、蒸腾速率（T_r）和瞬时水分利用效率（WUE_i）等在各生长时期的变化见表 5-3，结果显示 CO₂ 与 VPD 两因子显著影响植株的光合作用。增施 CO₂ 可以显著增加叶片的胞间 CO₂ 浓度（C_i），进而提高 P_n。降低 VPD 可以减弱植株 T_r，进而提高叶片 WUE_i。

表5-3　VPD 与 CO₂ 耦合对叶片气体交换参数的影响

品种	时间 /d	处理	P_n/ [μmol/(m²·s)]	T_r/ [mol/(m²·s)]	C_i/ (μmol/mol)	G_s/ [mol/(m²·s)]	WUE$_i$/ (μmol/mmol)	L_s
粉冠	20	CK	25.73bc	0.016a	288.18c	0.82a	1.69b	0.21a
		CO₂	28.29b	0.007b	553.26b	0.31b	4.34b	0.27a
		VPD	22.08c	0.005bc	279.18c	0.41b	5.29b	0.25a
		VPD+CO₂	32.61a	0.002c	755.22a	0.32b	18.84a	0.12b
	40	CK	23.21b	0.016a	331.70b	0.82a	1.59b	0.17ab
		CO₂	25.18b	0.011b	647.71a	0.52bc	3.09b	0.19ab
		VPD	15.68c	0.006c	345.02b	0.64ab	2.54b	0.14ab
		VPD+CO₂	29.17a	0.004c	576.33a	0.29c	8.79a	0.28a
	60	CK	18.12b	0.015a	312.17c	0.75a	1.26c	0.16b
		CO₂	22.89a	0.012a	653.13a	0.63ab	2.03c	0.14b
		VPD	11.33c	0.003b	243.23c	0.33bc	6.62b	0.37a
		VPD+CO₂	24.03a	0.0024b	558.04b	0.21c	10.36a	0.28ab
金棚	20	CK	21.27c	0.009b	233.12b	0.42b	2.14b	0.37a
		CO₂	34.78a	0.018a	650.79a	0.98a	1.88b	0.12a
		VPD	27.46b	0.0074b	208.96b	1.01a	3.74a	0.43a
		VPD+CO₂	38.13a	0.0088b	665.39a	1.11a	4.59a	0.11a
	40	CK	17.13b	0.018a	357.45b	1.22a	0.97b	0.11b
		CO₂	26.57a	0.015a	698.27a	0.82ab	2.01b	0.13ab
		VPD	18.57b	0.005b	333.45b	0.62bc	4.11b	0.17ab
		VPD+CO₂	30.47a	0.004b	618.51a	0.33c	8.84a	0.23a
	60	CK	17.28b	0.017a	326.23c	1.01a	1.02c	0.18b
		CO₂	27.24a	0.017a	662.65a	0.93a	1.67c	0.17b
		VPD	12.84b	0.002b	332.23c	0.04c	5.23b	0.17b
		VPD+CO₂	30.83a	0.003b	562.25b	0.32b	9.52a	0.33a

注：P_n，净光合速率；G_s，气孔导度；C_i，胞间 CO₂ 浓度；T_r，蒸腾速率；WUE$_i$，瞬时水分利用效率；L_s，气孔限制值。数值后不同小写字母表示处理间差异达到 5% 显著水平，下同

CO₂ 处理中'粉冠'植株 P_n 仅在生长后期显著大于 CK 处理，T_r 在生长前期和中期显著小于 CK 处理。'金棚'植株的 P_n 在各时期均显著大于 CK 处理，T_r 在生长前期显著大于 CK 处理。VPD 处理中'粉冠'植株生长中、后期的 P_n 均显著低于 CK 处理，各时期的 T_r 均显著小于 CK 处理。而'金棚'植株生长前期的 P_n 显著大于 CK 处理，T_r 在植株生长中、后期均显著小于 CK 处理。VPD+CO₂ 处理中'粉冠'植株各时期的 P_n 均显著大于 CK 处理，在定植后 20d、40d 和 60d 时

VPD+CO_2 处理的 P_n 分别较 CK 处理增大 26.74%、25.68% 和 34.11%。各时期的 T_r 均显著小于 CK 处理。'金棚'植株的 P_n 在各时期均显著大于 CK 处理，在定植后 20d、40d 和 60d 时 VPD+CO_2 处理的 P_n 分别较 CK 处理增大 79.27%、77.88% 和 78.41%。T_r 在植株生长中、后期均显著小于 CK 处理。

CO_2 处理中'粉冠'植株在生长前、中期 G_s 均显著小于 CK 处理，后期与 CK 处理无显著性差异，与 T_r 表现一致。'金棚'植株在生长前期 G_s 显著大于 CK 处理，中、后期与 CK 处理差异不显著，且 G_s 的变化与 T_r 的变化一致。VPD 处理中'粉冠'植株各时期 G_s 均小于 CK 处理，但生长中期差异不显著。而'金棚'植株 G_s 在生长前期显著大于 CK 处理，但在生长中、后期显著小于 CK 处理，与 T_r 变化大致相同。VPD+CO_2 处理中'粉冠'植株 G_s 在各时期均显著小于 CK 处理。'金棚'植株 G_s 在生长前期显著大于 CK 处理，但在生长中、后期显著小于 CK 处理，与 T_r 变化大致相同。

CO_2 处理中'粉冠'植株 WUE_i 高于 CK 处理，但差异不显著；'金棚'植株各时期的 WUE_i 与 CK 处理无显著性差异。VPD 处理中'粉冠'植株 WUE_i 在生长后期显著高于 CK 处理。'金棚'植株 WUE_i 在生长前期和后期均显著大于 CK 处理。VPD+CO_2 处理中'粉冠'和'金棚'各时期的 WUE_i 均显著高于 CK 处理。VPD 处理和 VPD+CO_2 处理植株的 WUE_i 显著大于 CK 处理时，说明降低 VPD 后 WUE_i 提高。CO_2 处理和 VPD+CO_2 处理的 WUE_i 显著大于 CK 处理时，表明增施 CO_2 可以显著提高 WUE_i，试验表明在 VPD+CO_2 处理下植株水分利用效率的提高最为显著，与前人研究结果一致（孙伟等，2003；韦记青等，2006），表明 CO_2 浓度增加有利于提高植物的抗旱能力，这也是干旱情况下进行水分研究的重要方面（孙旭生等，2009）。

CO_2 处理中'粉冠'和'金棚'的气孔限制值（L_s）与 CK 处理间均无显著差异。VPD 处理中'粉冠'植株在生长后期 L_s 显著大于 CK 处理。'金棚'植株各时期的 L_s 与 CK 处理无显著性差异。VPD+CO_2 处理中'粉冠'植株在生长前期 L_s 显著小于 CK 处理，在生长中、后期大于 CK 处理，但差异不显著。'金棚'植株在中、后期叶片的 L_s 显著增大。CO_2 处理、VPD+CO_2 处理各时期 C_i 均显著大于 CK 处理，即增施 CO_2 可以显著增大 C_i，为植株进行光合作用提供原料。

CO_2 是植物光合作用的底物，在一定范围内 CO_2 浓度增加则光合速率随之增加，一是因为增加了 CO_2 对 Rubisco 酶结合位点的竞争，提高了羧化速率；二是由于抑制了光呼吸而提高了净光合速率（刘金祥等，2004；王建林等，2012；原保忠和孙颉，1998）。前人研究表明高 CO_2 浓度在短时间内有利于净光合速率的提高，但是经长时间处理后植株产生光适应，光合能力逐渐下降，表现为在稳定的高 CO_2 浓度下测定的光合速率比自然环境中生长的植株的光合速率低（许大全，1994），出现这种现象的原因很可能是由 Rubisco 量的减少造成的光合产物过分积累（林保花，2006）。而本试验中'粉冠'和'金棚'在夏季经 CO_2 处理的植株长时间在高 CO_2

浓度下生长，其 P_n 在植株生长后期表现为显著大于 CK 处理，且 VPD+CO$_2$ 处理各个时期的 P_n 均显著大于 CK 处理，并未表现出光合驯化现象，可能与本试验所选用的番茄品种有关，生长后期对 CO$_2$ 的敏感性较低或者植株生长后期对 CO$_2$ 的需求增大。此外施加 CO$_2$ 使两个品种植株生长后期的 P_n 均显著提高，而对前期和中期的 P_n 影响不一致，但生物量、产量和 WUE 等均有提高，因此在实际生产中，在温室番茄生长后期增施 CO$_2$ 会对植株产生有利影响。这与前人的研究结果一致，即番茄幼苗期由于土壤微生物呼吸旺盛，温室内 CO$_2$ 浓度较高，但作物群体光合作用较弱，此时期增施 CO$_2$ 作用不大。结果盛期土壤微生物呼吸弱，而种植作物的光合作用旺盛，CO$_2$ 严重亏缺，内外气体交换和光合作用并列成为影响温室 CO$_2$ 浓度变化的主导因素，因此有必要在该时期增施 CO$_2$ 以减小不利影响（魏珉，2000）。

　　气孔导度是反映气孔传导气体和水分能力的指标，影响植株光合作用和叶片水分状态的因素都可能对其造成影响（王玉辉和周广胜，2000；王云贺等，2010）。叶片通过改变气孔形态控制叶片内外水气交换，以调节光合速率和蒸腾速率（张忠学等，2018）。本试验中低 VPD 环境中 G_s 减小，部分原因是叶面空气水势差减小。在本文的夏季试验中 CK 和 CO$_2$ 处理温室中，空气温度较 VPD 和 VPD+CO$_2$ 处理温室高，气体交换参数测量结果显示 CK 和 CO$_2$ 处理的 T_r 与 G_s 较大，这与前人的研究结果一致，即由于蒸发吸热，高温环境中较高的 G_s 被认为是植物的优势（Fischer et al.，1998；Gourdji et al.，2013），有利于增加植株对生长环境的适应。夏季试验中'粉冠'VPD 处理的 C_i 同 CK 处理无显著性差异，植株 T_r 减弱，G_s 下降，L_s 上升，这增加了 CO$_2$ 通过气孔进入叶肉细胞的阻力。且'粉冠'VPD 处理在植株各生长阶段 Chl a、Chl b 和 Chl（a+b）含量均显著小于 CK 处理，即降低 VPD 后植株叶片光合色素含量降低，不利于光合作用的进行。这表现在植株形态指标上为 35d 时株高显著大于 CK 处理，50d 时叶面积显著小于 CK 处理，表明 VPD 处理下该植株容易出现徒长趋势。夏季温室'金棚'植株生长前期 CK 处理的 P_n、C_i 均小于 CO$_2$ 处理，而 L_s 大于 CO$_2$ 处理；VPD 处理的 P_n、C_i 同时小于 VPD+CO$_2$ 处理的情况下，而 L_s 大于 VPD+CO$_2$ 处理，表明这两组处理光合速率间的差异主要是由气孔导度的差异引起的（Farquhar and Sharkey，1982），而生长中、后期变化不同，表明光合速率的差异主要是由叶肉细胞羧化能力的不同引起的（黄北等，2015）。'粉冠'植株的实测暗呼吸速率 CK、CO$_2$、VPD 和 VPD+CO$_2$ 处理分别为 3.08μmol/(m^2·s)、2.69μmol/(m^2·s)、1.29μmol/(m^2·s) 和 2.39μmol/(m^2·s)，可能原因是 CK 处理、CO$_2$ 处理条件下环境 VPD 高，叶片出现水分亏缺，细胞中积累的淀粉转变为糖，使得可利用态的呼吸底物增加，呼吸强度提高（张淑勇，2009）。VPD+CO$_2$ 处理植株暗呼吸速率相比 VPD 处理增加主要是由于光合产物的积累增加了暗呼吸底物。两个品种中 VPD 处理植株暗呼吸速率均为最小，可能是因为叶片并未出现水分亏缺，所含淀粉没有转化成糖来供应暗呼吸的进行。夏季试验中'金棚'处理间 P_n 和 WUE 的降低伴随着暗呼吸速率的降低，与前人的研究结果一致，即植物光合作用的光能利用效率高时通常伴随着较高的呼吸消耗，暗呼吸速率与最大净光合速率成正比例关系（徐程扬，1999）。

六、VPD 与 CO₂ 耦合对植株 CO₂ 响应曲线的影响

通过光响应曲线和 CO_2 响应曲线确定植物的光合生理生态特性已成为科学研究的热点问题（Damesin，2003）。由图 5-4 和图 5-5 可得，'粉冠'和'金棚'的

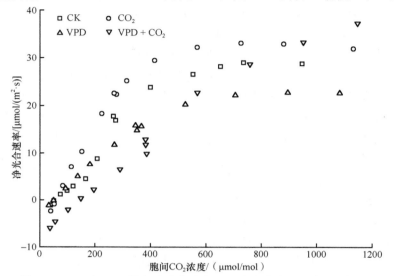

图 5-4　VPD 与 CO₂ 耦合对番茄叶片 CO₂ 响应曲线的影响（'粉冠'）

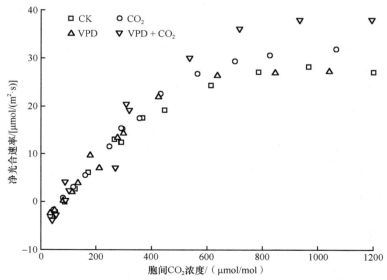

图 5-5　VPD 与 CO₂ 耦合对番茄叶片 CO₂ 响应曲线的影响（'金棚'）

CO_2 响应曲线变化趋势基本一致。净光合速率（P_n）均随胞间 CO_2 浓度（C_i）的增加而逐渐增大，达到最大值后趋势渐于平缓。

'粉冠'植株最大净光合速率（P_{max}）：VPD+CO_2 > CO_2 > CK > VPD 处理植株（表 5-4），其中 VPD+CO_2 和 CO_2 处理的 P_{max} 相比 CK 分别增大 43.73% 和 13.85%，VPD 处理降低 22.13%。'金棚'植株的 P_{max}：VPD+CO_2 > CO_2 > CK > VPD 处理植株，其中 VPD+CO_2 处理、CO_2 处理的 P_{max} 分别较 CK 增大 35.20%、10.12%，VPD 处理降低 2.08%。

表 5-4　VPD 与 CO_2 耦合对 CO_2 响应曲线拟合参数的影响

品种	处理	初始羧化速率（α）	P_{max}/[$\mu mol/(m^2 \cdot s)$]	CSP/[$\mu mol/(m^2 \cdot s)$]	CCP/[$\mu mol/(m^2 \cdot s)$]	R_p/[$\mu mol/(m^2 \cdot s)$]	R^2
粉冠	CK	0.098	29.82	776.34	66.23	6.14	0.9772
	CO_2	0.207	33.95	780.28	59.07	10.67	0.9964
	VPD	0.084	23.22	940.04	53.64	4.20	0.9975
	VPD+CO_2	0.062	42.86	1667.87	145.90	8.61	0.9937
金棚	CK	0.097	26.39	965.60	64.96	5.80	0.9975
	CO_2	0.090	29.06	841.93	56.76	4.88	0.9975
	VPD	0.106	25.84	855.89	58.62	5.47	0.9866
	VPD+CO_2	0.103	35.68	985.23	63.71	6.19	0.9729

注：P_{max}，最大净光合速率；CSP，CO_2 饱和点；CCP，CO_2 补偿点；R_p，光呼吸速率；R^2，决定系数。下同

由表 5-4 可知，在高 VPD 及低 VPD 下，增加 CO_2 浓度均会增加'粉冠'番茄叶片的光呼吸速率，在同一 CO_2 浓度下，降低 VPD 会降低'粉冠'番茄叶片的光呼吸速率。CO_2 处理和 VPD 处理降低'金棚'植株光呼吸速率，而 VPD+CO_2 处理增大'金棚'植株光呼吸速率。

CO_2 饱和点（CSP）和 CO_2 补偿点（CCP）的差值表征植株进行净光合作用的 CO_2 浓度范围，CK 处理中'粉冠'植株该范围为 66.23 ～ 776.34$\mu mol/(m^2 \cdot s)$，'金棚'植株该范围为 64.96 ～ 965.60$\mu mol/(m^2 \cdot s)$。CO_2 处理中'粉冠'植株该范围为 59.07 ～ 780.28$\mu mol/(m^2 \cdot s)$，'金棚'植株该范围为 56.76 ～ 841.93$\mu mol/(m^2 \cdot s)$。VPD 处理中'粉冠'植株该范围为 53.64 ～ 940.04$\mu mol/(m^2 \cdot s)$，'金棚'植株该范围为 58.62 ～ 855.89$\mu mol/(m^2 \cdot s)$。VPD+CO_2 处理中'粉冠'植株该范围为 145.90 ～ 1667.87$\mu mol/(m^2 \cdot s)$，'金棚'植株该范围为 63.71 ～ 985.23$\mu mol/(m^2 \cdot s)$。'粉冠'植株的 CK、CO_2、VPD 和 VPD+CO_2 处理相应的进行净光合作用的 CO_2 响应区间分别为 710.11$\mu mol/(m^2 \cdot s)$、721.21$\mu mol/(m^2 \cdot s)$、886.40$\mu mol/(m^2 \cdot s)$ 和 1521.97$\mu mol/(m^2 \cdot s)$，'金棚'的响应区间依次为 900.64$\mu mol/(m^2 \cdot s)$、785.17$\mu mol/(m^2 \cdot s)$、797.27$\mu mol/(m^2 \cdot s)$ 和 921.52$\mu mol/(m^2 \cdot s)$。'粉冠'中，在高 VPD 下增加 CO_2 浓度，区间基本保持不变，在低 VPD 下区间增大。在不同 CO_2 浓度下，降低 VPD，区间均增加。'金棚'中，

在高 VPD 下增加 CO_2 浓度，区间减小，在低 VPD 下区间增加。在高 CO_2 浓度下降低 VPD，区间增大，低 CO_2 浓度下区间减小。两品种均为 VPD+CO_2 处理下区间最大，说明该处理下番茄植株对不同 CO_2 浓度环境的适应能力最强。

七、VPD 与 CO_2 耦合对植株光响应曲线的影响

如图 5-6 和图 5-7 所示，光响应曲线表现出与 CO_2 曲线相似的模式，随着光合

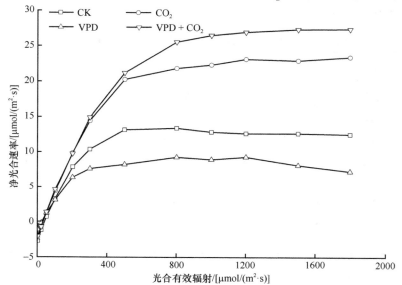

图 5-6　VPD 与 CO_2 耦合对番茄叶片光响应曲线的影响（'粉冠'）

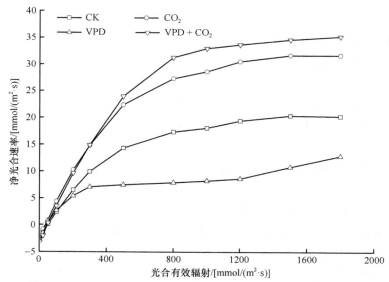

图 5-7　VPD 与 CO_2 耦合对番茄叶片光响应曲线的影响（'金棚'）

有效辐射（PAR）的增加，净光合速率（P_n）逐渐增加，到一定值后趋于稳定。光响应曲线趋于平缓之前的光合速率主要受 PAR 限制，之后主要受 CO_2 浓度限制。

由图 5-6 可知'粉冠'植株 CK 和 VPD 处理的光响应曲线趋于平缓的转折点所对应的 PAR 要明显低于 CO_2 与 VPD+CO_2 处理，且 CO_2 处理与 VPD+CO_2 处理的初始羧化速率（弱光阶段的曲线的回归斜率）均明显大于 CK 和 VPD 处理。'粉冠'植株的 P_{max}：VPD+CO_2 > CO_2 > CK > VPD 处理植株，VPD+CO_2 和 CO_2 处理的 P_{max} 比 CK 处理分别增大 105.34% 和 73.96%（表 5-5）。'金棚'植株的 P_{max}：VPD+CO_2 > CO_2 > CK > VPD 处理植株，VPD+CO_2 和 CO_2 处理相比 CK 处理分别增大 73.92% 和 56.16%，VPD 处理的 P_{max} 比 CK 处理降低 31.71%。结果表明，增加 CO_2 浓度可增大'粉冠'植株对光环境的适应区间，而减小'金棚'植株对光环境的适应区间。'粉冠'的 VPD+CO_2 处理植株对光环境的适应能力最强，'金棚'的 VPD 处理植株对光环境的适应能力最强。

表 5-5　VPD 与 CO₂ 耦合对光响应曲线拟合参数的影响

品种	处理	AQY/ (mol/mol)	P_{max}/ [μmol/(m²·s)]	LSP/ [μmol/(m²·s)]	LCP/ [μmol/(m²·s)]	R_d/ [μmol/(m²·s)]	R^2
粉冠	CK	0.102	13.48	951.61	35.08	3.08	0.9926
	CO₂	0.097	23.45	1314.54	29.64	2.69	0.9957
	VPD	0.067	9.27	812.20	20.97	1.29	0.9932
	VPD+CO₂	0.085	27.68	1382.20	29.38	2.39	0.9986
金棚	CK	0.064	20.28	1765.62	45.29	2.69	0.9989
	CO₂	0.087	31.67	1656.68	34.34	2.83	0.9991
	VPD	0.038	13.85	1902.49	34.24	1.18	0.9209
	VPD+CO₂	0.085	35.27	1484.27	46.04	3.73	0.9984

注：AQY，表观量子产率；LSP，光饱和点；LCP，光补偿点；R_d，暗呼吸速率。下同

'粉冠'植株在低 VPD 及高 VPD 环境下增加 CO_2 浓度均可提高 P_{max}，且在低 VPD 下 P_n 的增加幅度大于高 VPD 下 P_n 的增加幅度，说明降低 VPD 对番茄植株吸收、利用 CO_2 有积极的调控作用。'粉冠'植株 CK、VPD 处理植株光饱和点所对应的光照强度要明显低于 CO_2 与 VPD+CO_2 处理，且 CO_2 处理与 VPD+CO_2 处理的初始羧化速率均明显大于 CK 和 VPD 处理，说明 CK 和 VPD 处理叶片所吸收的光量子更多地用于非同化反应中，叶片耗散更多的热能，降低用于光反应的光量，而并非将这些光能转为化学能，不利于叶片的物质和能量积累（徐程扬，1999；莫伟平等，2015），也可能由于增施 CO_2 后，植物吸收和转换光能的色素蛋白复合体较多（刘金祥等，2009）。

夏季试验中两个品种 VPD+CO_2 处理下进行净光合作用的 CO_2 浓度适应区间

均最大（表 5-4），植株对不同 CO_2 浓度环境的适应能力最强。增加 CO_2 浓度增大'粉冠'植株对光环境的适应区间，而减小'金棚'植株对光环境的适应区间。'粉冠'的 VPD+CO_2 处理植株对光环境的适应能力最强，'金棚'的 VPD 处理植株对光环境的适应能力最强。冬季试验中两个品种的结果分析均表明，VPD+CO_2 处理进行净光合作用的 CO_2 浓度适应区间最大，之后依次为 VPD 处理、CO_2 处理和 CK 处理。以上结果表明 VPD+CO_2 处理植株对环境的综合适应能力最强，最有利于植株的生长。

由图 5-7 可得，除 VPD 的光响应曲线在呈现平稳后又小幅上升外，其他各处理的光响应曲线逐渐上升后均趋于平缓，同样由图 5-6 可得 CK 处理和 VPD 处理曲线趋于平缓的转折点所对应的光照强度要明显低于 CO_2 处理与 VPD+CO_2 处理，同样说明增加 CO_2 浓度后，植株利用弱光的能力增强。

八、VPD 与 CO_2 耦合对植株生长的影响

植株形态指标的变化直接反映其对生长环境的适应性。由图 5-8 和图 5-9 可得，CO_2 处理促进'粉冠'植株的前期株高，而促进'金棚'植株的中、后期株高。各处理对植株茎粗的影响较小。CO_2 处理中'粉冠'植株在定植 25d 和 35d 时，株高大于 CK 处理。'金棚'定植 45d 时株高大于 CK 处理。VPD 处理中'粉冠'植株在 35d 时株高大于 CK 处理，'金棚'在定植 55d 时植株株高均大于 CK 处理。VPD+CO_2 处理中'粉冠'定植 25d 时，植株株高大于 CK 处理。'金棚'植株定植 45d 株高低于 CK 处理，定植 55d 时株高大于 CK 处理。

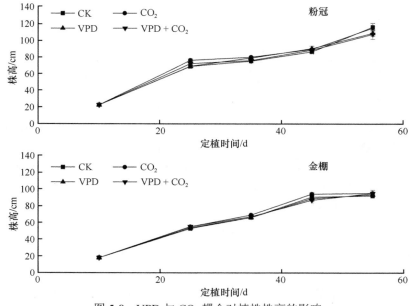

图 5-8　VPD 与 CO_2 耦合对植株株高的影响

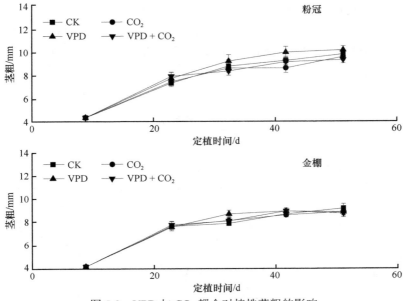

图 5-9　VPD 与 CO_2 耦合对植株茎粗的影响

如表 5-6 所示，各试验处理对'粉冠'植株总花数及开花数均无显著影响，但对'金棚'植株有影响：定植 30d 后，VPD+CO_2 处理显著降低'金棚'第一穗开花数，CO_2 和 VPD 处理也降低了'金棚'第一穗开花数，但差异不显著。

表 5-6　VPD 与 CO_2 耦合对植株开花数的影响

品种	处理	第一穗总花数 / 朵	第一穗开花数 / 朵	第二穗总花数 / 朵	第二穗开花数 / 朵
粉冠	CK	5.67a	5.33a	5.17a	2.17a
	CO_2	5.83a	5.67a	5.33a	1.83a
	VPD	5.83a	4.33a	5.17a	1.33a
	VPD+CO_2	5.00a	5.00a	4.80a	2.20a
金棚	CK	6.17a	6.00a	4.83a	2.83a
	CO_2	5.00a	4.83ab	5.83a	2.33a
	VPD	5.67a	5.50ab	4.83a	1.50a
	VPD+CO_2	6.00a	4.50b	4.17a	1.67a

叶片是植株与外界环境接触面积最大的部分，环境因素的变化直接影响叶片性状及功能的改变，对于植株水分关系、光能的截获和能量的平衡具有重要的作用 (Vendramini et al.，2002；Roche et al.，2004)。两个品种植株的叶面积变化如图 5-10 所示，其中'粉冠'在定植的 0 ～ 30d 各处理间植株叶面积无显著性差异。'金棚'定植 30d 后，CO_2 处理植株叶面积比 CK 处理小 14.64%，VPD 与 VPD+CO_2 处

理植株叶面积分别比 CK 处理大 5.95% 和 7.71%。定植 50d 时，VPD 和 VPD+CO_2 处理中'粉冠'植株的叶面积显著小于 CK 处理，分别降低了 25.35% 和 20.16%。而'金棚'两处理植株叶面积分别比 CK 处理小 6.21%、8.70%，但差异均不显著。

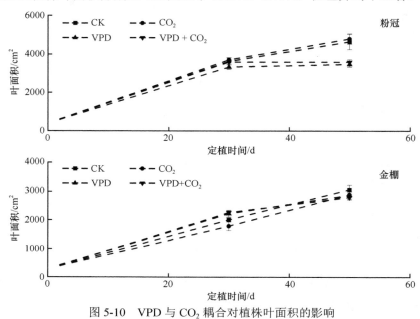

图 5-10　VPD 与 CO_2 耦合对植株叶面积的影响

九、VPD 与 CO_2 耦合对植株生物量的影响

VPD+CO_2 处理有利于植株生物量的积累，CO_2 处理和 VPD 处理对两品种植株生物量的影响不同。

由表 5-7 可知，'粉冠'随生长时期各处理植株根和叶的干重所占比例逐渐减小，茎干重所占比例逐渐增大，但各时期叶干重所占植株总干重比例最大。'金棚'随生长时期植株根干重所占比例逐渐下降，茎干重所占比例逐渐上升，叶干重所占比例基本不变，但根干重、茎干重和叶干重之间无显著性差异。CO_2 处理中两品种植株各部分干重均无显著性差异。VPD 处理中'粉冠'定植 55d 时叶干重和植株总干重大于 CK 处理，分别较 CK 增加 38.73% 和 26.63%，但差异不显著。而'金棚'植株定植 55d 时叶干重和植株总干重小于 CK 处理，分别较 CK 处理小 12.01% 和 8.24%，差异也不显著。'粉冠'植株定植 55d 时 CO_2、VPD 和 VPD+CO_2 处理植株总干重分别比 CK 处理植株大 32.34%、36.30% 和 49.28%，其中 VPD+CO_2 处理与 CK 处理差异显著。定植 35d 时 VPD+CO_2 处理植株的茎干重大于 CK 处理植株，VPD 处理植株小于 CK 处理植株，但差异均不显著。'金棚'定植 55d 时 VPD+CO_2 处理叶干重及植株总干重显著大于 CO_2 及 VPD 处理，但叶面积无显著性差异，说明 VPD+CO_2 处理叶片厚度可能大于 CO_2 处理和 VPD 处理。

表 5-7　VPD 与 CO₂ 耦合对植株生物量分配的影响

品种	时间 /d	处理	根干重 /g	茎干重 /g	叶干重 /g	植株总干重 /g
粉冠	12		0.19	0.31	1.18	1.67
	35	CK	1.81a	7.64ab	14.24a	23.68a
		CO₂	1.74a	7.21ab	14.05a	23.00a
		VPD	1.55a	6.67b	13.63a	21.82a
		VPD+CO₂	2.04a	8.27a	15.95a	26.26a
	55	CK	2.36a	14.84a	19.47b	36.67b
		CO₂	3.25a	18.39a	26.89b	48.53ab
		VPD	3.77a	19.22a	27.01ab	49.98ab
		VPD+CO₂	3.16a	20.38a	31.26a	54.74a
金棚	12		0.13	0.24	0.82	1.19
	35	CK	1.86a	5.05a	8.92a	15.83a
		CO₂	1.86a	5.09a	9.37a	16.26a
		VPD	1.57a	5.76a	10.64a	17.97a
		VPD+CO₂	1.73a	5.82a	10.73a	18.26a
	55	CK	3.66a	13.93a	21.74ab	39.32ab
		CO₂	2.94a	13.29a	19.81b	36.04b
		VPD	2.52a	14.43a	19.13b	36.08b
		VPD+CO₂	3.38a	15.72a	23.99a	43.06a

十、VPD 与 CO₂ 耦合对植株耗水量和产量的影响

CO_2 处理增加植株耗水量和产量，但对植株水分利用效率（WUE）无显著影响（表 5-8）。VPD 处理降低植株耗水量，显著增加 WUE，使产量有所增加，但与 CK 处理差异不显著。VPD+CO₂ 处理显著增加植株产量和 WUE。

表 5-8　VPD 与 CO₂ 耦合对植株耗水量、产量及水分利用效率的影响

品种	处理	单株耗水量 /kg	产量 /g	水分利用效率 /(g/kg)
粉冠	CK	10.09b	547.08b	54.22b
	CO₂	10.38a	575.35ab	55.43b
	VPD	9.63c	607.92ab	63.13a
	VPD+CO₂	10.18ab	639.24a	62.79a
金棚	CK	10.13b	528.34c	51.76b
	CO₂	11.64a	550.68bc	47.31b
	VPD	8.02c	589.27b	73.48a
	VPD+CO₂	8.39c	616.85a	73.52a

续表

品种	处理	单株耗水量 /kg	产量 /g	水分利用效率 /(g/kg)
双因素方差分析				
粉冠	CO_2 浓度	**	ns	ns
	VPD	**	*	**
	VPD×CO_2 浓度	ns	ns	ns
金棚	CO_2 浓度	**	*	ns
	VPD	*	**	**
	VPD×CO_2 浓度	ns	ns	ns

注：* 表示差异显著（$P < 0.05$），** 表示差异极显著（$P < 0.01$），ns 表示差异不显著（$P > 0.05$）。下同

　　CO_2 处理中'粉冠'单株番茄总耗水量 10.38kg，较 CK 处理增加 0.29kg（$P < 0.05$）；'金棚'单株番茄总耗水量 11.64kg，较 CK 处理增加 1.51kg（$P < 0.05$）。VPD 处理中'粉冠'单株番茄总耗水量 9.63kg，较 CK 处理单株番茄节约耗水量 0.46kg（$P < 0.05$）；'金棚'单株番茄总耗水量 8.02kg，较 CK 处理单株番茄节约耗水量 2.11kg（$P < 0.05$）。VPD+CO_2 处理中'粉冠'单株番茄总耗水量 10.18kg，较 CK 处理单株番茄增加耗水量 0.09kg；'金棚'单株番茄总耗水量 8.39kg，较 CK 处理单株番茄节约耗水量 1.74kg（$P < 0.05$）。CO_2、VPD 和 VPD+CO_2 处理的产量相较 CK 处理，其中'粉冠'植株分别增加 5.17%、11.12% 和 16.85%，VPD+CO_2 处理植株产量最高。'金棚'相应处理的产量分别较 CK 处理增加 4.23%、11.53% 和 16.75%，两个品种的 VPD+CO_2 处理产量与 CK 处理差异均显著。'粉冠'和'金棚' CO_2 处理植株的 WUE 与 CK 处理均无显著性差异，VPD 和 VPD+CO_2 处理植株的 WUE 均显著大于 CK 处理，表明降低环境 VPD 可以显著提高植株水分利用效率。双因素方差分析表明，CO_2 浓度对'粉冠'植株耗水量有显著影响，VPD 对其耗水量、产量和 WUE 均有显著影响，但两因子耦合对耗水量、产量和 WUE 均无显著影响，以上结果表明增施 CO_2 显著增加了'粉冠'植株耗水量，而降低 VPD 在显著降低'粉冠'耗水量的同时提高了番茄产量和 WUE。CO_2 浓度对'金棚'植株耗水量和产量有显著影响，VPD 对'金棚'植株耗水量、产量和 WUE 均有显著影响，但两因子耦合的作用不显著：增施 CO_2 后'金棚'植株耗水量、产量均增加；降低 VPD 后其植株耗水量减少，产量和 WUE 提高。

　　夏季试验中'粉冠'的 CO_2、VPD 和 VPD+CO_2 处理的产量比 CK 处理分别增加 4.80%、11.12% 和 16.85%；'金棚'的 CO_2、VPD 和 VPD+CO_2 处理的产量较 CK 处理分别增加 4.23%、11.53% 和 16.75%，且两个品种中 VPD+CO_2 处理植株产量均最大。由此表明增加 CO_2 浓度或者降低 VPD 都可增加植株产量，尤以 VPD+CO_2 处理产量增加最多。

十一、VPD 与 CO₂ 耦合对果径变化的影响

表 5-9 和表 5-10 的结果表明，各试验处理对两个品种果实横径、纵径影响较小。CO₂ 处理中'粉冠'果实的横径、纵径在各时期无显著性差异，'金棚'在定植 80d 时第一穗果实的横径显著大于 CK 处理，其余各阶段均与 CK 处理无显著性差异。VPD 处理中'粉冠'定植 50d 时第二穗果实的纵径小于 CK 处理，但差异不显著。'金棚'植株定植 60d 时第一穗果实的横径、纵径小于 CK 处理，但差异均不显著。VPD+CO₂ 处理中'粉冠'定植 50d 时第二穗果实的横径、纵径大于 CK 处理，但差异均不显著。'金棚'植株定植 60d 后第一穗果实的横径、纵径大于 CK 处理，但差异均不显著；定植 70d 后，第二穗果实横径显著小于 CK 处理；定植 80d 后，第一穗果实横径显著大于 CK 处理。两个品种果实的果径变化表明 VPD+CO₂ 处理可以增大果实横径、纵径。

表 5-9　VPD 与 CO₂ 耦合对果实横径、纵径的影响（粉冠）

定植时间 /d	处理	第一穗横径 /mm	第一穗纵径 /mm	第二穗横径 /mm	第二穗纵径 /mm
40	CK	25.52a	20.92a	14.53a	14.52a
	CO₂	24.17a	21.84a	18.85a	18.46a
	VPD	24.00a	19.81a	18.62a	16.93a
	VPD+CO₂	22.73a	20.18a	18.28a	16.41a
50	CK	36.16a	29.02a	34.95a	29.07ab
	CO₂	35.65a	28.93a	29.08a	25.61ab
	VPD	37.83a	27.17a	27.30a	22.93b
	VPD+CO₂	37.79a	27.91a	36.01a	31.25a
60	CK	46.08a	36.16a	45.03a	39.28a
	CO₂	43.34a	35.65a	42.14a	38.11a
	VPD	48.12a	37.83a	50.98a	42.96a
	VPD+CO₂	45.64a	37.79a	54.28a	44.61a
80	CK	52.62a	42.76a	58.78a	51.61a
	CO₂	50.12a	42.33a	53.96a	48.14a
	VPD	51.79a	42.08a	62.22a	51.75a
	VPD+CO₂	56.48a	43.85a	61.63a	50.99a

表 5-10　VPD 与 CO₂ 耦合对果实横径、纵径的影响（金棚）

定植时间 /d	处理	第一穗横径 /mm	第一穗纵径 /mm	第二穗横径 /mm	第二穗纵径 /mm
40	CK	22.97a	18.09a		
	CO₂	25.56a	22.94a		
	VPD	28.72a	23.96a		
	VPD+CO₂	22.73a	25.54a		

定植时间 /d	处理	第一穗横径 /mm	第一穗纵径 /mm	第二穗横径 /mm	第二穗纵径 /mm
50	CK	32.97a	27.68a		
	CO_2	30.39a	26.31a		
	VPD	28.07a	24.11a		
	VPD+CO_2	39.31a	32.69a		
60	CK	38.55ab	31.25ab		
	CO_2	36.03ab	30.11ab		
	VPD	31.64b	28.83b		
	VPD+CO_2	46.14a	38.94a		
70	CK	45.57a	37.08a	45.03a	39.22a
	CO_2	46.25a	36.82a	40.17ab	38.37a
	VPD	44.42a	36.49a	37.07ab	32.71a
	VPD+CO_2	46.18a	40.18a	29.04b	30.46a
80	CK	45.26c	38.58a	53.03a	45.82a
	CO_2	48.96ab	40.66a	54.59a	50.53a
	VPD	47.18c	41.19a	47.09a	41.21a
	VPD+CO_2	55.61a	46.22a	50.40a	51.27a

十二、VPD 与 CO_2 耦合对果实糖酸含量的影响

一般，随着果实发育逐渐成熟，其可溶性固形物（soluble solid）含量逐渐增加，而可滴定酸（titratable acid）含量逐渐下降，果实风味逐渐变好（牛晓颖等，2013）。固酸比常用来评价果实风味。表 5-11 表明，不同试验处理对番茄果实可溶性固形物含量的影响较小，对可滴定酸含量的影响因品种而异。

表 5-11　VPD 与 CO_2 耦合对番茄果实糖酸含量的影响

品种	处理	可溶性固形物含量 /%	可滴定酸含量 /%	固酸比
粉冠	CK	4.23a	0.57b	7.98a
	CO_2	4.81a	0.87a	5.55b
	VPD	4.35a	0.69b	6.38ab
	VPD+CO_2	4.58a	0.68b	6.72ab
金棚	CK	5.15ab	0.82a	6.44b
	CO_2	4.57b	0.85a	5.67b
	VPD	4.42b	0.84a	5.36b
	VPD+CO_2	5.36a	0.69a	7.76a

品种	处理	可溶性固形物含量/%	可滴定酸含量/%	固酸比
双因素方差分析				
粉冠	CO$_2$ 浓度	ns	*	ns
	VPD	ns	ns	ns
	VPD×CO$_2$ 浓度	ns	*	ns
金棚	CO$_2$ 浓度	ns	ns	ns
	VPD	ns	ns	ns
	VPD×CO$_2$ 浓度	**	ns	**

'粉冠'的 CO$_2$ 处理果实的可溶性固形物含量最高，但与 CK 处理无显著差异，CO$_2$ 处理的可滴定酸含量最高，显著大于 CK 处理。而'金棚'果实中 VPD+CO$_2$ 处理的可溶性固形物含量最高，可滴定酸含量最少，但均与 CK 处理无显著性差异。'粉冠'各试验处理果实的固酸比均小于 CK 处理，即'粉冠'品种的 CK 处理果实口感最好。'金棚'的 CO$_2$ 和 VPD 处理果实的固酸比小于 CK 处理，但差异不显著，而 VPD+CO$_2$ 处理显著大于 CK 处理，则'金棚'的 VPD+CO$_2$ 处理果实的口感更好。双因素方差分析结果表明，CO$_2$ 浓度及两因子的交互作用显著降低'粉冠'果实可滴定酸含量；两因子耦合显著提高了'金棚'果实的可溶性固形物含量及固酸比。

两个品种果实的果径变化说明 VPD+CO$_2$ 处理显著增大果实横径、纵径。'金棚'番茄果实 CO$_2$ 处理和 VPD 处理可溶性固形物含量降低，但 VPD+CO$_2$ 处理果实可溶性固形物含量显著增加。这与前人的研究结果有差异（Luis et al.，2010），在本试验中低 VPD 下增施 CO$_2$ 可能并未刺激叶片淀粉的积累。

十三、小结

综合以上结果得出 CO$_2$ 处理显著促进温室番茄生长后期的光合速率，增加了植株耗水量和番茄产量，但对植株水分利用效率影响不显著。VPD 处理显著促进番茄植株生长前期的光合速率，显著降低了植株耗水量并提高了水分利用效率，最终显著提高了番茄产量。VPD+CO$_2$ 处理显著促进各时期光合速率的增大，显著提高植株水分利用效率和产量。

第二节 VPD 与 CO$_2$ 耦合对冬季番茄光合作用及生理代谢的影响

冬季温室中午的 VPD 大于 3kPa，高于番茄植株适宜生长的 1.5kPa；另外，由温室的密封半密封性导致室内 CO$_2$ 浓度低，不能满足植株光合作用所需。因此，有必要通过调节 VPD 和 CO_2 浓度来研究冬季温室环境下 VPD 耦合 CO_2 对番茄植株生长发育的影响，为实际生产中温室番茄越冬栽培提供切实可行的理论基础。

一、环境数据分析

选取 4 个典型晴天 8:00 ～ 20:00 的 VPD 值作图，图 5-11 表明高 VPD 与低 VPD 环境温室内 VPD 值存在明显差异。高 VPD 环境温室内 VPD 值日变化呈明显单峰曲线变化，在 14:00 左右高于 3kPa。而低 VPD 环境温室内 VPD 值日变化幅度较小，稳定在 1.5kPa 左右。

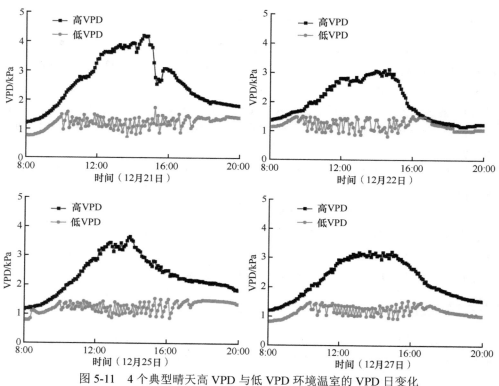

图 5-11　4 个典型晴天高 VPD 与低 VPD 环境温室的 VPD 日变化

二、VPD 与 CO_2 耦合对植株水分状态的影响

各试验处理对两个品种植株水分状态的影响不同（表 5-12）。CO_2 处理中'粉冠'植株的 Ψ_{leaf} 显著大于 CK 处理植株，而'金棚'的 Ψ_{leaf} 显著小于 CK 处理植株。VPD 处理中'粉冠' Ψ_{leaf} 显著大于 CK 处理植株，而'金棚'的 Ψ_{leaf} 与 CK 处理植株无显著差异。VPD+CO_2 处理中'粉冠'植株的 Ψ_{leaf} 显著大于 CK 处理植株，而'金棚'的 Ψ_{leaf} 与 CK 处理植株无显著差异。由双因素方差分析可知，VPD 和 CO_2 浓度及两因子耦合对植株 RWC 均无显著影响，CO_2 浓度对 Ψ_{leaf} 影响显著：

显著增加 '粉冠' 植株 Ψ_{leaf}，显著降低 '金棚' 植株 Ψ_{leaf}。VPD 显著影响 '粉冠' 植株 Ψ_{leaf}，VPD 和 CO_2 浓度两因子耦合对 RWC 与 Ψ_{leaf} 均无显著影响。

表 5-12　VPD 与 CO_2 耦合对叶片相对含水量（RWC）及叶水势（Ψ_{leaf}）的影响

处理	叶片相对含水量 /%		叶水势 /MPa	
	粉冠	金棚	粉冠	金棚
CK	82.9a	83.08a	−0.87d	−0.65a
CO_2	80.24a	83.48a	−0.77c	−0.85b
VPD	87.21a	89.14a	−0.67b	−0.66a
VPD+CO_2	82.51a	82.36a	−0.56a	−0.78ab
双因素方差分析				
VPD	ns	ns	**	ns
CO_2 浓度	ns	ns	**	*
VPD × CO_2 浓度	ns	ns	ns	ns

两个品种的植株在冬季苗期试验中叶水势变化差异大，表明在冬季高 VPD 环境下，植株对 VPD 和 CO_2 的反应与夏季高 VPD 环境下不同，体现了季节性差异。夏季试验中 VPD+CO_2 处理 '金棚' 中、后期 L_s 显著大于 CK 处理，其他处理在各时期与 CK 处理无显著性差异，VPD+CO_2 处理中、后期 G_s 显著小于 CK 处理。'金棚' 中 G_s 变化又同 T_r 变化一致，说明气孔导度和气孔限制值的变化会明显影响叶片的蒸腾强弱。由冬季试验两个品种的表现得出增加 CO_2 浓度，L_s 增大，则 VPD+CO_2 处理和 CO_2 处理中 L_s 的增加很可能是由增加 CO_2 浓度后叶片内合成碳水化合物增加，导致 L_s 增加。

三、VPD 与 CO_2 耦合对叶片光合色素含量的影响

由表 5-13 可知，CO_2 浓度显著影响 '粉冠' 植株 Chl a、Chl b、Chl（a+b）含量和 '金棚' 类胡萝卜素含量，VPD 显著影响 '粉冠' Chl a/ Chl b、类胡萝卜素含量和 '金棚' 光合色素含量，CO_2 与 VPD 两因子耦合对两个品种的光合色素含量均有显著影响。

表 5-13　VPD 与 CO_2 耦合对叶片光合色素含量的影响

品种	处理	Chl a 含量 / (mg/g)	Chl b 含量 / (mg/g)	Chl（a+b）含量 / (mg/g)	Chl a/ Chl b	类胡萝卜素含量 / (mg/g)
粉冠	CK	1.74b	1.38b	3.12b	1.27b	0.12b
	CO_2	1.56c	1.23c	2.78c	1.27b	0.08c
	VPD	1.42d	1.07d	2.49d	1.32a	0.11b
	VPD+CO_2	1.95a	1.47a	3.42a	1.33a	0.13a

续表

品种	处理	Chl a 含量 / (mg/g)	Chl b 含量 / (mg/g)	Chl（a+b）含量 / (mg/g)	Chl a/ Chl b	类胡萝卜素含量 / (mg/g)
金棚	CK	2.05c	1.63b	3.64b	1.28b	0.11b
	CO_2	1.85d	1.45c	3.31c	1.28b	0.09c
	VPD	2.22b	1.62b	3.85b	1.37a	0.15a
	VPD+CO_2	2.39a	1.79a	4.17a	1.34a	0.15a
双因素方差分析						
粉冠	CO_2 浓度	**	**	**	ns	ns
	VPD	ns	ns	ns	**	**
	VPD×CO_2 浓度	**	**	**	ns	**
金棚	CO_2 浓度	ns	ns	ns	ns	*
	VPD	**	**	**	**	**
	VPD×CO_2 浓度	**	**	**	ns	ns

CO_2 处理中'粉冠'植株的 Chl a、Chl b 和 Chl（a+b）和类胡萝卜素含量均显著低于 CK 处理，Chl a/ Chl b 与 CK 处理无显著差异。而'金棚'的 Chl a、Chl b 及 Chl（a+b）含量均显著低于 CK 处理，Chl a/ Chl b 与 CK 处理无显著性差异。'粉冠'的 VPD 处理植株 Chl a、Chl b 及 Chl（a+b）含量均显著低于 CK 处理，Chl a/ Chl b 显著大于 CK 处理，类胡萝卜素含量与 CK 处理无显著性差异。'金棚' VPD 处理的 Chl a、Chl a/ Chl b 及类胡萝卜素含量均显著大于 CK 处理，Chl b 及 Chl（a+b）含量与 CK 处理无显著性差异。'粉冠'与'金棚'的 VPD+CO_2 处理的光合色素含量均显著大于 CK 处理。

四、VPD 与 CO_2 耦合对叶片气体交换参数的影响

叶片气体交换参数的测量结果见表 5-14，CO_2 处理中'粉冠'的 P_n 较 CK 处理增大 32.15%，而'金棚'的 P_n 较 CK 处理减小 19.34%。VPD 处理中'粉冠'的 P_n 较 CK 处理增大 9.61%，而'金棚'的 P_n 较 CK 处理减小 13.83%。VPD+CO_2 处理中'粉冠'的 P_n 较 CK 处理增大 8.81%，'金棚'的 P_n 较 CK 处理增大 23.50%，但各处理间 P_n 的差异均不显著。CO_2 处理中'粉冠'和'金棚'的 T_r 均显著小于 CK 处理，分别比 CK 处理小 52.19% 和 70.00%。两个品种的 VPD 处理 T_r 均小于 CK 处理，但无显著性差异。VPD+CO_2 处理中'粉冠'和'金棚'的 T_r 均显著小于 CK 处理，分别比 CK 处理小 78.09% 和 78.33%。'粉冠'各个处理间 C_i 无显著性差异，'金棚'植株的 CO_2 和 VPD+CO_2 处理的 C_i 显著大于 CK 处理，VPD 处理与 CK 处理无显著性差异。VPD 处理中'粉冠'的 G_s 显著大于 CK 处理，'金棚'的 G_s 与 CK 处理无显著性差异，'粉

冠'的 CO_2 和 VPD+CO_2 处理 G_s 显著小于 CK 处理,'金棚'CO_2 和 VPD+CO_2 处理 G_s 小于 CK 处理,但差异不显著,说明增加 CO_2 浓度会明显降低 G_s。

表 5-14　VPD 与 CO_2 耦合对叶片气体交换参数的影响

品种	处理	净光合速率 / [μmol/(m²·s)]	蒸腾速率 / [mmol/(m²·s)]	胞间 CO_2 浓度 / (μmol/mol)	气孔导度 / [mol/(m²·s)]	瞬时水分利用效率 / (μmol/mmol)	气孔限制值
粉冠	CK	8.74a	2.51a	235.46a	0.095b	3.48c	0.41bc
	CO_2	11.55a	1.20b	357.19a	0.045c	9.67b	0.55ab
	VPD	9.58a	2.20a	301.42a	0.178a	4.41c	0.25c
	VPD+CO_2	9.51a	0.55c	293.27a	0.033c	18.52a	0.63a
金棚	CK	10.34ab	3.00a	234.96b	0.11ab	3.46b	0.41bc
	CO_2	8.34b	0.90bc	357.05a	0.03b	9.41b	0.55a
	VPD	8.91b	2.00ab	284.08b	0.16a	4.65b	0.29c
	VPD+CO_2	12.77a	0.65c	395.74a	0.04b	19.69a	0.51ab

CO_2 处理中'粉冠'的 WUE_i 显著大于 CK 处理,'金棚'的 WUE_i 大于 CK 处理,但差异不显著。VPD 处理中'粉冠'和'金棚'的 WUE_i 均大于 CK 处理,但差异均不显著。VPD+CO_2 处理中'粉冠'和'金棚'的 WUE_i 均显著大于 CK 处理。'粉冠'植株的 L_s:VPD+CO_2 > CO_2 > CK > VPD 处理,其中 VPD+CO_2 处理显著大于 CK 处理,CO_2、VPD 处理与 CK 处理无显著性差异。'金棚'植株的 L_s:CO_2 > VPD+CO_2 > CK > VPD 处理,CO_2 和 VPD+CO_2 处理的 L_s 分别比 CK 处理大 34.15% 和 24.39%,其中 CO_2 处理与 CK 处理差异显著,说明增加 CO_2 浓度显著增大气孔限制值,与其显著降低 G_s 结果相一致。

五、VPD 与 CO_2 耦合对植株 CO_2 响应曲线的影响

由图 5-12 和图 5-13 可得,两个品种的 P_n 均随 C_i 的增加逐渐增加到最大值后趋于稳定。图 5-12 和表 5-15 结果显示,'粉冠'植株的 P_{max}:VPD+CO_2 > VPD > CO_2 > CK 处理植株,VPD+CO_2、CO_2 和 VPD 处理的 P_{max} 相比 CK 处理分别增大 103.52%、52.46% 和 43.52%。图 5-13 和表 5-15 结果显示,'金棚'植株的 P_{max}:CK > VPD+CO_2 > VPD > CO_2 处理植株,VPD+CO_2、VPD 和 CO_2 处理植株分别较 CK 处理降低 10.20%、30.94% 和 31.77%。两个品种的植株中 VPD 和 VPD+CO_2 处理的初始羧化速率与光呼吸速率均比 CK 处理小,CO_2 饱和点均大于 CK 处理,VPD+CO_2 处理的 CO_2 补偿点均低于 CK 处理。CO_2 处理增大了'粉冠'植株的最大光合速率和 CO_2 补偿点,降低了'粉冠'植株的初始羧化速率,而对'金棚'的

影响表现出相反结果。由表 5-15 的数据分析可得，'粉冠'的 CK、CO_2、VPD 和 VPD+CO_2 处理植株进行净光合作用的 CO_2 响应区间依次为 691.96 μmol/($m^2·s$)、756.57 μmol/($m^2·s$)、778.75 μmol/($m^2·s$) 和 799.94 μmol/($m^2·s$)。'金棚'相应处理进行净光合作用的 CO_2 响应区间依次为 568.96 μmol/($m^2·s$)、636.31 μmol/($m^2·s$)、778.74 μmol/($m^2·s$) 和 1089.43 μmol/($m^2·s$)。两个品种的结果分析表明 VPD+CO_2 处理的 CO_2 响应区间最大，之后依次为 VPD 处理、CO_2 处理和 CK 处理。

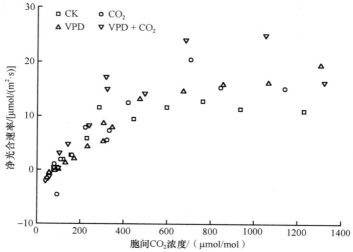

图 5-12　VPD 与 CO_2 耦合对番茄叶片 CO_2 响应曲线的影响（粉冠）

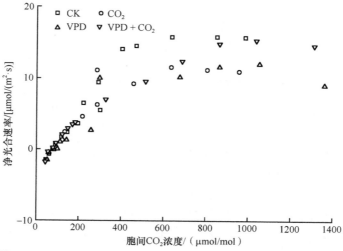

图 5-13　VPD 与 CO_2 耦合对番茄叶片 CO_2 响应曲线的影响（金棚）

表 5-15　VPD 与 CO$_2$ 耦合对 CO$_2$ 响应曲线拟合参数的影响

品种	处理	初始羧化速率 / [mol/(m²·s)]	最大光合速率 / [μmol/(m²·s)]	CO$_2$ 饱和点 / [μmol/(m²·s)]	CO$_2$ 补偿点 / [μmol/(m²·s)]	光呼吸速率 / [μmol/(m²·s)]	决定系数
粉冠	CK	0.092	12.20	767.92	75.96	5.71	0.9509
	CO$_2$	0.053	17.51	859.28	102.71	5.08	0.8681
	VPD	0.047	18.60	866.70	87.95	3.78	0.9765
	VPD+CO$_2$	0.067	24.83	868.04	68.10	4.41	0.9455
金棚	CK	0.068	16.87	650.20	81.24	5.16	0.8712
	CO$_2$	0.072	11.51	715.07	78.76	4.85	0.9383
	VPD	0.049	11.65	864.00	85.26	3.74	0.9135
	VPD+CO$_2$	0.036	15.15	1156.45	67.02	2.29	0.9935

六、VPD 与 CO$_2$ 耦合对植株生长的影响

植株株高的测量结果表明，冬季生长条件下各试验处理对两个品种苗期的株高无显著影响（表 5-16），对'粉冠'植株茎粗不产生显著影响，而'金棚'的 VPD+CO$_2$ 处理植株在定植的 15 ~ 24d 时茎粗显著大于 CK 处理（表 5-17）。

表 5-16　VPD 与 CO$_2$ 耦合对植株株高的影响　　　（单位：cm）

品种	处理	定植时间						
		3d	6d	9d	12d	15d	18d	24d
粉冠	CK	14.25a	20.08a	25.33a	26.17a	28.15a	29.17a	36.23a
	CO$_2$	13.75a	17.83a	21.67a	22.83a	24.5a	25.58a	31.88a
	VPD	13.50a	17.92a	21.62a	22.62a	24.22a	26.68a	34.13a
	VPD+CO$_2$	14.55a	19.31a	24.38a	25.50a	27.18a	28.57a	32.75a
金棚	CK	12.92a	19.17a	24.38a	25.95a	28.03a	28.88a	30.08ab
	CO$_2$	11.13a	17.70a	22.63a	23.88ab	25.45ab	26.83a	34.13ab
	VPD	12.01a	15.67a	19.75a	20.67b	22.13b	23.37a	30.25b
	VPD+CO$_2$	11.92a	16.90a	22.50a	23.81a	26.23a	27.98a	36.88a

表 5-17　VPD 与 CO$_2$ 耦合对植株茎粗的影响　　　（单位：mm）

品种	处理	定植时间					
		6d	9d	12d	15d	18d	24d
粉冠	CK	3.85a	4.06a	4.44a	4.43a	4.48a	4.56a
	CO$_2$	3.96a	4.24a	4.41a	4.74a	4.66a	4.71a
	VPD	4.52a	3.79a	4.73a	4.56a	4.63a	4.84a
	VPD+CO$_2$	4.47a	4.54a	5.02a	5.10a	4.56a	4.85a

续表

品种	处理	定植时间					
		6d	9d	12d	15d	18d	24d
金棚	CK	5.01ab	4.85ab	5.02a	4.91b	5.10b	4.95b
	CO_2	3.98b	4.62ab	4.83a	5.01b	5.09b	4.96b
	VPD	4.68ab	4.07b	4.45a	4.60b	4.42b	4.59b
	VPD+CO_2	5.64a	5.31a	5.28a	6.01a	6.04a	6.12a

　　两个品种的叶面积随定植时间逐渐增大（图5-14）。'粉冠'中 CK 处理与'金棚'中 VPD 处理植株的叶面积增长速率和叶面积均最小。两个品种中 CO_2 处理植株均表现较高的增长速率，且植株叶面积较大，两个品种的 VPD+CO_2 处理植株叶面积在定植的前15d内增长速率均最大，之后的增长速率和叶面积也较大。

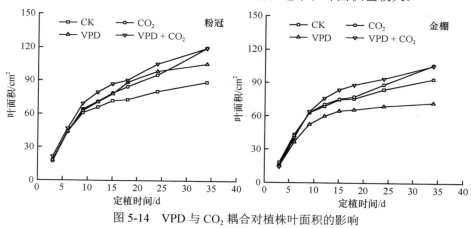

图 5-14　VPD 与 CO_2 耦合对植株叶面积的影响

七、VPD 与 CO_2 耦合对植株耗水量的影响

　　降低 VPD 可增加冬季植株苗期耗水量。'粉冠'和'金棚'的 CO_2 处理植株耗水量与 CK 处理均无显著性差异（表5-18）。VPD 处理中'粉冠'定植后15d 植株耗水量显著大于 CK 处理，其余各阶段耗水量高于 CK 处理，但差异均不显著，'金棚'各阶段（除定植后5d）耗水量均显著大于 CK 处理。VPD+CO_2 处理中'粉冠'植株耗水量与 CK 处理均无显著性差异，而'金棚'定植后10d 植株耗水量比 CK 处理多5.71%，定植13d 植株耗水量比 CK 处理高10.45%。

表 5-18　VPD 与 CO₂ 耦合对植株耗水量的影响　　　（单位：kg）

品种	处理	定植时间				
		5d	10d	13d	15d	25d
粉冠	CK	0.79a	0.75a	0.72ab	0.69b	0.71a
	CO₂	0.77a	0.72a	0.69b	0.67b	0.73a
	VPD	0.81a	0.78a	0.82a	0.74a	0.76a
	VPD+CO₂	0.78a	0.76a	0.76ab	0.71ab	0.74a
金棚	CK	0.80a	0.70b	0.67c	0.64b	0.64b
	CO₂	0.82a	0.71b	0.72bc	0.65b	0.65b
	VPD	0.79a	0.78a	0.77a	0.74a	0.76a
	VPD+CO₂	0.78a	0.74ab	0.74ab	0.69b	0.67b

八、VPD 与 CO₂ 耦合对植株生物量的影响

由双因素方差分析可知，CO₂ 浓度和 VPD 单因子对植株各部分干重无显著影响，而两因子耦合对各部分干重产生显著影响。CK 处理中‘粉冠’和‘金棚’叶干重所占比例分别为 60.82% 和 59.50%。CO₂ 处理中‘粉冠’和‘金棚’叶干重所占比例分别为 57.09% 和 59.66%。VPD 处理中‘粉冠’和‘金棚’叶干重所占比例分别为 57.65% 和 62.79%。VPD+CO₂ 处理中‘粉冠’和‘金棚’叶干重所占比例分别为 60.42% 和 59.46%（表 5-19）。‘粉冠’植株 CO₂ 处理叶干重所占植株总干重比例最小，而‘金棚’植株 VPD 处理叶干重比例占植株总干重比例最大。

表 5-19　VPD 与 CO₂ 耦合对植株生物量分配的影响

品种	处理	根干重 /g	茎干重 /g	叶干重 /g	植株总干重 /g
粉冠	CK	0.16b	0.84b	1.63ab	2.68b
	CO₂	0.22ab	0.90b	1.61ab	2.82b
	VPD	0.18b	0.93a	1.47b	2.55b
	VPD+CO₂	0.25a	1.28a	2.32a	3.84a
金棚	CK	0.24a	1.02ab	1.91ab	3.21ab
	CO₂	0.29a	1.17ab	2.13ab	3.57ab
	VPD	0.25a	0.87b	1.62b	2.58b
	VPD+CO₂	0.28a	1.44a	2.64a	4.44a
双因素方差分析					
粉冠	CO₂ 浓度	ns	ns	ns	ns
	VPD	ns	ns	ns	ns
	VPD×CO₂ 浓度	*	*	ns	*

续表

品种	处理	根干重 /g	茎干重 /g	叶干重 /g	植株总干重 /g
金棚	CO_2 浓度	ns	ns	ns	ns
	VPD	ns	ns	ns	ns
	VPD×CO_2 浓度	ns	*	*	*

CO_2 处理中两个品种的各部分干重与 CK 处理均无显著性差异。VPD 处理显著增加'粉冠'植株茎干重,叶干重降低,但与 CK 处理间无显著性差异。VPD 处理降低'金棚'的茎干重、叶干重和植株总干重,但均与 CK 处理无显著性差异。VPD+CO_2 处理中'粉冠'根干重、茎干重及植株总干重均显著大于 CK 处理,而'金棚'各部分干重与 CK 处理无显著性差异。'粉冠'VPD 处理及 VPD+CO_2 处理的茎干重显著大于 CK 处理,说明降低 VPD 可以显著促进'粉冠'植株茎的生长。

九、小结

CO_2 处理中'粉冠'植株的光合色素含量显著低于 CK 处理,WUE_i 显著大于 CK 处理,但植株的株高、茎粗、P_n 和植株耗水量及植株总干重与 CK 处理均无显著性差异。由此表明增施 CO_2 不利于冬季'粉冠'番茄苗期植株生长。而 CO_2 处理中'金棚'植株光合色素含量显著降低,该处理中'金棚'的 P_n 及 P_{max} 均小于 CK 处理,株高、茎粗、叶面积和植株各部分干重与 CK 均无显著差异,表明 CO_2 处理对'金棚'苗期植株生长影响不大。

VPD 处理对'粉冠'植株的株高和茎粗无显著影响,但增大了植株叶面积,显著降低了 Chl a、Chl b 和 Chl(a+b)含量,显著增加了 Chl a/ Chl b,对类胡萝卜素含量无显著影响;显著增大气孔导度,但对 P_n 无显著影响,植株的 P_{max} 和耗水量增大,显著增大了茎干重,但减小叶干重和植株总干重。因此苗期 VPD 处理并不有利于'粉冠'植株生长。VPD 处理显著降低'金棚'植株的株高和叶面积,显著增大 Chl a 含量和 Chl a/ Chl b,但 P_n 和 P_{max} 均小于 CK 处理,显著增加了植株耗水量,但最终的茎干重、叶干重和植株总干重均小于 CK 处理,表明 VPD 处理不利于'金棚'苗期植株生长。

VPD+CO_2 处理对'粉冠'植株的株高、茎粗不产生显著影响,但增大了植株的叶面积,显著增加了'粉冠'植株叶片光合色素含量,但对 P_n 无显著影响,显著降低了 G_s 和 T_r,显著增加了 WUE_i,但对植株耗水量无显著影响,最终显著增加植株各部分生物量,以上结果表明 VPD+CO_2 处理有利于'粉冠'苗期植株生长。VPD+CO_2 处理显著增大'金棚'植株茎粗、叶面积和叶片光合色素含量,P_n 大于 CK 处理,WUE_i 显著大于 CK 处理,最终各部分生物量大于 CK 处理。以上结果表明 VPD+CO_2 处理下'金棚'植株生长最好。

第六章　VPD 对温室蔬菜作物营养元素吸收的影响与调控

【导读】本章主要介绍了 VPD 调控在植物营养元素吸收与分配上的研究进展，研究了高温下 VPD 调控钾素吸收与分配的内在机制，阐明了根系形态与钾素吸收的相关关系；在此基础上进一步探讨了 VPD 调控与钾素对番茄氮磷钾元素吸收和光合响应的影响；最后研究了低温环境下 VPD 调控和钾素对番茄钾素吸收及光合系统的响应机制，阐述了 VPD 调控与钾素对番茄植株在不同逆境下生长的影响。

第一节　VPD 调控植物营养元素吸收与分配的研究进展

水汽压亏缺（vapor pressure deficit，VPD）是指空气实际水汽含量距离饱和状态的程度，即在一定温度下，饱和水汽压与空气中实际水汽压之间的差值。VPD能更直观地表示大气的干燥程度，从宏观上讲，VPD 的改变会影响植物从根系吸收到叶片蒸腾的整个水分传输过程，进而影响植物体内干物质与营养元素的运输和分配；在微观尺度上，植物气孔会对 VPD 变化产生大幅度的响应，影响植物蒸腾速率，同时木质部、韧皮部营养物质和水分运输速率也会受到影响。植物体内存在水分传输的动力学系统，植物从根系吸水，途经茎秆传导，最后由叶片中的气孔蒸腾到大气中，整个过程是水势由高到低的动力学势能差导致的。同时势能的差值大小决定了水分运移的快慢，而植物在水分的连续运移过程中向各部分运输了营养元素，最终改变了源库关系，在该过程中，外界 VPD 的变化也会影响到营养元素的运输。因此，探究 VPD 对营养元素运输的影响机制已成为国内外研究的热点之一。

水分蒸发是由叶片组织与大气之间的水汽压亏缺（VPD）驱动的；在低 VPD条件下，植物可以以相对较小的成本吸收水分中的 CO_2，同时蒸腾作用的降低可能会削弱植物对矿物质养分的吸收（Barber，1962；Cramer et al.，2009；Yang et al.，2012），蒸腾速率影响根系对水分的吸收，从而影响根系对养分的吸收量。除氮外，其他营养元素如磷（P）、钾（K）、镁（Mg）、钙（Ca）、铁（Fe）和硫（S）的吸收也得益于较高的蒸腾速率（Novák and Vidovič，2003；Cernusak et al.，2009；Shrestha et al.，2015）。另外，前人研究结果显示低 VPD 增加了不同植物物种吸收根系的表面积，进而促进了对矿物质养分的吸收，以弥补由呼吸驱动的物质流减少所造成的影响（Parts et al.，2013；Rosenvald et al.，2014）。近年来，国内外学者对乔木、灌木的 VPD 响应与营养元素代谢进行了大量研究，但主要集中在叶片代谢物和氮代谢等几个方面，很少有研究钾素的吸收与分配方面的，而涉及设施蔬菜作物的研究更是少之又少。

番茄（*Solanum lycopersicum*）是一种喜温性的蔬菜，在夏季高温季节栽培时经常会受到高温胁迫，伴随夏季高温经常出现湿度低于 30% 的干燥环境，空气干燥不仅对植物的营养吸收产生抑制，也会影响植株的光合作用（Holder and Cockshull，1990；王琳等，2017）；前人研究表明，生长在高 VPD 下的植物的生长和产量会受到极大的抑制，而降低 VPD 可以有效缓解水分胁迫，维持气孔功能，进而提高番茄植株的光合作用和品质、产量（王艳芳，2010；焦晓聪，2018）。因此，对 VPD 优化调控可以改善植物在高温逆境下的表现。在高温胁迫下，施用钾肥可以调节植物细胞的渗透势和膨压（郑炳松等，2001），调控物质代谢和光合作用相关酶的活性，进而提高植物的光合作用和抗热性（Battie-Laclau et al.，2014）。在设施蔬菜生产中，普遍存在重氮、磷肥轻钾肥的现象，严重影响了植株对氮、磷元素的吸收，因此研究钾素与其他营养元素之间的关系，确定适宜的钾素水平就显得十分重要。此外，关于 VPD 与钾素交互作用对设施番茄植株生长的影响目前未见文献报道。

目前有关 VPD 对植物光合作用影响的研究主要集中在高温和干旱胁迫条件下。前人研究表明，降低 VPD 可以减轻植物的水分胁迫，并增加叶片气体交换面积，有助于 CO_2 进入叶片，从而提高光合速率和水分利用效率（Jiao et al.，2019）。此外，长期高 VPD 下叶片解剖特征的变化是限制光合作用的主要因素（Du et al.，2019）。然而，目前尚不清楚低温下 VPD 对植物光合作用的影响，了解 VPD 与植物光合作用之间的关系对于提高冬季作物的生产能力至关重要。

维持植物矿物质营养状态已被广泛证明可以显著提高作物对各种胁迫的抗性（Anjum et al.，2015）。在低温条件下，植物对钾离子的吸收能力至关重要。多项研究表明，充足的钾素可以缓解低温胁迫引起的叶片光合作用的气孔限制和叶肉限制，这对于提高光合速率具有重要意义（Ahmad and Maathuis，2014；Lu et al.，2016a）。同样，VPD 也可以通过调节气孔形态和功能来影响光合作用（Rigden and Salvucci，2016）。低 VPD 诱导了番茄气孔形态（气孔密度和大小）与气孔调节的可塑性，缓解了番茄的光合作用限制（Du et al.，2018b）。但是，当前对光合作用的气孔限制因素的研究基本都集中在单一的 VPD 或钾素上，关于两者对光合作用的共同响应的研究较少。

光合作用主导着植物的能量代谢，低温胁迫对光物理和光化学过程的显著抑制将导致光化学效率的失衡（Jurczyk et al.，2016）。为了减轻额外的激发能所造成的损害，植物通常会通过散热消耗过多的能量，这个过程可通过非光化学猝灭（NPQ）来反映。此外，植物在胁迫下可以通过调节叶绿素含量来平衡能量的吸收和利用（Ma et al.，2013）；叶绿素荧光动力学已广泛用于研究植物光合作用对环境胁迫的响应机制。合适的钾素供应提高了叶绿素荧光参数值（F_v/F_o、F_v/F_m、Φ_{PSII} 和 ETR）与叶绿素含量，并提高了光能转换和电子转移的效率（Li et al.，2011）。尽管钾素有效地影响了光合性能，但是低温下 VPD 对植株能量代谢的影响尚不清楚。

第二节　VPD 调控对蔬菜钾素吸收与分配的影响

本研究以番茄品种 '金棚 14-6' 为试材，采用盆栽方式，研究了高 VPD（HVPD）和低 VPD（LVPD）条件下 3 个钾素水平（2mmol/L、4mmol/L、8mmol/L）对番茄幼苗根系形态、气体交换、植株干物质量、钾素吸收及分配特性的影响，进一步探讨了不同 VPD 对钾素吸收的影响机制，为生产中合理施用钾肥、提高抗性提供了相应的理论基础。

一、材料和试验设计

供试番茄品种为 '金棚 14-6'；本试验设置 2 个 VPD 梯度、3 个钾素水平，共 6 个试验处理：高 VPD 与高钾处理（HVPD+K8，即 HVK8）、低 VPD 与高钾处理（LVPD+K8，即 LVK8）、高 VPD 与中钾处理（HVPD+K4，即 HVK4）、低 VPD 与中钾处理（LVPD+K4，即 LVK4）、高 VPD 与低钾处理（HVPD+K2，即 HVK2）和低 VPD 与低钾处理（LVPD+K2，即 LVK2），每个处理采用 20 棵幼苗，采用完全随机设计。营养液以日本山崎（番茄）配方为基础，K^+ 浓度上下浮动，3 个水平营养液中 K^+ 浓度分别为 2mmol/L（K2）、4mmol/L（K4）、8mmol/L（K8）。营养液的电导率为 1.22 ～ 1.26mS/cm，pH 保持在 6.5 左右。营养液具体组成如表 6-1 所示，其中利用 $CO(NH_2)_2$ 作为低钾水平的补充氮源，微量元素水平参照通用配方。高 VPD 反映了没有环境调节设备的自然温室条件，其特征是中午 VPD 值达 4 ～ 5kPa；

表 6-1　不同供钾水平下的营养液配方（大量元素）

营养来源	元素浓度 /(mmol/L)					
	HVPD+K2	LVPD+K2	HVPD+K4	LVPD+K4	HVPD+K8	LVPD+K8
$Ca(NO_3)_2 \cdot 4H_2O$	1.5	1.5	1.5	1.5	1.5	1.5
KNO_3	2	2	4	4	4	4
KCl	0	0	0	0	4	4
$MgSO_4 \cdot 7H_2O$	1	1	1	1	1	1
$NH_4H_2PO_4$	0.5	0.5	0.5	0.5	0.5	0.5
$CO(NH_2)_2$	1	1	0	0	0	0

通过高压雾化系统，低 VPD 温室的 VPD 维持在 1.5kPa 以下。使用物格传感器（ZDR-20j，Instruments Co. Ltd.，中国）每 10min 自动记录一次空气相对湿度（RH）和空气温度（T）。

二、环境数据分析

温室环境的典型日变化如图 6-1 所示，在 7 月 15 日分析了高 VPD 和低 VPD 环境下的空气温度、相对湿度及 VPD 的变化。在低 VPD 环境下，随着雾化处理的施加，观察到了较高的相对湿度与较低的空气温度，尤其处于 11:00 ~ 15:00 时，其平均相对湿度可以从高 VPD 下的 52.1% 有效增加至低 VPD 下的 76.7%，平均空气温度可以从高 VPD 下的 38.9℃ 降低至低 VPD 下的 34.6℃。低 VPD 下的午间平均 VPD 值为 1.4kPa，而高 VPD 环境下则达到了 4.0kPa。

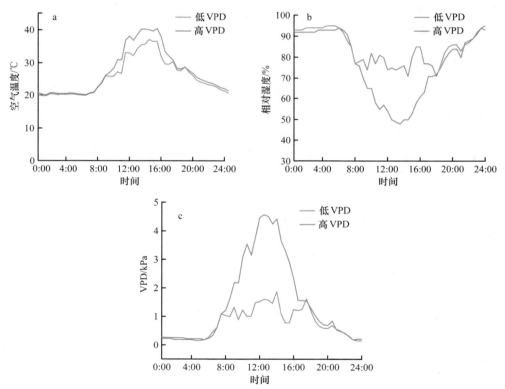

图 6-1　高 VPD 和低 VPD 温室的空气温度、相对湿度及 VPD 的日变化（典型晴天 7 月 15 日）

三、VPD 与钾素耦合对植株钾素含量的影响

由图 6-2 可知，与高 VPD 条件相比，低 VPD 下高钾水平的茎钾素含量相对较高，而在中钾和低钾水平时，根与茎的钾素含量显著降低；无论处于何种钾素水平，低

VPD 下的叶片钾素含量均显著低于高 VPD。番茄各器官钾素含量大小：茎＞叶＞根，其中低 VPD 对叶片钾素含量的稀释作用最为明显。在处理期间，根钾素含量呈现逐渐增加的趋势（低 VPD 的高钾在第 30 天略有下降），而茎钾素含量则逐渐下降；叶钾素含量无明显变化规律。

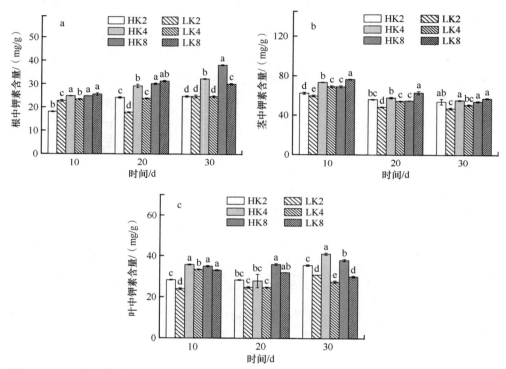

图 6-2　VPD 与钾素耦合对植株根（a）、茎（b）、叶（c）中钾素含量在 10d、20d、30d 的影响

HK2，高 VPD 低钾；LK2，低 VPD 低钾；HK4，高 VPD 中钾；LK4，低 VPD 中钾；

HK8，高 VPD 高钾；LK8，低 VPD 高钾。下同

四、VPD 与钾素耦合对植株干物质量和钾素积累量的影响

与高 VPD 条件相比，低 VPD 显著增加了番茄根干物质量、茎干物质量、叶干物质量和总干物质量；3 个钾素水平中，总干物质量的增加幅度为中钾＞低钾＞高钾（图 6-3）。生长 30d 时，在低 VPD 条件下，中钾水平下的根干物质量、茎干物质量、叶干物质量相较于高 VPD 分别增加了 81.1%、64.1%、105.4%。总干物质量在低 VPD 下的中钾水平时有最高值，为 15.3g，比高 VPD 下的高钾水平高73.3%。同样，在低 VPD 条件下，番茄各器官的钾素积累量均显著高于高 VPD，其中根与茎的钾素积累量随着钾素水平的增加而增加，而叶钾素积累量则呈现出先增加后降低的趋势，在中钾水平时，叶钾素积累量最高，达 272.9mg（图 6-4）。

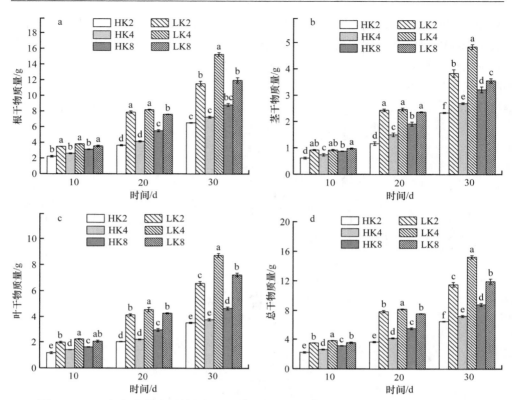

图 6-3　VPD 与钾素耦合对植株根干物质量（a）、茎干物质量（b）、叶干物质量（c）、
总干物质量（d）在 10d、20d、30d 的影响

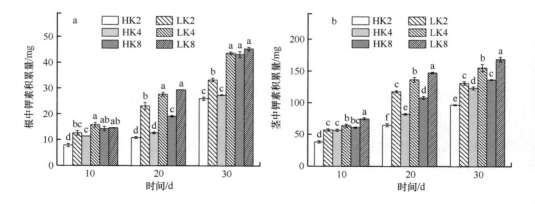

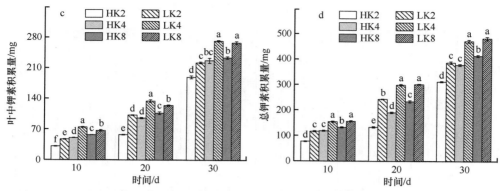

图 6-4　VPD 与钾素耦合对植株根中钾素积累量（a）、茎中钾素积累量（b）、叶中钾素积累量（c）、
总钾素积累量（d）在 10d、20d、30d 的影响

五、VPD 与钾素耦合对植株干物质量和钾素分配的影响

由图 6-5a 可知，与高 VPD 条件相比，低 VPD 提高了叶片的干物质量分配率，同时降低了茎部的干物质量分配率。叶片干物质量分配率的增加表明低 VPD 促进了叶片的生长，这意味着更大的叶面积和更多的光合作用同化物。在各处理阶段，植物干物质量分配率均表现出叶＞茎＞根的顺序；随着处理时间的延长，根部干物质量分配率呈下降趋势，茎部呈上升趋势，而叶片没有明显变化。图 6-5a 还显示，各钾素水平间的干物质量分配率并无显著差异，说明钾素对番茄各器官生长的调控作用较小。

在各处理阶段，番茄幼苗中钾素的分布顺序为叶＞茎＞根。在生长初期，钾素在茎中的分配比例最高；然而，随着试验的进行，钾素在根和茎中的分布总体呈现下降趋势，而在叶中的分布逐渐增加（图 6-5b）。总的来说，低 VPD 促进了钾素在茎和根中的分配，减少了钾素在叶中的分配。

干物质量分配率是反映植物生长过程的重要指标（倪纪恒等，2006；Sellin et al.，2015）。VPD 对植物干物质量分配率有显著影响，结果表明，低 VPD 增加了叶片的干物质量分配率，减少了茎的干物质量分配率（图 6-5a）。对于快速生长的幼苗，更多的干物质量分配到叶片上会增大叶面积，有利于捕获更多的光进行光合作用（秦栋等，2011）。矿质元素在植物根、茎和叶中的百分比反映了元素的分布及其在器官间的迁移（徐菲等，2013）。在低 VPD 下，钾素的分配趋势与干物质量分配相反。相对较多的钾素分配到了茎和根，而较少的钾素分配给叶，这是由于较低的蒸腾速率增加了根系和茎（木质部）对钾素的保留。此外，在湿度较高的环境中，植物的传导组织通常较不发达，这大大降低了植物向叶片提供水分的能力，从而增加了木质部栓塞的风险（Delucia et al.，2000；Sellin et al.，2019）。

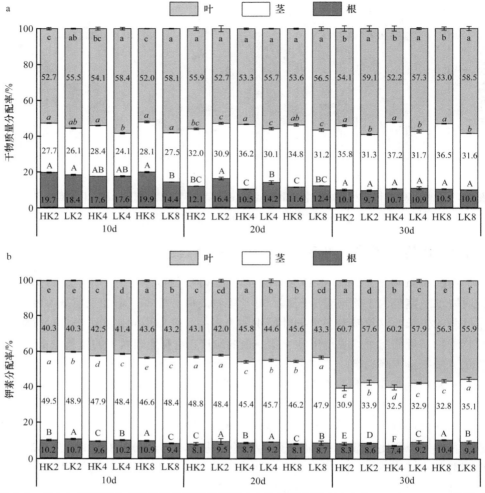

图 6-5　VPD 与钾素耦合对植株干物质量分配率（a）和钾素分配率（b）在 10d、20d、30d 的影响

图柱上不同字母（大写字母对应根，斜体小写字母对应茎，正体小写字母对应叶）表示处理间在 0.05 水平差异显著

六、VPD 与钾素耦合对植株根系形态的影响

与高 VPD 条件相比，低 VPD 显著增加了各钾素水平下植株的总根长、平均根直径、总根体积、总根表面积、根尖数和根叉数；其中根叉数的增幅最大，在 2mmol/L、4mmol/L、8mmol/L 的钾素水平下分别增加了 105.8%、172.6% 和 37.7%（图 6-6f）。随着钾素水平的增加，在低 VPD 下的植株的根系形态参数呈现出先升后降的趋势，而在高 VPD 下，则大体上呈现出上升的趋势；在中钾水平时，低 VPD 处理的总根长、总根表面积、根叉数均显著高于其他处理。除平均根直径外，其他根系形态指标均存在显著的 VPD 与钾素的交互效应；但在相同的 VPD 条件下，

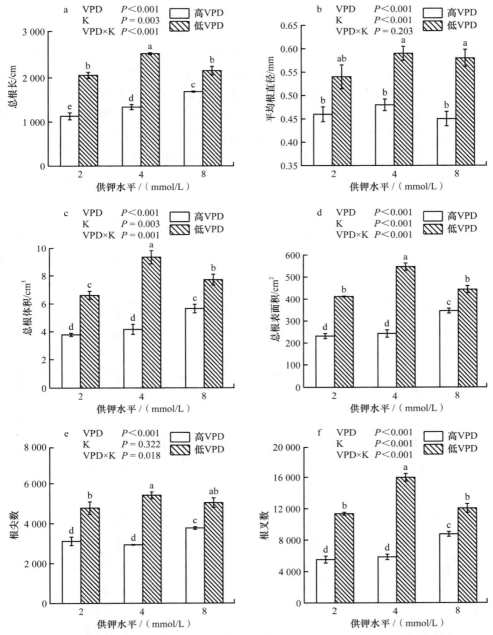

图 6-6　VPD 与钾素对植株总根长（a）、平均根直径（b）、总根体积（c）、总根表面积（d）、
根尖数（e）和根叉数（f）的影响

不同小写字母代表处理间有显著性差异（$P < 0.05$，Tukey's 检验）。采用双因素方差分析检验 VPD、供钾水平（K）
及它们的交互效应（VPD×K）。下同

各钾素处理的平均根直径之间不存在显著差异，说明钾素对植株的直径影响不大。

　　不同直径范围的根系对水和矿物元素的吸收能力不同，一般认为细根的吸收能力优于粗根。本试验中，我们将根系分为 3 个直径范围（0 ～ 0.5mm、0.5 ～ 1.0mm 和 > 1.0mm），分别确定了每个范围内的根长。双因素方差分析表明，VPD、K 及其交互作用对直径 0 ～ 0.5mm 的根长存在显著影响。在低 VPD 条件下，0 ～ 0.5mm 和 0.5 ～ 1.0mm 直径的根长显著高于高 VPD 下的根长，且随钾素水平的增加呈现出先增大后减小的趋势（图 6-7a 和 c）。然而，对于直径 > 1.0mm 的根长，在相同的钾素水平下，无论是否进行 VPD 调节，均不存在显著差异（图 6-7e）。

　　在 0 ～ 0.5mm 直径，低 VPD 条件下根长占总根长的比例要比高 VPD 下高 3.8% ～ 6.1%；在中钾水平下，根长占总根长的比例最高，可达 78.4%（图 6-7b），说明低 VPD 主要影响了直径 0 ～ 0.5mm 的细根，同时适量施钾也有利于细根的发育。相反，高 VPD 主要影响在 0.5 ～ 1.0mm 和 > 1.0mm 直径的根长，但这种影响随着钾素水平的增加而逐渐减弱（图 6-7d 和 f），这间接说明钾素不利于根系的径向生长。

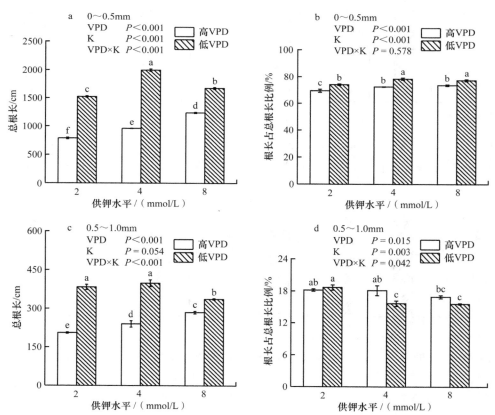

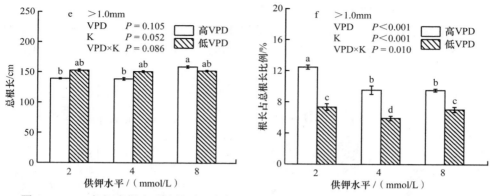

图 6-7 VPD 与钾素耦合对植株不同直径范围（0 ~ 0.5mm、0.5 ~ 1.0mm、> 1.0mm）
内根长及其所占比例的影响

植物一般通过根系从土壤中吸收养分，因此根系的发育在很大程度上影响了植物吸收水分和养分的能力（王月等，2007）。对于扩散供应的养分（如钾），较大的根系尺寸和形态显得尤为重要，且细根的占比越大，越有利于钾素的吸收（Chen and Gabelman，2000；Rengel and Damon，2008）。前人的研究表明，VPD 可以影响根系的形态，降低 VPD 可以显著增加根系表面积和干物质量（Arve and Torre，2015；Lihavainen et al.，2016），这在我们的试验中也得到了验证（图 6-3 和图 6-6）。细根在植物水分和养分吸收方面的作用比粗根更直接（黄红荣等，2017），本研究表明，低 VPD 下植物的细根在整个根系所占比例较大，同时，总钾素积累量与根系形态之间存在显著的正相关关系，尤其是直径 < 0.5mm 的根系。此外，蒸腾通量作为营养物质从土壤流向土-根界面的主要驱动力，相对较低的蒸腾速率也会迫使植物更多地依赖根系保留与养分扩散以吸收钾素（Tullus et al.，2012）。蒸腾速率是大多数植物吸收和运输养分的主要驱动力（Cramer et al.，2008），但在低 VPD 下，蒸腾速率的作用受到抑制，我们的研究也证实了这一点。然而，低 VPD 下植株的总钾素积累量却显著高于高 VPD，在其他器官上也观察到相同的结果（图 6-4），这并不支持以下假设：低 VPD 下钾素的吸收会受到蒸腾驱动的质量流量减少的影响。事实上，这可以部分归因于雾化系统引起的根系形态改变和细根占比的增加。在低 VPD 下，较高的根系干物质量（图 6-3）和相对较小的花盆也增加了根系对养分的接触与养分获取，在一定程度上弥补了蒸腾速率减少带来的不利影响。

七、VPD 与钾素耦合对植株叶片气体交换参数和水分状态的影响

如图 6-8 所示，净光合速率（P_n）、叶片相对含水量（RWC）和叶水势（Ψ_{Leaf}）均表现出显著的 VPD 和 K 的交互作用；而钾素效应对于叶水势和蒸腾速率并不

显著。与高 VPD 条件相比，低 VPD 下各钾素水平的净光合速率、气孔导度和胞间 CO_2 浓度显著升高；叶片相对含水量和叶水势也表现出类似的趋势。然而，低 VPD 条件下植株的蒸腾速率要显著低于高 VPD，随着钾素水平的增加，分别降低了 54.2%、28.1%、27.5%。

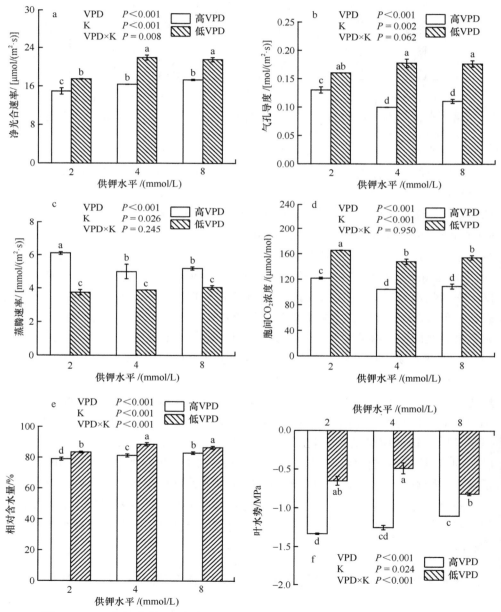

图 6-8　VPD 与钾素耦合对植株净光合速率（a）、气孔导度（b）、蒸腾速率（c）、
胞间 CO_2 浓度（d）、相对含水量（e）和叶水势（f）的影响

钾素在农业生产中与光合作用密切相关（宁秀娟等，2011）。在一定范围内，净光合速率会随着叶片钾素积累的增加而显著提高（Hu et al.，2016）。这可能是由于叶水势变化带来的气孔导度提高（图 6-8f），钾素作为植物体内主要的渗透调节剂，在调节植物细胞水势方面起着重要作用（李廷强和王昌全，2001），随着钾离子的增多，叶水势也随之提高。此外，低 VPD 下降低的蒸腾速率也可以增加叶水势（Aliniaeifard and van Meeteren，2016；Zhang et al.，2017）。较高的叶水势可保持气孔开放并增加叶片对 CO_2 的吸收，从而改善叶片光合作用（图 6-8a、b、d）。

八、根系形态与钾素积累量的相关关系

总钾素积累量与根系形态特征（图 6-9）显著相关，包括总根长（R^2=0.89，$P<0.01$）、总根表面积（R^2=0.87，$P<0.01$）、总根体积（R^2=0.83，$P<0.01$）、根尖数（R^2=0.80，$P<0.01$）和根叉数（R^2=0.88，$P<0.01$），这意味着根的形态特征，特别是总根长和根叉数与植物对钾素的吸收密切相关。此外，总钾素积累量与直径 0.5～1mm、> 1mm 的根长关系不显著（图 6-10），而与直径< 0.5mm 的根长存在显著的正相关关系（R^2=0.91，$P<0.01$），这表明在 VPD 变化的过程中，直径< 0.5mm 的根长对钾素的吸收起到了重要作用。

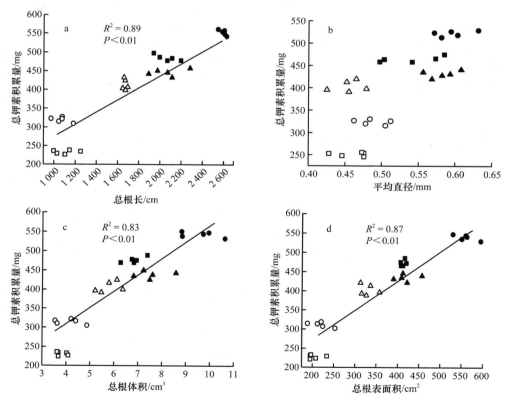

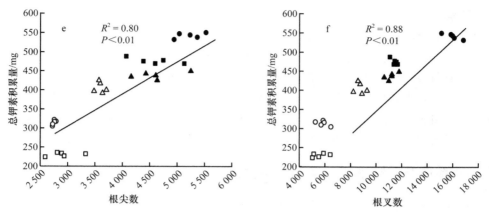

图 6-9　总钾素积累量与总根长（a）、平均直径（b）、总根体积（c）、总根表面积（d）、根尖数（e）、
根叉数（f）的关系

实心和空心正方形分别表示低 VPD 与高 VPD 条件下的低钾水平值；实心和空心圆圈分别表示低 VPD 与高 VPD
条件下的中钾水平值；实心和空心三角形分别表示低 VPD 与高 VPD 条件下的高钾水平值。下同

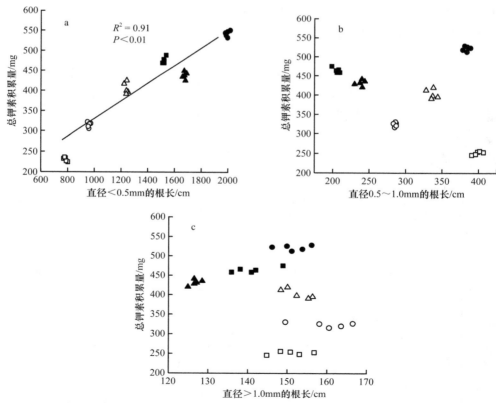

图 6-10　总钾素积累量与直径 0 ～ 0.5mm（a）、0.5 ～ 1.0mm（b）和＞ 1.0mm（c）
根长的关系

本研究表明，VPD 对番茄幼苗生长的影响与钾素营养状况有关。在高 VPD 下，充足的钾素供应尤其是高钾水平，可以促进根系的发育、钾素吸收和植物光合作用；相比之下，在低 VPD 下，番茄幼苗对钾素的需求量较低，因为低 VPD 下的植株普遍具有发达的根系，且生长较快，在一定程度上更有利于钾素的吸收和积累。在本研究中，低 VPD 下适度施钾，就增加钾素积累量、植株干物质量、细根占比和改善根系形态而言，为植株提供了最有利的环境。高低 VPD 之间最佳施钾水平的差异可能与植物受到的胁迫程度有关。当植物遭受干旱胁迫（高 VPD）时，植物生长和光合作用与钾素水平呈正相关（Gupta et al., 1989）；相反，植物在相对适宜的环境（低 VPD）中生长时，过量的钾素供应会导致植物营养失衡并抑制植物生长，这也与植物自身的保护机制有关（孙红梅，2001；高慧和孙春香，2007）。总之，相较于高 VPD 下高钾处理的植株，低 VPD 下中钾处理的植株具有更大的生长潜力。因此，可以通过降低夏季温室中的 VPD 来间接减少钾肥的施用，VPD 调控可作为一种环境控制方法来提高钾肥的利用效率，这将有助于农业的可持续发展。

九、小结

由夏季温室各处理发现，与高 VPD 相比，低 VPD 显著改变了根系的形态特征，包括根长、根体积、根直径、根表面积、细根数、细根比例等，根系形态的增大有利于对钾素等主要依靠扩散供应的元素的吸收；低 VPD 降低了植物的蒸腾速率，但植物却增加了对钾素的积累，这表明根系形态的增大可以间接弥补蒸腾质量流量减少对钾素吸收的不利影响。同时，低 VPD 下较高的干物质量也促进了钾素的积累。低 VPD 增加了叶片的干物质量分配率，降低了茎部的干物质量分配率，相比之下，钾素分配给茎和根的相对较多，而分配给叶片的相对较少，因为低 VPD 环境下植物的传导组织通常较不发达，这增加了木质部栓塞的风险，降低了植物向叶片的供水能力。优化钾肥施用对农业生态系统的可持续发展至关重要；VPD 调控可以提高钾肥利用效率，并减少钾肥资源的浪费。

第三节　VPD 调控对蔬菜营养元素吸收与分配的影响

本研究在环境精确可控的人工气候室内进行，进一步探讨了高温环境下 VPD 与钾素对番茄氮磷钾元素吸收和光合响应的影响，对番茄幼苗光响应、CO_2 响应和氮磷钾元素含量及积累量的变化进行了研究，以期改善高温胁迫下番茄的营养与光合状态，探寻适宜的钾素供应水平，为提高钾素利用效率及合理施肥提供理论基础。

一、VPD 与钾素耦合对植株干物质量和叶水势的影响

VPD 与钾素耦合对植株干物质量和叶水势均具有显著的交互作用，3 种供钾水平下，高温下低 VPD 处理的番茄幼苗干物质量显著高于高 VPD 处理，且中钾水平下有最大值，为 12.73g；同时高 VPD 环境下，随着供钾水平的增加，干物质量也逐渐增大（图 6-11a）；另外，叶水势也呈现出相似的趋势，低 VPD 下番茄幼苗的水势显著高于高 VPD 处理，中钾下有叶水势最大值–0.5MPa，但在高 VPD 处理下，叶水势在各钾素水平下差异不显著（图 6-11b）。

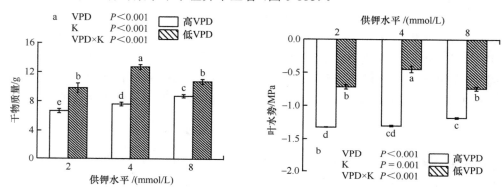

图 6-11　VPD 与钾素耦合对番茄干物质量和叶水势的影响

二、VPD 与钾素耦合对植株各器官氮磷钾含量的影响

高温下降低 VPD 对低钾水平番茄根部钾含量无显著影响，但显著降低了中钾与高钾水平番茄根部钾含量；无论钾素水平高低，降低 VPD 使番茄叶片钾含量显著降低，对于茎部钾含量，其值受钾素水平调控，VPD 对其变化影响不一致（图 6-12）。在各钾素水平下，VPD 降低使番茄根、茎、叶部的氮含量显著降低，差异均达 5% 显著性水平；同时，低 VPD 处理显著降低了番茄根与叶的磷含量，但对于茎部磷含量，在低钾和高钾时，降低 VPD 使其显著升高，而在中钾水平下，又显著降低。

本试验发现，在中钾和高钾供应水平下，低 VPD 对番茄叶片的氮、磷、钾含量与根的钾、磷含量及茎的氮含量均有显著的稀释效应；在中钾时，低 VPD 对茎的钾、磷含量与根的氮含量也有明显的稀释效应（图 6-12）。在低 VPD 下，植株体内氮磷钾含量的下降有不同的解释，一方面是与植株碳同化产物增加所引起的养分稀释效应有关（Leuschner，2002）；另一方面是低 VPD 降低了叶片与空气之间的湿度梯度，从而使茎流量降低，这阻碍了可溶性矿物质在土壤中的大量流动和根系对养分的吸收（Cramer et al.，2008）。

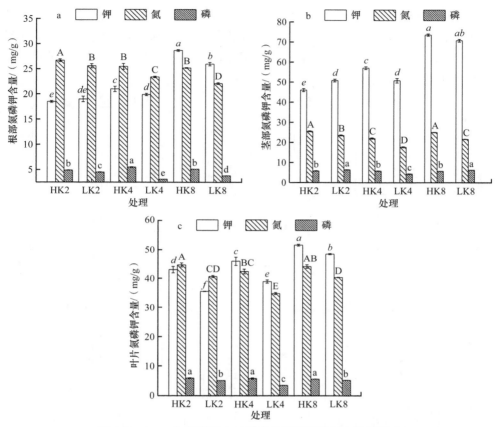

图 6-12 VPD 与钾素耦合对番茄各器官氮磷钾含量的影响

图中不同字母（大写字母对应氮，斜体小写字母对应钾，正体小写字母对应磷）表示处理间在 0.05 水平差异显著。
下同

三、VPD 与钾素耦合对植株各器官氮磷钾积累量的影响

由图 6-13 可知，无论处于何钾素水平，VPD 降低均会使得番茄各器官的氮磷钾积累量显著增加。在高钾水平下，植株钾积累量与磷积累量有最大值，但高钾水平与中钾水平下的钾积累量不存在显著性差异；在中钾水平时，植株氮积累量存在最大值。在高 VPD 环境下，随着钾素水平的增加，植株根茎叶的钾积累量与氮积累量在逐渐增加。而在低 VPD 环境下，叶片的钾积累量与氮积累量随着钾素水平的增加呈现出先上升后下降的趋势，在中钾时有最大值，分别为 186.0mg、214.5mg；而茎和根中的钾积累量呈逐渐上升的变化趋势，氮积累量的变化趋势无明显规律；在不同 VPD 环境下，对于植株各器官磷积累量，钾素水平对其影响并不显著，其值在各钾素水平下变化幅度很小。

在本试验的各供钾水平下，低 VPD 均显著增加了植株的总氮磷钾积累量，这

可能归因于高湿环境下的植株普遍具有较高的干物质量（图 6-13a），且相对湿度的升高会增加不同植物吸收根系的表面积和根尖数量，这促进了根系对养分的接触和获取，在一定程度上弥补了由低 VPD 下蒸腾速率降低导致的蒸腾驱动的质量流量减少对养分吸收造成的负面影响。

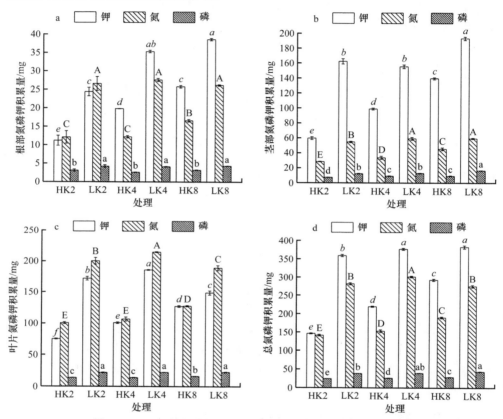

图 6-13　VPD 与钾素耦合对番茄各器官氮磷钾积累量的影响

四、VPD 与钾素耦合对植株气体交换参数的影响

由图 6-14 可以看出，VPD 和钾素对净光合速率具有显著的交互作用；与高 VPD 相比，降低 VPD 使番茄叶片的净光合速率（P_n）、胞间 CO_2 浓度（C_i）及气孔导度（G_s）显著升高，其中 P_n 与 G_s 在中钾水平时达最大值，C_i 在高钾水平时达最大值。同时，高 VPD 显著增加了番茄幼苗的蒸腾速率（E），高钾水平时达最大值，低 VPD 下不同钾素水平对 E 无显著影响。与高 VPD 相比，低 VPD 下不同钾素水平（由低到高）的 P_n 分别提高了 18.9%、32.6% 和 10.3%；C_i 分别提高了 24.1%、16.1% 和 17.2%；G_s 分别提高了 106.2%、92.5% 和 63.5%；E 则分别降低了 30.5%、30.6% 和 38.3%。在同一 VPD 下，钾素水平对 C_i 无显著影响。

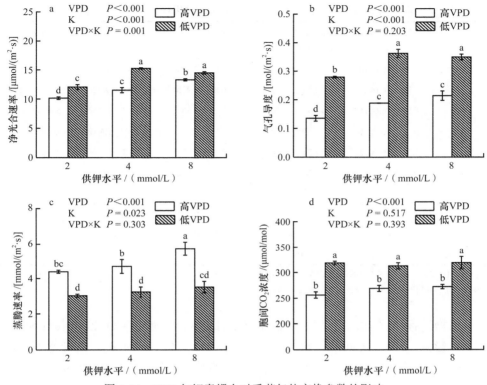

图 6-14　VPD 与钾素耦合对番茄气体交换参数的影响

五、VPD 与钾素耦合对植株 CO_2 响应曲线的影响

研究光响应曲线和 CO_2 响应曲线可以更好地了解植物的光合生理特性，同时也反映了植物对环境的响应情况。在有效的 CO_2 浓度范围内，低 VPD 处理下各组的最大净光合速率（P_{max}）、初始羧化效率（CE）均大于高 VPD 处理（表 6-2），且均在中钾时有最大值；与高 VPD 相比，随着钾素水平的增加，低 VPD 下 P_{max} 分别提高了 18.3%、19.3% 和 9.4%，CE 分别提高了 37.2%、26.9% 和 12.3%。同时，降低 VPD 显著降低了番茄幼苗的光呼吸速率（R_p），且不同钾素水平对光呼吸速率没有产生显著影响。

光合作用是植株干物质量积累的物质基础，影响植物的生长发育进程（刘爱荣等，2010）。翁晓燕和蒋德安（2002）研究认为，空气湿度不仅能从气孔的闭合上影响叶片光合作用，还能通过改变细胞内 Rubisco 酶的活性直接影响光合速率。在 CO_2 响应曲线中，初始斜率（即初始羧化效率 CE）与 Rubisco 酶含量及其活性呈正相关关系，是反映 CO_2 利用效率的重要指标（刘英等，2016）。本试验结果表明高温下增加空气湿度显著增加了番茄幼苗的 CE（表 6-2），间接说明降低 VPD 提高了 Rubisco 酶活性，促进了植株光合作用。

表 6-2　VPD 与钾素耦合对植株 CO_2 响应曲线参数的影响　　　[单位：$\mu mol/(m^2 \cdot s)$]

处理	初始羧化效率（CE）	最大净光合速率（P_{max}）	CO_2 补偿点（CCP）	CO_2 饱和点（CSP）	光呼吸速率（R_p）
HK2	0.043±0.001d	13.26±0.15f	153.03±2.89a	950.60±8.51c	5.69±0.10c
HK4	0.052±0.001c	14.54±0.11e	126.89±0.91b	942.61±7.43c	5.77±0.24c
HK8	0.057±0.001b	15.33±0.12d	120.23±0.88c	947.49±4.41c	5.96±0.11bc
LK2	0.059±0.002b	15.69±0.09c	122.94±3.36bc	1097.44±24.18b	6.44±0.03a
LK4	0.066±0.002a	17.34±0.07a	117.36±0.47c	1081.21±7.59b	6.70±0.16a
LK8	0.058±0.001b	16.77±0.03b	120.48±0.88c	1144.12±2.90a	6.29±0.06ab
双因素方差分析					
VPD	＜0.001	＜0.001	＜0.001	＜0.001	＜0.001
K	＜0.001	＜0.001	＜0.001	0.019	0.460
VPD×K	＜0.001	＜0.001	＜0.001	0.017	0.114

注：HK2，HVPD+K2；LK2，LVPD+K2；HK4，HVPD+K4；LK4，LVPD+K4；HK8，HVPD+K8；LK8，LVPD+K8。每列不同小写字母表示各处理间在 0.05 水平差异显著。下同

植物进行净光合作用时可利用的 CO_2 响应区间一般用 CO_2 饱和点（CSP）与 CO_2 补偿点（CCP）之间的差值来表示。低 VPD 下低钾、中钾、高钾水平（K2、K4、K8）对应的进行净光合作用的 CO_2 响应区间分别为 $974.51\mu mol/(m^2 \cdot s)$、$1026.76\mu mol/(m^2 \cdot s)$ 和 $960.74\mu mol/(m^2 \cdot s)$；高 VPD 下对应的响应区间依次为 $797.57\mu mol/(m^2 \cdot s)$、$815.72\mu mol/(m^2 \cdot s)$ 和 $827.27\mu mol/(m^2 \cdot s)$，在不同钾素水平下，降低 VPD，区间均增加。高 VPD 下，响应区间随着钾素水平的增加而增加，而低 VPD 下规律不明显。低 VPD 下的植株 CCP 都比较低，但 CSP 和初始羧化效率（CE）较高（表 6-2），具有较高的 CO_2 浓度适用区间和高 CO_2 利用率等光合特性，侧面说明了降低 VPD 可以缓解高温对植株光合作用的抑制。

六、VPD 与钾素耦合对植株光响应曲线的影响

由表 6-3 可知，在有效光强范围内，低 VPD 处理下各组的最大净光合速率（P_{max}）、表观量子效率（AQY）和暗呼吸速率（R_d）均显著大于高 VPD 处理，其中中钾时有最大 P_{max}，高钾时有最大 AQY，中钾时有最大 R_d；与高 VPD 处理相比，随着钾素水平的增加，低 VPD 下 P_{max} 分别提高了 36.6%、22.4% 和 8.8%，AQY 分别提高了 40.8%、19.7% 和 13.8%，R_d 分别提高了 23.9%、49.8% 和 46.4%。其中钾素水平越低，番茄幼苗的 R_d 越大，说明低钾胁迫提高了植株对光合产物的消耗。

表 6-3　VPD 与钾素耦合对植株光响应参数的影响　　[单位：μmol/(m²·s)]

处理	表观量子效率（AQY）	最大净光合速率（P_{max}）	光补偿点（LCP）	光饱和点（LSP）	暗呼吸速率（R_d）
HK2	0.049±0.003d	10.88±0.01e	16.49±0.53a	689.34±6.86c	0.66±0.02e
HK4	0.061±0.001c	12.58±0.20d	14.22±0.21b	646.21±18.65d	0.58±0.01f
HK8	0.065±0.002bc	13.35±0.13c	17.41±0.64a	704.15±9.91c	0.85±0.01d
LK2	0.069±0.002ab	14.86±0.01b	9.58±0.18d	748.75±6.02b	0.90±0.01c
LK4	0.073±0.001a	15.40±0.11a	12.66±0.20c	826.51±15.49a	1.12±0.03a
LK8	0.074±0.000a	14.53±0.05b	13.99±0.03b	740.00±5.50b	0.99±0.00b
双因素方差分析					
VPD	< 0.001	< 0.001	< 0.001	< 0.001	< 0.001
K	< 0.001	< 0.001	< 0.001	0.313	< 0.001
VPD×K	0.022	< 0.001	< 0.001	< 0.001	< 0.001

　　通过光响应曲线与 CO_2 响应曲线研究植物对环境的响应一直是科学研究的热点问题。P_{max} 反映了植物叶片的最大光合能力，AQY 是反映叶片对光能尤其是弱光利用情况的重要指标，R_d 是植物消耗光合产物的速率（任博等，2017）。本研究中，低 VPD 下的番茄叶片 P_{max}、AQY 和 R_d 与高 VPD 相比均显著增加（表 6-3），说明了低 VPD 下番茄幼苗吸收与转换光能的色素蛋白复合体较多，可以更有效地利用弱光（张丹等，2016）。

　　不同环境下植物对光照的需求是不一样的，这些差异主要是由植物叶片的光饱和点和光补偿点来决定的。低 VPD 下各钾素水平的光饱和点（LSP）均显著高于高 VPD，其中中钾处理的 LSP 要显著高于其余处理。光补偿点（LCP）在不同处理间的差异性变化与光饱和点（LSP）的差异性变化没有内在一致性。低 VPD 下低钾、中钾、高钾水平（K2、K4、K8）对应的光环境响应区间分别为 732.84μmol/(m²·s)、774.54μmol/(m²·s) 和 726.01μmol/(m²·s)；高 VPD 下的响应区间依次为 676.71μmol/(m²·s)、636.46μmol/(m²·s) 和 688.37μmol/(m²·s)。低 VPD 下番茄幼苗的 LSP 呈上升趋势，且 LCP 较低，这表明空气湿度的升高能够增强其对外界环境的适应性，提高了番茄对光的适应范围（韩艳婷等，2011）。

　　矿质营养元素与植物的光合作用密切相关，在不同水平的钾素供应下，植物的光合能力会发生显著改变，钾主要影响气孔开闭和相关酶活性（杨阳等，2010）。本试验中，低 VPD 环境下 P_n 和 G_s 随着供钾水平增大呈先升后降的趋势，番茄叶片 P_{max}、AQY 和 CE 的变化也响应了这一变化趋势，说明低 VPD 下适宜的钾素水平能够缓解高温对光合作用的不良影响，在一定程度上提高了番茄的光合生产潜力，这可能是由于正常的钾含量可以促进氮素的吸收利用（图 6-13），而前人研究表明叶片光合速率会随叶片氮素水平的增加而增加（罗雪华等，2011），氮素可以提高叶绿素的合成与相关酶活性（汤继华等，2005）；而在高 VPD 下相关光合参数却随钾素水平的增加而增加，高钾下综合光合能力最强。

七、小结

在高温环境下，与高 VPD 相比，低 VPD 降低了番茄各器官的氮磷钾含量，这主要与植株碳同化产物增加所引起的养分稀释效应有关，同时氮磷钾的积累量却随 VPD 的降低而显著增加；低 VPD 改善了植株的光合能力，提高了叶片的光合速率、气孔导度、胞间 CO_2 浓度等光合参数，以及对不同 CO_2 浓度和光环境的响应区间。其中低 VPD 下中钾水平更有利于干物质和氮磷钾元素的积累，有利于缓解高温胁迫下对光合作用的抑制；而在高 VPD 处理下，高钾水平可以改善植株的氮磷钾元素积累量和相关光合参数，有利于植株在高温下的生长。这一结果为提高钾素利用效率和减少化肥使用量提供了新的认识。

第四节　VPD 调控对蔬菜作物在低温下钾素吸收的影响

本研究通过研究不同 VPD 与钾素处理下光合参数、叶绿素荧光参数、气孔导度、叶肉导度和钾素吸收等特性的变化，探讨低温下 VPD 与钾素对番茄幼苗钾素吸收和光合系统的响应机制。

一、VPD 与钾素耦合对植株钾素含量及积累量的影响

根据双因素方差分析可知，对于各器官钾素含量，VPD 仅对叶钾素含量存在显著影响；在不同钾素水平下，低 VPD 下的叶钾素含量均高于高 VPD，而茎和根的钾素含量变化规律不明显（表 6-4）。另外，结果显示，VPD、钾素对于根钾素积累量、茎钾素积累量、叶钾素积累量和总钾素积累量均存在显著影响，其中叶钾素积累量和总钾素积累量受 VPD 与钾素交互作用的影响显著。在低 VPD 条件下的植株，其根钾素积累量、茎钾素积累量、叶钾素积累量和总钾素积累量均显著高于高 VPD 下的植株。

表 6-4　VPD 与钾素耦合对植株钾素含量及积累量的影响

处理	各器官钾素含量 /(mg/g)			各器官钾素积累量 /mg			
	根	茎	叶	根	茎	叶	总量
HK2	28.59±0.30d	50.85±0.35a	28.94±0.47d	4.00±0.04f	3.59±0.03c	10.42±0.17d	18.02±0.16d
LK2	28.77±0.77d	43.46±1.41b	36.73±0.65c	7.67±0.21e	7.53±0.24b	23.87±0.42c	39.08±0.55c
HK4	40.16±0.33c	49.25±2.15a	37.88±0.33bc	8.97±0.07d	7.22±0.32b	30.16±0.86b	46.36±1.24b
LK4	36.97±1.91c	42.67±0.52b	41.13±1.17a	12.20±0.63b	10.67±0.13a	36.18±0.31a	59.05±0.52a

续表

处理	各器官钾素含量 /(mg/g)			各器官钾素积累量 /mg			
	根	茎	叶	根	茎	叶	总量
HK8	44.24±0.90b	39.59±0.87b	40.18±1.66ab	10.25±0.21c	6.99±0.15b	30.40±1.25b	47.65±1.10b
LK8	51.29±2.03a	47.42±1.45a	40.93±0.69a	14.19±0.56a	10.37±0.32a	35.09±0.59a	59.65±1.23a
双因素方差分析							
VPD	0.212	0.074	0.041	<0.001	<0.001	<0.001	<0.001
K	<0.001	0.041	<0.001	<0.001	<0.001	<0.001	<0.001
VPD×K	0.005	<0.001	<0.001	0.631	0.415	<0.001	<0.001

二、VPD 与钾素耦合对植株光合参数和叶水势的影响

如图 6-15 所示，VPD、钾素水平显著影响各叶片气体交换参数，其中叶肉导度（G_m）受到 VPD 与钾素显著的交互作用。与在高 VPD 条件下生长的植物相比，在低 VPD 条件下可以观察到 P_n、E、G_s、G_m、C_i、C_c 和 Ψ_{leaf} 增加，而 L_s 降低；同时在低 VPD 条件下，这些参数（除 E 和 L_s 外）均随着钾素水平的增加而呈现出上升的趋势，在高钾水平下有最大值。另外，钾素对 E 和 G_s 均无显著影响（图 6-15b）；且无论处于何 VPD 条件下，不同钾水平下的 E 和 G_s 之间均无显著差异。

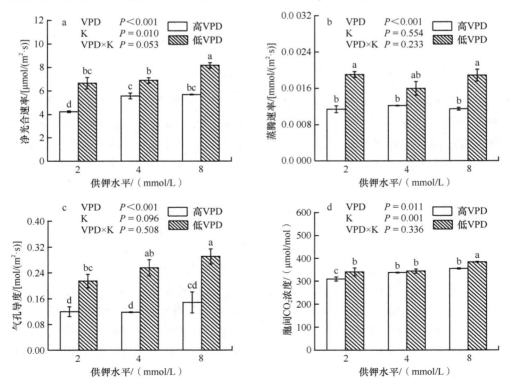

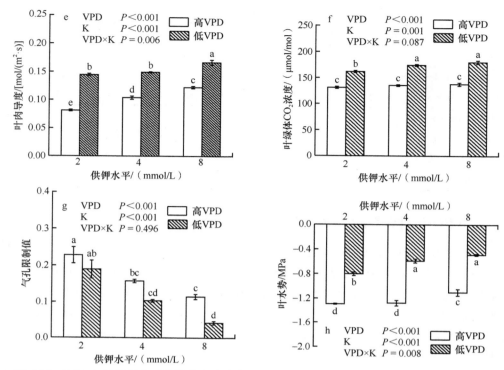

图 6-15　VPD 与钾素耦合对植株净光合速率（a）、蒸腾速率（b）、气孔导度（c）、胞间 CO_2 浓度（d）、叶肉导度（e）、叶绿体 CO_2 浓度（f）、气孔限制值（g）和叶水势（h）的影响

三、VPD 与钾素耦合对植株气孔参数的影响

由图 6-16 可知，VPD 与钾素的交互作用对气孔长度和气孔开度有显著影响。在不同的钾素水平下，低 VPD 下的气孔密度、气孔宽度和气孔开度均显著高于高 VPD；随着钾素水平的增加，气孔密度分别增加了 13.8%、15.4% 和 16.1%；气孔宽度分别增加了 9.9%、13.6% 和 6.7%；气孔开度分别增加了 63.1%、133.9% 和 95.2%。但在不同的 VPD 条件下，气孔长度并无显著差异。此外，无论处于何种 VPD 条件下，气孔长度和气孔开度均随钾素水平的增加而增加，但气孔密度在不同钾素水平之间差异不显著。

CO_2 的扩散受气孔导度（G_s）和叶肉导度（G_m）的控制（Tomeo and Rosenthal，2017）。其中，气孔导度主要由气孔大小、密度和孔径等气孔特征决定。大量研究表明，气孔密度与 G_s 之间呈显著的正相关关系（Carins Murphy et al.，2014）。在本研究中，低 VPD 下的 G_s 较高是因为植物叶片的气孔密度和尺寸较大（图 6-16）。较大的气孔尺寸可以归因于低 VPD 显著增加了植物的气孔宽度和气孔开度。此外，补充钾素可以增加低温下水稻的 G_s（Xiong et al.，2015a），这与我们的试验结果一致，提高钾素水平会增加低 VPD 下的 G_s。除了气孔形态，气孔运动对气孔导度的大小也有决定性的影响（Lawson and Blatt，2014）。虽然不同钾素供应水平对气孔密度影响不大（图 6-16a），但作为保卫细胞的主要驱动力，钾素可通过介导气孔运动部分促进气孔开放（李焕忠，2010）。两种 VPD 环境下叶片钾素含量差异显著（除高钾水平），降低 VPD 可以显著增加叶片的钾素积累量（表 6-4）。钾素是细胞的主要渗透剂，可以调节渗透势，增加水势，从而扩大气孔开放（杨明超，2007；Peiter，2011）。

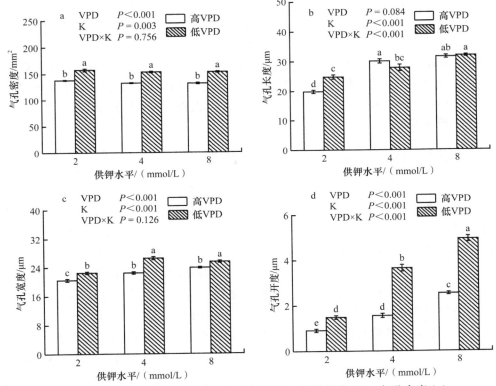

图 6-16　VPD 与钾素耦合对植株气孔密度（a）、气孔长度（b）、气孔宽度（c）和气孔开度（d）的影响

植物的光合速率通常受到叶片中叶绿体羧化位点的 CO_2 浓度（C_c）的限制，该浓度取决于 G_m，即 CO_2 从气孔下腔向叶绿体基质羧化位点扩散过程中的阻力的倒数（Xiong et al.，2015b）。本研究表明，在低 VPD 下，G_m 和 C_c 均随着钾素水平的增加而增加（图 6-15e、f）。G_m 的增加可能与叶绿体尺寸的增大有关，因为面向细胞间隙的叶绿体表面积（S_c/S）被认为是限制 G_m 的主要结构参数；增大的叶绿体表面积有利于 CO_2 在细胞间隙的扩散（Tomas et al.，2013），降低 VPD 或增加钾素

供应均可以增加 S_c/S，进而增加 G_m（Bongi and Loreto，1989；Lu et al.，2016b）。另外，叶肉细胞中各部分的细胞溶质的扩散阻力也起着不可忽略的作用。低 VPD 减小了叶绿体到细胞壁的距离，缩短了 CO_2 在细胞质中的扩散距离，导致叶肉阻力降低，并使 CO_2 更容易进入叶绿体（杜清洁，2019）。同样，与低钾胁迫下的植物相比，钾素的施用也可以降低胞质扩散阻力（Lu et al.，2016a）。

四、VPD 与钾素耦合对植株光合色素的影响

对光合色素的分析表明，在低 VPD 条件下，Chl a、Chl b、Car 和 Chl（a+b）含量均显著高于高 VPD 下的植株；且不论处于何种 VPD 条件下，它们均大体上随钾素水平的增加而增加。一方面，在低 VPD 条件下，高钾水平的植株具有最高的 Chl a、Chl（a+b）和 Car 含量，而 Chl b 含量在中钾水平下有最高值。此外，Chl b 和 Chl（a+b）含量均受到 VPD 与钾素显著的交互作用。另一方面，在高 VPD 条件下，Car/Chl 在不同钾素水平下均高于低 VPD，但在不同 VPD 条件下，各钾素处理之间差异不显著。

五、VPD 与钾素耦合对植株荧光参数的影响

如图 6-17 所示，F_v/F_m、F_v'/F_m'、ETR、qP 和 Φ_{PSII} 的变化在不同的钾素水平下表现出相似的模式。这些参数在低 VPD 条件下均显著高于高 VPD 条件，同时还受到钾素水平的显著影响。在低 VPD 条件下，这些参数（除 qP 外）随钾素水平的增加而增加，而在高 VPD 条件下变化规律不明显，其中在低钾水平下有最低值（F_v/F_m、qP 和 Φ_{PSII} 除外）。相反，与高 VPD 条件相比，低 VPD 条件下 NPQ 显著降低，且未观察到显著的 VPD 与钾素的交互作用；无论处于何种 VPD 条件下，NPQ 均随钾素水平的增加而呈下降的趋势，且各处理间无显著差异。

叶绿素荧光参数与植物光合作用的各种反应过程密切相关，被认为是反映胁迫条件下叶片光合能力的一个指标（林琭等，2015）。我们的结果表明，在低温条件下，低 VPD 下植物的 F_v'/F_m'、qP、ETR、Φ_{PSII} 显著高于高 VPD（图 6-17），这

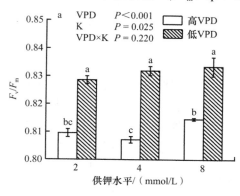
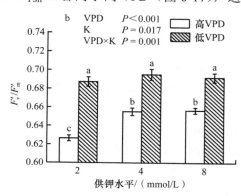

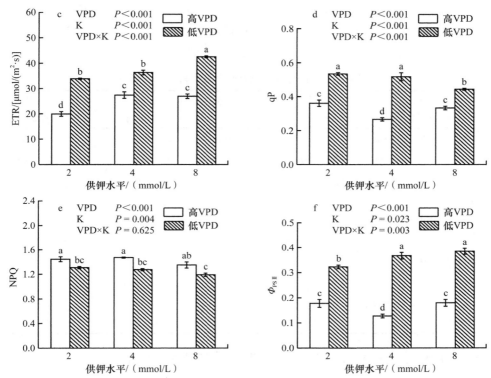

图 6-17　VPD 与钾素耦合对植株 F_v/F_m、F_v'/F_m'、ETR、qP、NPQ 和 Φ_{PSII} 的影响

F_v/F_m：PSII 的最大光化学量子产率；F_v'/F_m'：PSII 的有效光化学效率；ETR：表观电子传递速率；

qP：光化学淬灭；NPQ：非光化学淬灭；Φ_{PSII}：实际光化学效率

意味着降低 VPD 可以提高 PSII 反应中心的原始光能捕获效率，并促进光合电子的转移。同时，Φ_{PSII} 的增加有利于植物同化力（NADPH、ATP）的形成，影响植物的碳同化作用。F_v/F_m 的改变是指 PSII 光化学效率的改变，可以作为光抑制程度或 PSII 组分受到其他损伤的一个指标（Maxwell and Johnson，2000）。双因素方差分析表明，VPD 和钾素对于 F_v/F_m 不存在显著的交互作用。在低 VPD 下，植物处于高钾水平时，F_v/F_m 有最大值。这一结果可能是由于叶片中钾素积累的增加（表 6-4），钾素有利于提高 PSII 活性，并且可以提高通过 PSII 的电子传递速率，从而增加 F_v/F_m。

植物可以通过散热来消耗多余的能量，以减少额外的激发能量所造成的破坏，可以用 NPQ 来表示（Ma et al.，2013）。本研究的数据表明，VPD 对 NPQ 有显著的影响；与高 VPD 相比，低 VPD 降低了 NPQ，其值随着钾素水平的增加而降低。这可以部分归因于光合色素 Chl a、Chl b 和 Car 含量的增加（表 6-5），因为叶绿素的含量变化会影响植物吸收和传递光能的能力，光合色素含量的增加进一步提高了植物对光能的利用率，减少了过剩激发能的产生，从而降低了 NPQ。此外，在形成叶绿素的同时，还包括蛋白质（如色素蛋白复合体）的吸收、同化和合成等代谢过程，增加了电子的消耗，减少了过剩激发能的产生（刘国英，2018）。

表 6-5　VPD 与钾素耦合对植株光合色素的影响

处理	叶绿素 a 含量 / (mg/g)	叶绿素 b 含量 / (mg/g)	类胡萝卜素含量 / (mg/g)	叶绿素 a+ 叶绿素 b 含量 /(mg/g)	类胡萝卜素 / 叶绿素 （Car/Chl）
HK2	2.00±0.04c	0.82±0.04d	0.64±0.01c	2.82±0.04d	0.226±0.003ab
LK2	2.43±0.04b	1.20±0.00b	0.78±0.01b	3.63±0.04b	0.214±0.000bc
HK4	2.04±0.03c	0.88±0.01cd	0.66±0.02c	2.92±0.02d	0.226±0.005ab
LK4	2.41±0.06b	1.37±0.01a	0.78±0.02ab	3.78±0.07ab	0.206±0.001c
HK8	2.35±0.05b	0.97±0.01c	0.76±0.01b	3.32±0.05c	0.228±0.002a
LK8	2.66±0.03a	1.18±0.02b	0.83±0.02a	3.84±0.05a	0.215±0.002bc
双因素方差分析					
VPD	< 0.001	< 0.001	< 0.001	< 0.001	< 0.001
K	< 0.001	< 0.001	< 0.001	< 0.001	0.104
VPD×K	0.721	< 0.001	0.131	0.026	0.322

六、VPD 与钾素耦合对植株活性氧和抗氧化酶的影响

表 6-6 列出了丙二醛（MDA）含量、活性氧（O^{2-} 和 H_2O_2）含量和抗氧化酶活性的数据。在各钾素水平下，MDA 含量、活性氧含量和过氧化物酶（POD）活性均随着 VPD 的降低而降低。MDA 含量只受 VPD 处理的显著影响，且低钾水平下

表 6-6　VPD 与钾素耦合对植株活性氧和抗氧化酶的影响

处理	MDA/ (μmol/g FW)	O^{2-}/[nmol/ (min·g FW)]	H_2O_2/ (μmol/g FW)	POD/ [U/(min·g FW)]	CAT/ [U/(min·g FW)]	SOD/ [U/(h·g FW)]
HK2	31.93±1.86a	2.69±0.03a	22.14±0.36a	15.33±0.26b	34.33±2.19d	364.10±7.70c
LK2	25.11±0.91bc	1.93±0.02c	14.95±0.30c	13.60±0.21c	65.67±0.67b	397.17±5.24a
HK4	29.64±1.74ab	2.63±0.02a	17.08±0.25b	17.73±0.14a	54.67±2.40c	376.70±5.08bc
LK4	22.98±0.14c	1.82±0.01cd	13.00±0.36d	12.58±0.13d	72.00±1.53ab	400.44±7.63a
HK8	30.61±1.39ab	2.23±0.03b	14.49±0.41c	18.46±0.21a	56.67±0.88c	385.90±3.78ab
LK8	24.31±1.86bc	1.78±0.02d	12.36±0.30d	12.12±0.17d	75.67±1.76a	396.44±2.31a
双因素方差分析						
VPD	< 0.001	< 0.001	< 0.001	< 0.001	< 0.001	< 0.001
K	0.668	< 0.001	< 0.001	0.002	< 0.001	0.321
VPD×K	0.491	< 0.001	< 0.001	< 0.001	0.003	0.110

的 MDA 含量高于其他处理（高 VPD 处理、低 VPD 处理分别为 31.93μmol/g FW、25.11μmol/g FW）。对于 O^{2-} 含量，存在显著的 VPD 与钾素的交互作用，在两种 VPD 条件下，其值随钾素水平的增加而降低。H_2O_2 的含量也存在相似的趋势。低 VPD 下，POD 活性随钾素水平的增加而降低，而在高 VPD 下，POD 活性随钾素水平的增加而增加；对于 POD 也观察到显著的 VPD 和钾素的交互作用。在各钾素水平上，低 VPD 下的植株过氧化氢酶（CAT）和超氧化物歧化酶（SOD）活性均显著高于高 VPD（SOD 下的高钾除外）。随着钾素水平的增加，在高、低 VPD 条件下，CAT 活性均呈现增加的趋势。

七、小结

在低温环境下，与高 VPD 相比，低 VPD 增加了叶片的钾素含量，而对根、茎的钾素含量无显著影响；但各器官钾素积累量均随 VPD 的降低显著增加。另外，低 VPD 增加了植株的 G_s，这主要与植株气孔密度和气孔大小的显著增加有关；VPD 与钾素对 G_m 交互作用显著，这意味着可能存在一个共同的调节机制改善了叶肉解剖结构，减少了 CO_2 的扩散阻力。增大的 G_s 和 G_m 有利于 CO_2 的扩散，提高了 CO_2 的有效性，改善了植株光合作用。另外，低 VPD 下增施钾素提高了光能利用效率并降低了热耗散，具体表现为光合色素含量、抗氧化酶活性和叶绿素荧光参数的上调，NPQ 和活性氧（ROS）的下调。总之，低 VPD 下增施钾素可以缓解气孔限制，改善植株光合作用，提高其低温抗性。

第七章　温室作物 SPAC 系统的互作效应研究

【导读】本章主要探讨了温室内各环境因子之间的互作效应，一方面研究了温室环境因子对茎流的影响，建立了与茎流相关的环境因子模型，同时探讨了茎流对蒸腾耗水量及养分吸收的影响；另一方面通过对温室环境因子（VPD 和土壤水分）之间互作效应的研究，明确了植物对大气湿度和土壤水分的响应机制。

第一节　温室环境因子与作物茎流的互作关系研究

甜瓜（*Cucumis melo*）是温室栽培的主要作物，其耗水需求量较大，对水分比较敏感。本研究通过对甜瓜茎流及基质和温室内小气候环境的连续监测，研究空气温度、相对湿度、冠层净辐射、VPD 值，以及基质温度、湿度、EC 值的日变化趋势对茎流日变化的影响，并通过逐步回归分析，建立茎流的环境因子模型，并将茎流的变化与蒸腾耗水量的变化及甜瓜养分吸收进行比较，为进一步研究夏季不同天气下基质环境与温室环境对作物蒸腾耗水的影响提供依据，并为温室灌溉时间提供可行的实施建议。

一、温室环境因子调控作物茎流的相对重要性

温室气体排放已经显著改变了全球气候，与气候变化有关的干旱和高温胁迫的频率、持续时间、严重程度的增加可能从根本上改变许多地区森林的组成、结构及生物地理（Allen et al.，2010）。虽然温室种植可以进行微气候的调控，但目前中国大部分环境调控设备还不是很完善，温室作物的生理生态仍然受到环境因子的影响。全球气候的变化也会影响作物水分需求，随着夏季高温的延续，设施栽培蔬菜作物耗水量逐渐增大，而农业用水是满足粮食、蔬菜稳定生产的基本条件。合理的灌溉有利于提高作物的产量和品质（Sensoy et al.，2007；李建明等，2010，2017）。在高温条件下，如果不能满足作物需水，则会导致作物损伤，进而萎蔫，阻碍有机物的积累；若灌水量过大，大量的地面辐射会使基质袋内产生大量热蒸汽，损伤根系，同时可能打破作物在高温时的午休进而损伤叶片结构。刘浩等（2010）的研究表明番茄植株的茎流经过标准化处理后，可以真实地反映植株的蒸腾规律。蒸腾是作物耗水的主要途径，是由多种因素协同导致的复杂的生理过程，前人主要研究气象因子、叶面积及含水量与蒸腾的关系，并且取得了一定的成果（Leonardi et al.，2000；姚勇哲等，2012；张大龙等，2014），但对基质环境条件、气象因子

协同影响植株茎流速率的研究还不是很多。目前国内外茎流监测技术已广泛应用于灌木、小型乔木类，部分应用于经济作物类，较少部分用于设施蔬菜（杜斌等，2018）。

（一）试验材料与设计

供试材料为薄皮甜瓜'千玉 6 号'；供试营养液为全有机营养液（猪粪：牛粪：羊粪 =4：1：1 浸提液混配，水：混合营养液 =4：1），全氮 9375.667mg/kg、全磷 5175.333mg/kg、全钾 14 011.4mg/kg。甜瓜进行单蔓整枝，每株留 2 个瓜，人工授粉。蒸腾蒸发量（ET）由自动连续作物耗水记录仪（专利号 ZL201620194394.3）进行监测，可以实现智能控制、精准灌溉。根据称量的单株日耗水量的平均值（记作 WET）进行灌水处理，设 3 个灌溉水平：T1，80% WET；T2，100% WET；T3，120% WET。在果实膨大期、需水量较大期分别增加 30%，以保证甜瓜果实的正常生长。

（二）单株日蒸散量与环境监测

根据不同的处理共设置 4 个自动连续作物耗水记录仪，每个记录仪上放置 3 盆，每天 8:00 根据记录仪的数值求平均值。仪器的传感器精度为 0.02N。

采用 EMS-ET 植物生理生态监测系统，监测空气温度、土壤温度、冠层辐射、光合有效辐射、空气相对湿度、土壤水分和 EC 值。仪器放置在试验区域的中心位置，光合有效辐射和冠层温度传感器放置在高 2m 处，土壤监测传感器放在基质 10cm 深度。

采用包裹式茎流传感器，在平均茎粗长至 8mm 时进行监测。监测位点在第二节以上，分析数据间隔时间为 6min，仪器监测时间为每分钟记录一个数（sf），监测次数为 i，记录数据为 6min 内每分钟记录的平均值（SF），即

$$SF = \sum_{i=1}^{6}(sf_i / 6) \qquad (7\text{-}1)$$

二、夏季茎流与空气环境因子的日变化曲线

从图 7-1 可以看到，在阴天处理 T1、T2、T3 的茎流在 12:00 ～ 13:00 都具有明显的双峰曲线，在 17:00 出现茎流二次启动，并且出现时间较为一致。处理 T1、T2、T3 茎流的最大值随着灌水量越大，茎流峰值越高；波峰的数量表现为 T1 最多，T3 最少。与茎流的波动趋势相关性较大的是冠层净辐射和基质温度。空气温度与茎流在白天有较为明显的相同趋势。

在夏季高温情况下，处理 T1、T2 仍然表现较为明显的多波峰曲线，而且较阴天相比，在 12:00 ～ 14:00 波峰更多，峰值更高。处理 T3 的茎流波峰不明显，在

12:00 ~ 14:00 持续处于高流量状态。空气温度、VPD 与茎流呈现较吻合的正向趋势，而空气相对湿度与冠层净辐射呈现反向趋势。

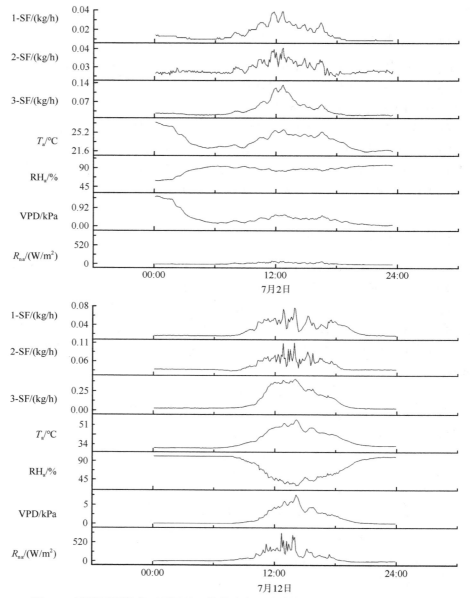

图 7-1 夏季不同温度下不同处理的茎流与温室内空气环境因子的日变化曲线

7 月 2 日为试验处理期的相对低温，平均温度为 22℃；7 月 12 日为相对高温，平均温度为 47℃。1-SF 为处理 T1（80% WET）的茎流速率（kg/h），2-SF 为处理 T2（100% WET）的茎流速率（kg/h），3-SF 为处理 T3（120% WET）的茎流速率（kg/h）。T_a 为温室内空气温度（℃），RH_a 为温室内空气相对湿度（%），VPD 为温室内水汽压亏缺（kPa），R_{na} 为冠层净辐射（W/m²）

如图 7-2 所示，阴天基质体积含水量经过一天的蒸腾蒸发逐渐降低。处理 T1 呈现多波峰拟直线下降趋势，处理 T2、T3 呈现 0:00～9:00 平缓下降，11:00～17:00 迅速下降，18:00～24:00 保持稳定。处理 T1、T2 基质体积含水量降低了 3% 左右，处理 T3 的基质体积含水量降低了 6% 左右，是 T1、T2 的两倍。处理 T1、T2、T3 之间基质温度并无明显的差异，与空气温度变化趋势相同，但高于空气温度，与茎流之间有部分的相同变化趋势。不同处理间基质 EC 值与基质体积含水量有明显的变化差异。其中处理 T3 最明显，EC 值随着基质体积含水量的降低而增加，而 T1 基质的 EC 值较稳定，最大变化值为 1.5dS/m。由此说明基质栽培灌水量越大，基质的 EC 值变化越剧烈。

在高温情况下，基质温度与空气温度趋势相同，但较空气温度低，而且波峰较空气温度明显。基质体积含水量较低温情况下不同，处理 T1、T2 呈现慢—快—慢的逐渐降低的趋势，而 T3 先降低，在 18:00 时基质体积含水量突然上升，之后较为稳定，这是因为基质覆膜，导致水蒸气冷凝后渗入基质。

通过对夏季典型温度条件下茎流与其环境因子的响应参数的分析发现，阴天茎流具有明显的双峰曲线，而在晴天具有大于 2 个波峰的特征曲线。这有可能是因为植株茎流速率受温度的影响（李长城等，2016），叶片气孔会进行间歇关闭以避免光损伤。Weldearegay 等（2016）的研究表明小麦的气孔导度受土壤干旱的影响最大。由于基质栽培过程中，基质的保水性较差，基质体积含水量随温度的变化而变化显著（图 7-2），尤其是高温条件下。而相对低温时，基质体积含水量变化不显著。

三、茎流与其相关因子的分析

（一）单一因子对茎流的影响

为了更直观地分析夏季典型天气相对高温和相对低温条件下单一环境因子对茎流的影响，以环境因子为自变量，茎流为因变量做了以下分析，如图 7-3 和图 7-4 所示。图 7-3a 与 7-4a 相比，7 月 12 日相对高温相较于 7 月 2 日相对低温的空气温度与茎流关系的离散程度更小，相关性更强。而且不同水分处理条件下的茎流差异很显著。图 7-3b 与图 7-4b、图 7-3c 与图 7-4c、图 7-3d 与图 7-4d、图 7-3e 与图 7-4e、图 7-3f 与图 7-4f 也出现相似的现象。

另外，由图 7-3e 和图 7-4e 可以看出，基质体积含水量越大，茎流量越大，但当温度低、净辐射低，即使基质体积含水量大，茎流量也不会增大。所以，当温度较高时，要多次灌水，保证基质湿润，以免损伤气孔（郑海雷和黄子琛，1992；Naithani et al.，2012）。

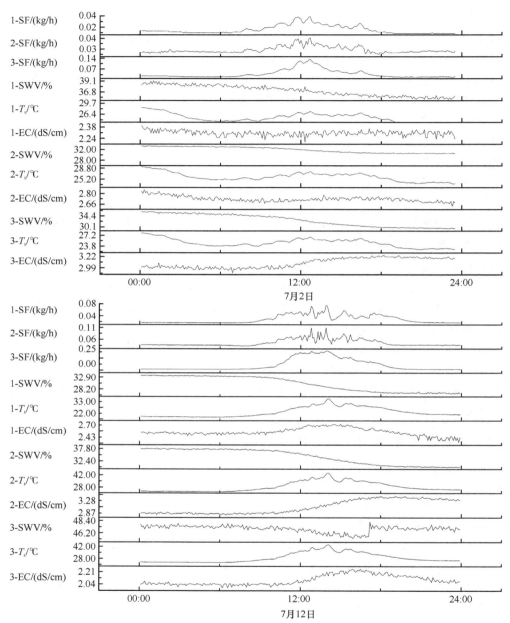

图 7-2　夏季不同典型温度条件下不同处理茎流与基质环境因子的日变化曲线

7 月 2 日为试验处理期的相对低温，平均温度为 22℃；7 月 12 日为相对高温，平均温度为 47℃。1-SF 为处理 T1（80% WET）的茎流速率（kg/h），2-SF 为处理 T2（100% WET）的茎流速率（kg/h），3-SF 为处理 T3（120% WET）的茎流速率（kg/h）。1-SWV、2-SWV、3-SWV 分别为 T1、T2、T3 的基质体积含水量（%），1-EC、2-EC、3-EC 分别为 T1、T2、T3 的基质电导率（dS/m），1-T_s、2-T_s、3-T_s 分别为 T1、T2、T3 的基质温度（℃）

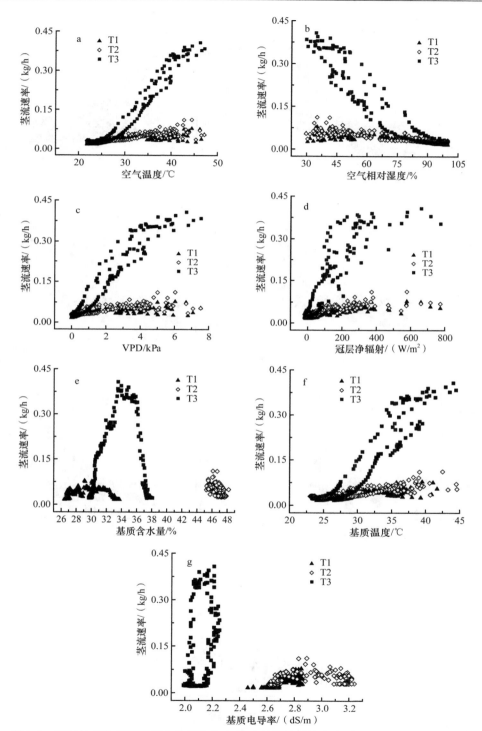

图 7-3　不同处理的茎流量日变化对空气和基质环境因子的响应（7 月 12 日，相对高温）

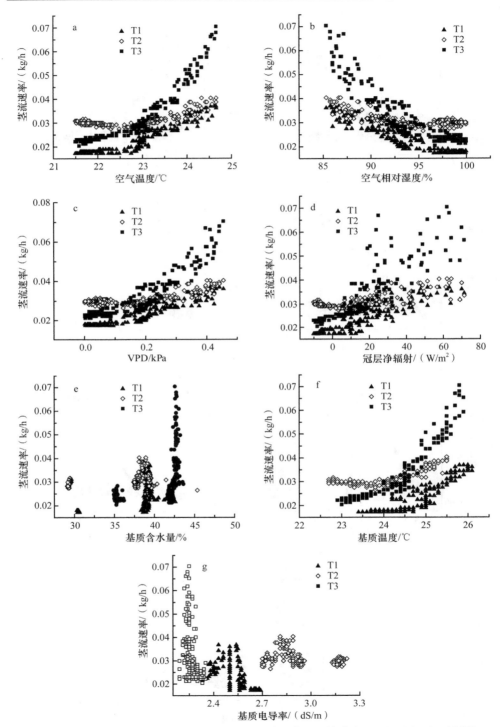

图 7-4　不同处理的茎流量日变化对空气和基质环境因子的响应(7 月 2 日,相对低温)

（二）茎流与基质和温室内环境因子的逐步回归分析

　　为了探究夏季高温和低温条件下不同环境因子对不同水分处理甜瓜茎流的影响，将处理 T1、T2、T3 的茎流分别与高温和低温条件下的温度、相对湿度、冠层净辐射、VPD 及基质温度、基质含水量、EC 值进行逐步回归分析。步进条件为要输入因子的 F 的概率小于等于 0.05，要除去因子的 F 的概率大于等于 0.1。

　　夏季高温天气下，影响茎流的环境因子比低温天气下多。在夏季高温条件下，随着灌溉比例的增大，影响茎流的主要环境因子增加。而在低温条件下，影响茎流的环境因子的数量与灌水量的相关性不明显，表现为 T2 最多。由表 7-1 可以看出在阴天，不同水分条件下影响茎流的公共因子为 R_n，并且标准化影响系数 β 值最大，基质温度对 T1 的影响大于 T2、T3，基质电导率和基质体积含水量对 T2 的影响较大，而对于 T3 的茎流模型，基质微环境未被提取为有效因子。在夏季高温条件下，影响 T1 茎流的因子是 T2、T3 的子集，而影响 T2 茎流的环境因子是 T3 的子集，而且基质微环境对茎流的影响随着灌水比例的增大而增大。VPD、R_n、T_a 在高温条件下对茎流模型的决定系数较大。

表 7-1　茎流与环境因子的最优逐步回归模型

	处理	逐步回归模型	决定系数（R^2）
低温	T1	$Y(\text{SF})=0.693X(R_n)+0.567X(T_s)+0.302X(\text{RH}_a)$	0.942
	T2	$Y(\text{SF})=0.446X(R_n)+0.799X(T_a)-0.319X(\text{EC})-0.468X(\text{VPD})+0.108X(\text{SWV})$	0.840
	T3	$Y(\text{SF})=0.598X(R_n)+0.637X(T_a)+0.424X(\text{RH}_a)$	0.880
高温	T1	$Y(\text{SF})=0.265X(T_a)+0.466X(R_n)-0.398X(\text{VPD})-0.602X(\text{RH}_a)$	0.893
		$Y(\text{SF})=0.49X(R_n)-0.33X(\text{VPD})-0.77X(\text{RH}_a)$	0.893
	T2	$Y(\text{SF})=0.733X(T_a)-1.267X(\text{VPD})+0.438X(R_n)-0.258X(\text{RH}_a)+0.884X(T_s)+0.212X(\text{SWV})$	0.943
	T3	$Y(\text{SF})=0.431X(\text{VPD})+0.134X(R_n)+0.955X(T_a)-0.492X(T_s)-0.105X(\text{EC})-0.052X(\text{SWV})$	0.991
		$Y(\text{SF})=0.428X(\text{VPD})+0.135X(R_n)+0.67X(T_a)-0.377X(T_s)-0.143X(\text{EC})-0.057X(\text{SWV})$ $-0.196X(\text{RH}_a)$	0.991

　　选取逐步回归分析中 R^2 值最大的回归方程作为夏季高温与低温条件下茎流对环境因子的响应模型。由表 7-1 可以看到，随着灌水量的增大，茎流与环境因子的最优回归模型的 R^2 值越大，回归的可行性越高。夏季相对低温条件下，T2 的最优逐步回归模型实测值与预测值的离差和最大。夏季高温条件下，T3 的逐步回归模型优于其他两个处理。而且高温条件下进行环境因子的回归拟合优于低温条件。

　　夏季高温条件下，随着灌溉量的增加，影响茎流的环境因子逐渐增加。说明在充分灌溉条件下更易获得最优蒸腾拟合模型，在非充分灌溉条件下，影响蒸腾的因子减少，在进行模型拟合时影响因子不显著的会被剔除，但同时也削弱了模型的准确度。通过蒸腾模型决策灌溉量时，应依据不同天气状况设定使用界限进行选择性决策。

在夏季高温天气下，回归模型的决定系数较高于相对低温条件下。这是因为在低温条件下，植物蒸腾吸水的比例降低，主要以植物自身的生理吸水即根压为主，而与此同时，茎流对影响蒸腾的主要环境因子较敏感，主要是 R_n、T_a、RH$_a$（表 7-1），对于其他的影响因子则选择性忽视。在夏季高温条件下，植物茎流主要是通过蒸腾拉力，对影响蒸腾的环境因子更加敏感，所以所能捕捉到的影响因子更多，模型更加准确，实测值与模拟值的离差和更小。

四、茎流与环境因子的相关性及通径分析

为了进一步对茎流与其影响因子的相关性进行分析，选取 6 月 30 日至 7 月 12 日甜瓜成熟期的茎流及其环境因子。由图 7-5 和图 7-6 的对比可以看出，茎流与温度和相对湿度的变化趋势与典型天气下的变化趋势一致。温度越高，相对湿度越小，水汽压亏缺越大，空气与甜瓜叶片的水势差越大，茎流量越大。6 月 30 日、7 月 1日、7 月 5 日、7 月 6 日、7 月 7 日、7 月 12 日都属于高温，而 7 月 2 日、7 月 3 日、7 月 8 日、7 月 9 日、7 月 10 日是阴雨天，7 月 4 日、7 月 11 日为多云转晴。所以在高温条件下要多次补充灌溉，尤其是在 11:00 ~ 15:00，而在阴雨天要少量浇水，以免水积蓄，在阴天过后的第 1 天要适当补充水分，但不可灌水量过大。

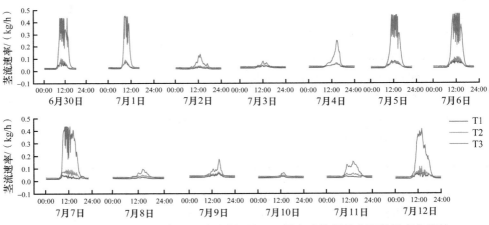

图 7-5　薄皮甜瓜'千玉六号'不同灌溉处理下果实成熟期的茎流量日变化规律

由图 7-6 可知，温度和相对湿度呈负相关，冠层净辐射与 VPD、温度呈正相关，冠层净辐射与相对湿度呈负相关，基质电导率和基质体积含水量呈负相关，所以环境因子相互协同影响茎流。通过对甜瓜茎流速率与基质及空气环境因子进行皮尔逊相关系数和通径分析（表 7-2、表 7-3），发现 T_a、RH$_a$、R_n、VPD、EC 与茎流

的相关性较强，而基质含水量与茎流的相关系数只有 0.078，这可能是因为基质覆膜影响了基质体积含水量。冠层净辐射对茎流的决策系数最大，为 0.049。

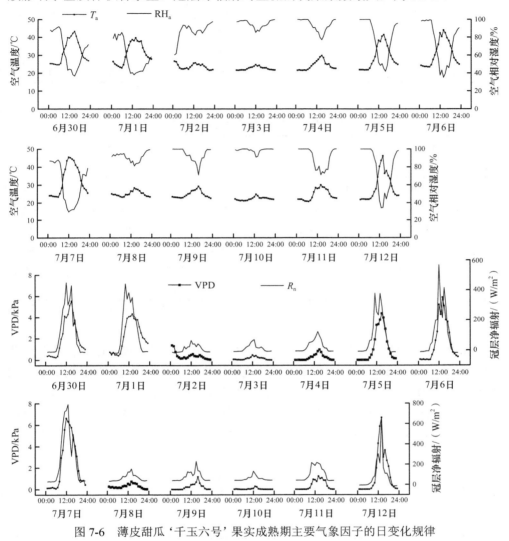

图 7-6　薄皮甜瓜'千玉六号'果实成熟期主要气象因子的日变化规律

表 7-2　薄皮甜瓜'千玉六号'茎流速率与基质及空气环境因子的皮尔逊相关系数

变量	茎流速率	空气温度	空气相对湿度	冠层净辐射	VPD	基质体积含水量	基质电导率
茎流速率	1.000						
空气温度	0.247**	1.000					
空气相对湿度	−0.246**	−0.954**	1.000				
冠层净辐射	0.240**	0.873**	−0.797**	1.000			

变量	茎流速率	空气温度	空气相对湿度	冠层净辐射	VPD	基质体积含水量	基质电导率
VPD	0.247**	0.972**	−0.952**	0.869**	1.000		
基质体积含水量	0.078*	−0.058*	0.126*	0.029*	−0.087*	1.000	
基质电导率	0.253**	0.428**	−0.497*	0.300*	0.448*	0.078**	1.000

注：* 表示在 0.05 水平显著相关，** 表示在 0.01 水平显著相关。下同

表 7-3　基质及空气环境因子对茎流速率的通径分析

自变量	与 Y(SF) 的简单相关系数	直接通径系数	间接通径系数						决策系数
			$X1$	$X2$	$X3$	$X4$	$X5$	$X6$	
X_1	0.248	−0.004		0.004	−0.003	−0.004	0.000	−0.002	−0.002
X_2	−0.248	−0.067	0.064		0.053	0.064	0.033	0.033	0.029
X_3	0.242	0.144	0.126	−0.115		0.125	0.004	0.043	0.049
X_4	0.248	−0.015	−0.015	0.014	−0.013		0.001	−0.007	−0.008
X_5	0.120	0.096	−0.006	0.012	0.003	−0.008		−0.008	0.006
X_6	0.254	0.193	0.083	−0.096	0.058	0.086	−0.015		0.060

注：X_1、X_2、X_3、X_4、X_5、X_6 分别代表空气温度、空气相对湿度、冠层净辐射、VPD、基质体积含水量、基质电导率

　　作物的生长受根系环境和大气环境的共同影响。大气环境会影响作物蒸腾蒸发（Wang et al.，2016），进而影响茎流，主要影响因子依次是冠层净辐射、空气相对湿度、VPD、温度，这与前人研究蒸腾蒸发量的环境响应因子（宝哲等，2012；张大龙等，2014）和茎流的环境响应因子（夏桂敏等，2019）的结果一致。同时根系环境也会影响茎流速率，主要是以 EC 为主，其次为基质体积含水量（图 7-7）。

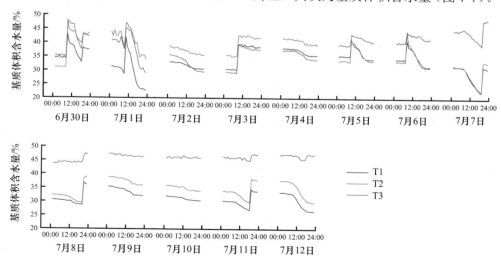

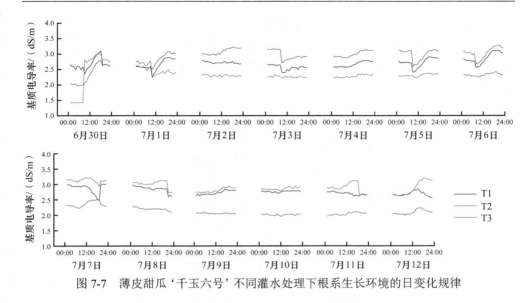

图 7-7　薄皮甜瓜'千玉六号'不同灌水处理下根系生长环境的日变化规律

基质的微环境影响作物根系生长，进而影响整体的水分和营养运输。基质的 EC 值虽然受温度影响（刘文通，1995），但逐步回归分析排除了自变量的共线性（游士兵和严研，2017），所以电导率对蒸腾的影响有可能不仅是由温度和水分引起的，且袁巧霞等（2009）等研究表明，EC 值也与施氮量、温度、水分的互作有显著相关性。由图 7-3g 和 7-4f 可以看到基质电导率越大，茎流量越小。同时 T3 处理的茎流速率显著大于 T2 和 T1 处理，前人研究表明随着盐离子浓度的增加，植物的吸水能力降低（Baas et al.，1995）。植物细胞的水势包括渗透势、压力势、衬质势，渗透势是由细胞中溶质的存在而使细胞的水势降低。根际细胞通过主动吸收方式（根压）和被动吸收方式（蒸腾拉力）吸水，后者较为重要（朱建军，2019）。目前所知根系吸水的途径有三条：质外体途径、跨膜途径、共质体途径，三条途径共同作用完成根部吸水。夏季阴天，植物水分转移主要靠植物自身的生理吸水，晴天时主要靠蒸腾拉力，而蒸腾拉力主要是通过细胞间的跨膜和共质体途径完成水分的转移的。当基质中的 EC 值增大时，离子浓度增大，渗透势降低，水势降低。所以在夏季高温天气下，植物蒸腾更易受基质电导率的影响（Lagerwerff and Eagle，1962；Argentel-Martínez et al.，2019）。

五、茎流对甜瓜干物质积累和分配及产量的影响

由图 7-8 可以看出，随着总的蒸腾失水量的增加，甜瓜的鲜重增加，但总干重减小。根、茎、叶的干重占总干重的比例有差异，但差异不显著。从整体来看，甜瓜的干重主要以叶片为主。蒸腾灌水量对果实的影响较大，灌水量增大会导致甜瓜水含量增加。将不同处理的甜瓜鲜重、干重与总蒸腾蒸发量进行线性拟合，

得到 $Y(FW)=81.329X^{0.6053}$（R^2=0.9），$Y(DW)=132.49X^{-0.21}$（R^2=0.9）。蒸腾失水量越大，甜瓜的鲜重增加，但干物质积累量却呈现减小的趋势，说明水分占鲜重的比例较大。由图 7-9 可以看出，灌水量和蒸腾蒸发量越大，产量越高，但蒸腾蒸发量滞后于灌水量。

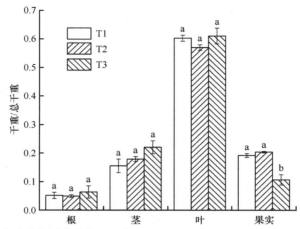

图 7-8 蒸腾蒸发量决策的不同灌水处理对甜瓜不同器官干物质分配的影响

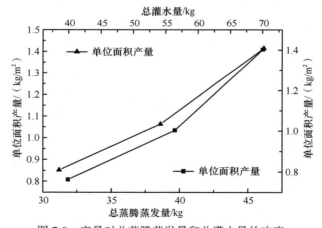

图 7-9 产量对总蒸腾蒸发量和总灌水量的响应

图中三角表示产量对总灌水量的响应，方块代表产量对总蒸腾蒸发量的响应

第二节 温室甜瓜茎流的水分运移动力分析

一、甜瓜蒸腾蒸发量与茎流的关系

通过甜瓜日茎流量总和与称量的日蒸腾蒸发量总和进行比较（图 7-10），T3 的

日茎流量总和变化最大。除 7 月 2 日和 7 月 3 日外，甜瓜的日茎流量总和总是大于称量的日蒸腾蒸发量总和，并且在温度相对较高的情况下差值更明显。将 6 月 30 日至 7 月 12 日的不同处理的日茎流量总和与称量的日蒸腾蒸发量总和进行拟合分析发现（图 7-11），两者没有很强的线性相关性。

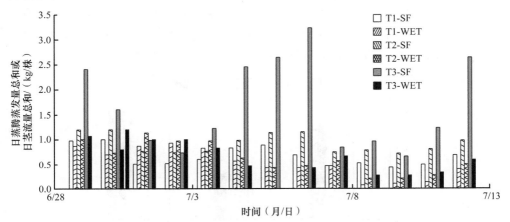

图 7-10　不同处理不同环境条件下的日蒸腾蒸发量总和与日茎流量总和的比较

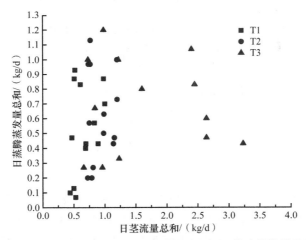

图 7-11　6 月 30 日至 7 月 12 日甜瓜日茎流量总和与日蒸腾蒸发量总和的相关性

刘浩等（2010）认为茎流速率可以表征植物蒸腾蒸发量，所以本研究将称量的日蒸腾蒸发量总和与日茎流量总和进行比较（图 7-10），发现茎流量总和总是高于称量的日蒸腾蒸发量总和，这与前人描述不太相符。可能是由于茎流体现的是植物生理总需水，包括蒸腾还有自身生理生化反应需水，因为植物细胞液泡中大于 90% 的物质为水。而且通过对比还发现 T3 的茎流变化值很大，超出称量的日蒸腾蒸发量的值，远高于 T1、T2，与此相同的是 T3 的鲜重要高于 T1、T2，这可能也与甜瓜的生长状态有关系，植物生长越旺盛，需要的水越多，茎流量也就越大。为了证明这一观点，将 6 月 29 日测量的 3 个不同处理的株高、茎粗、叶面积进行比较（图 7-12），发现不同处理甜瓜的株高、茎粗、叶面积的变化与茎流、称量的蒸腾蒸发量的变化趋势一致。杨启良等（2014）通过试验发现，灌水量越大，小桐子的茎基截面面积和叶面积越大，胡伯尔值显著降低，体现了叶绿素和养分截留的"稀释效应"。同时，Lagerwerff 和 Eagle（1962）的研究表明植物根系含水量少，为了适应盐胁迫而使其叶片面积的减少，并不是直接由于吸水的阻碍。

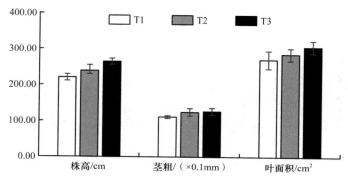

图 7-12　蒸腾蒸发量决策的不同灌水量对甜瓜株高、茎粗、叶面积的影响

　　假设茎流速率在甜瓜中是均匀的，而且是低速运动的，茎基截面对茎流速率起决定作用，不同叶位阻力不同，由此可推导：

$$v_1 = v \times \cos\theta_1 \tag{7-2}$$

$$v_n = v \times \cos\theta_1 \times \cos\theta_2 \times \cdots \times \cos\theta_n \tag{7-3}$$

$$f_n = k v_n \times r_a \tag{7-4}$$

$$W_{need} = \pi \times \left(\frac{d}{2}\right)^2 \times h \tag{7-5}$$

$$W_{out} = W_{need} \times k v r_a \tag{7-6}$$

式中，n 代表叶位数，θ 代表某一叶位与主茎的夹角，f 代表流速阻力，k 为阻力系数，r_a 为叶片阻力，W_{need} 为所需的水量，d 为茎基直径，h 为植株高度，W_{out} 为蒸腾蒸发量。

　　由推导的公式可知，随着甜瓜不断生长，茎流速率应该是逐渐降低的，所以需要靠外界的温度或者 VPD 来调节茎流速率，与此同时甜瓜蒸腾蒸发量应该总是小于植物所吸收水分的总量，这也就解释了图 7-10 的现象。

二、甜瓜茎流对养分吸收的影响

　　环境影响了甜瓜的茎流速率，而茎流速率会影响作物的营养元素吸收，将植株根、茎、叶的 N、P、K 元素进行分析后发现（图 7-13），T3 处理根中 N 含量和茎中的 K 含量高于 T1、T2，但在 0.05 水平上无显著差异，果实中 N、P、K 的差异显著，尤其是 K，随着灌水量的增加而显著减少。这可能是因为灌水量增加造成养分流失。虽然 T3 的茎流量大，但由基质的 EC 值较小，造成细胞渗透压减小、养分积累量少的现象。Chang 等（2019）研究表明增加灌水量有利于基质和土壤 N 淋溶，减少盐分积累，这与 T3 处理 N、P、K 含量较低的现象一致。所以在进行灌溉时，既要关注植物是否缺水，也要关注基质的 EC 值是否满足植物吸收矿质元素的渗透势（张岁岐和山仑，2001；Pedrera-Parrilla et al.，2016）。

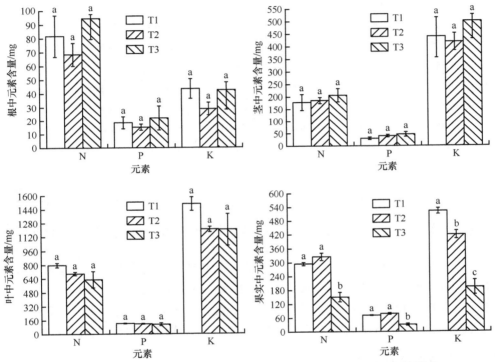

图 7-13　不同灌水处理对甜瓜根、茎、叶、果实中 N、P、K 分配的影响

三、甜瓜的茎粗日变化量

通过对茎粗日变化量的监测，本研究对茎粗的日最大收缩量和日最小收缩量的出现时间进行了分析，发现一般情况下茎粗的日最大收缩量出现在 5:00 ～ 7:00 和 22:00 ～ 24:00，而茎粗日最小收缩量一般出现在 12:00 ～ 16:00（表 7-4），这说明甜瓜白天失水收缩，晚上吸水恢复，这与杜斌等（2018）的研究结果一致。结合图 7-5 的茎流时间启动规律，在进行浇水时保证在茎流启动之前基质的含水量要满足作物需求，可以在 5:00 ～ 7:00 灌水，或者在前一天的晚上设定灌水时间后灌水。

表 7-4　不同处理茎粗日最大收缩量和最小收缩量的出现时间

日期	日最大收缩量出现时间			日最小收缩量出现时间		
	T1	T2	T3	T1	T2	T3
6 月 30 日	23:48:00	6:12:00	5:36:00	16:06:00	15:54:00	15:54:00
7 月 1 日	5:54:00	5:12:00	6:24:00	17:12:00	16:36:00	17:06:00
7 月 2 日	7:36:00	23:42:00	6:24:00	16:48:00	0:48:00	16:42:00
7 月 3 日	23:48:00	23:30:00	22:30:00	0:06:00	0:12:00	0:12:00
7 月 4 日	6:36:00	23:42:00	6:00:00	15:36:00	14:36:00	15:06:00
7 月 5 日	6:30:00	23:54:00	5:42:00	16:30:00	14:36:00	15:18:00
7 月 6 日	7:06:00	6:30:00	23:36:00	17:12:00	22:36:00	15:24:00
7 月 7 日	23:42:00	6:00:00	6:30:00	18:36:00	18:36:00	13:36:00
7 月 8 日	23:54:00	23:42:00	23:54:00	0:06:00	0:30:00	0:00:00
7 月 9 日	23:24:00	23:18:00	4:24:00	15:54:00	0:12:00	16:00:00
7 月 10 日	22:00:00	20:54:00	1:12:00	13:48:00	12:24:00	23:54:00
7 月 11 日	23:48:00	23:54:00	0:00:00	17:30:00	14:48:00	23:54:00
7 月 12 日	6:42:00	6:42:00	0:00:00	14:30:00	14:24:00	14:24:00

第三节　温室番茄对 VPD 与土壤水分耦合调控的效应

番茄是重要的蔬菜作物之一。关于番茄生长和生理响应大气与土壤水分状况方面已经有较多的研究（Leonardi et al., 2000; Lu et al., 2015），但是，大气与土壤水分状况的相互作用的影响尚不清楚。因此，为了明确植物对大气水分和土壤水分的响应机理，本研究探讨了植物水分状况、光合作用、生长和气孔特征的变化。

一、植物水分状况的研究

水是最重要的环境因素之一，对植物的生理代谢过程至关重要。在夏季，中国北方大棚中经常发生由 VPD 引起的干旱胁迫（Zhang et al., 2015）。但是，喷雾可以有效地缓解高蒸发需求。在土壤–植物–大气连续体中，大气蒸发需求推动水从土壤通过植物流向大气。因此，植物的水分状况取决于土壤和大气中的水分亏缺及植物对脱水的调节（de Boer et al., 2011）。但是，植物对干旱条件下蒸发需求调节的响应研究较少。

在高湿度大气中生长的植物蒸腾速率较低，气孔开度和尺寸较大（Arve et al., 2013），而水分胁迫下植物气孔开度和尺寸较小，从而可抑制蒸腾作用（Lu et al., 2015）。然而，对于土壤水分亏缺条件下降低 VPD 后气孔的响应知之甚少。此外，植株的水分状态通过调控水分的吸收和散失达到平衡。尽管低 VPD 和土壤亏缺条件下植株可以减少水分散失，但对于这种条件下植物如何保持水分平衡尚不清楚。

（一）试验材料与设计

试验选用番茄品种'迪芬尼'为试材；试验设置 4 个处理：正常灌水 + 高 VPD（WW+HVPD）；正常灌水 + 低 VPD（WW+LVPD）；土壤干旱 + 高 VPD（WS+HVPD）；土壤干旱 + 低 VPD（WS+LVPD）。VPD 通过由单片机和超声波加湿器组成的微喷雾系统自动调控：HVPD 处理不进行湿度调控；LVPD 处理则是当温室内 VPD 超过1.50kPa 时，微喷雾系统自动启动直至温室内 VPD 达到控制目标值。

（二）蒸腾测定

在土壤介质的表面附有铝箔，以减少水分的蒸腾损失。每天下午，花盆都要称重和浇水，以保持相应的土壤含水量。采用标准称量法，并且通过使用电子天平称量花盆的重量来计算蒸腾速率。用花盆重量的日变化来分析累积蒸腾作用，并在植物的不同生长阶段（幼苗期、营养期和开花期）记录数据。

二、土壤水分和 VPD 耦合对番茄叶片水分状况的影响

干旱胁迫处理使 RWC 和 Ψ_{leaf} 均显著下降。干旱胁迫条件下，LVPD 处理的植株 RWC 和 Ψ_{leaf} 均较 HVPD 处理下的高。LVPD 处理抵消了干旱胁迫引起的 Ψ_{π} 下降。另外，在 WW 和 WS 条件下，LVPD 均可显著提高 Ψ_p（图 7-14）。正常水分条件下，LVPD 和 HVPD 间的 K_{plant} 无显著影响。WS+HVPD 处理下 K_{plant} 较 WW+HVPD 处理下低 47%，在 WS+LVPD 处理下较 WW+LVPD 降低了 36%（图 7-15）。

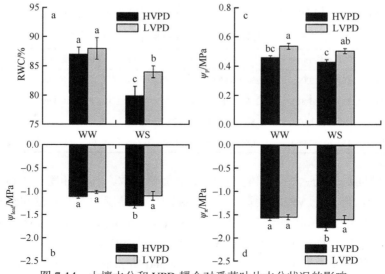

图 7-14 土壤水分和 VPD 耦合对番茄叶片水分状况的影响

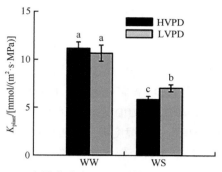

图 7-15　土壤水分和 VPD 对植株水力导度的影响

土壤干旱和高 VPD 条件下会由土壤水分供应不足导致植株发生水分亏缺（Sperry and Love，2015）。本研究中，RWC 和 Ψ_{leaf} 在干旱条件下显著降低，而降低 VPD 后有所恢复。这表明降低 VPD 可缓解土壤干旱胁迫。前人研究表明土壤干旱和高 VPD 均会降低 RWC 和 Ψ_{leaf}（Leonardi et al.，2000；Zhang et al.，2015），这与本研究结果一致。

三、土壤水分和 VPD 耦合对番茄气孔特征的影响

高 VPD 条件下，土壤干旱胁迫处理的植株气孔密度、气孔指数和气孔开度均较正常灌水处理下减小。然而，在土壤干旱条件下，气孔密度、气孔指数和气孔开度在低 VPD 处理下均高于高 VPD 处理下。高 VPD 条件下，同正常灌水相比，土壤干旱处理还使得气孔长度降低，但对气孔宽度无显著影响。土壤干旱条件下，VPD 处理对气孔长度和气孔宽度影响不显著（表 7-5）。

表 7-5　土壤水分和 VPD 耦合对番茄气孔特征的影响

处理	气孔密度 /mm²	气孔指数	气孔长度 /μm	气孔宽度 /μm	气孔开度 /μm
WW+HVPD	108.90±3.01b	0.238±0.004b	31.82±0.62a	20.56±0.53b	1.49±0.13c
WW+LVPD	151.96±3.88a	0.255±0.005a	32.17±0.54a	25.66±0.43a	5.82±0.24a
WS+HVPD	96.21±2.10c	0.184±0.004d	27.97±0.38b	20.13±0.28b	0.98±0.08d
WS+LVPD	113.76±2.06b	0.208±0.004c	29.30±0.46b	20.56±0.35b	3.15±0.22b

气孔导度是植物–大气气体交换的一个重要参数。气孔导度在土壤干旱胁迫下显著降低，但是低 VPD 缓解了干旱诱导的气孔导度的下降。这可能是因为气孔导度对 VPD 的响应依赖于气孔形态对大气水分状况的响应（Lawson and Blatt，2014）。土壤干旱胁迫下气孔开度减少，然而低 VPD 促进了干旱胁迫下气孔的打开。气孔的开闭由细胞膨压调控（McAdam and Brodribb，2016）。本研究中，干旱胁迫下由于叶片脱水而膨压下降，渗透势也显著降低。土壤干旱胁迫下低 VPD

处理的植株由于水分改善，膨压增高，气孔开度增大。土壤水分亏缺条件下，光合作用的调控主要依靠气孔的调节（Varone et al.，2012）。本研究中低 VPD 处理下气孔阻力降低，通过气孔的气体数量增加，胞间 CO_2 浓度增高，这为光合作用的进行提供了充足的原料（Flexas et al.，2016）。

四、土壤水分和 VPD 耦合对番茄气体交换参数的影响

无论高 VPD 还是低 VPD 条件下，与正常灌水处理相比，土壤干旱均使得 P_n 显著降低。但是土壤干旱条件下，低 VPD 处理显著改善了 P_n。G_s 和 C_i 的变化与 P_n 的变化规律相似。在低 VPD 条件下，土壤干旱胁迫下的 T_r 较正常灌水处理下降了 20%；而在高 VPD 条件下，土壤干旱胁迫下的 T_r 较正常灌水处理下降了45%。土壤干旱条件下，T_r 在 HVPD 和 LVPD 处理间无显著差异（图 7-16）；尽管土壤干旱条件下 LVPD 和 HVPD 处理间蒸腾速率无显著差异，但是降低 VPD 显著缓和了高 VPD 下植株水力导度的下降。因此，土壤干旱条件下低 VPD 缓解植株水分状况：一方面是由于低 VPD 降低了蒸腾需求，另一方面是由于低 VPD 改善了水分在植株体内的运输情况。

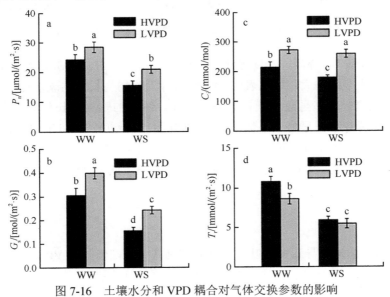

图 7-16　土壤水分和 VPD 耦合对气体交换参数的影响

五、土壤水分和 VPD 耦合对番茄植株生长参数的影响

同 WW+HVPD 相比，WS+HVPD 显著抑制了植株的生长。土壤干旱条件下，低 VPD 处理的植株叶面积和总干重分别较高 VPD 处理下增加了 19.05% 和17.59%。同时，高 VPD 条件下，土壤干旱处理下的根冠比较正常灌水处理显著提

高；土壤干旱条件下，低 VPD 处理下的根冠比较高 VPD 显著降低（表 7-6）。生长分析表明，RGR 和 NAR 的变化与总干重相似，但是土壤水分和 VPD 处理对 LAR 无显著影响（图 7-17）。因此，低 VPD 缓解了干旱胁迫导致的植物生长抑制。

表 7-6　土壤水分和 VPD 耦合对番茄植株生长参数的影响

处理	叶面积 /m²	总干重 /g	株高 /cm	根冠比
WW+HVPD	0.30±0.02a	44.62±1.65a	79.9±2.4a	0.17±0.01b
WW+LVPD	0.31±0.01a	45.70±2.31a	83.3±3.9a	0.10±0.01c
WS+HVPD	0.21±0.01c	29.62±1.21c	67.3±2.4b	0.24±0.02a
WS+LVPD	0.25±0.02b	34.83±1.36b	69.3±2.5b	0.17±0.01b

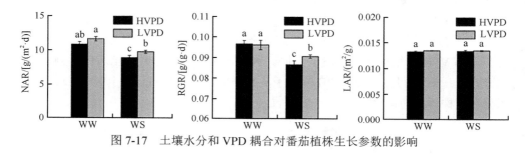

图 7-17　土壤水分和 VPD 耦合对番茄植株生长参数的影响

　　干旱胁迫条件下降低 VPD 可缓解植株总干重、RGR、NAR 的降低，这主要是因为光合速率的增大。研究表明光合作用可为植物生长提供碳水化合物，植株的生物量与光合速率呈显著正相关关系。叶片细胞的膨大生长和膨压直接相关，膨压的增加解释了干旱胁迫下低 VPD 处理叶面积的增大（Devi et al., 2015）。较大的叶面积也增加了光的截获率，有利于光合作用的提高。此外，干物质的分配可以反映出植物生长过程中环境的限制。土壤干旱下低 VPD 处理使根冠比降低则说明植物对水分吸收有所改善。

六、小结

　　土壤水分胁迫可导致植株叶片脱水并抑制其生长，但降低 VPD 可显著缓解这种不利影响。土壤干旱条件下，降低 VPD 处理可通过减少蒸腾需求、提高植株水力导度，来实现水分供需间的平衡、维持气孔的开放；此外，降低 VPD 还可促进气孔的发育，最终缓解了气孔对气体扩散的限制作用，改善了光合作用和生长状况。

第四节　温室黄瓜对 VPD 与土壤水分耦合调控的效应

　　在冬季温室中，午间 VPD 估计为 2.5 kPa，甚至可以达到 4.5kPa，而适合黄瓜生长的 VPD 为 1.5kPa。另外，由于温室封闭半封闭引起的室内 CO_2 浓度降低，不能满足植物的光合作用需求。因此，有必要通过调节 VPD 和土壤水分（SM）来研究 VPD 与 SM 耦合对冬季黄瓜生长发育的影响，并为实际生产中的温室黄瓜冬季栽培提供实用的理论依据。

一、环境数据分析

冬季日照 8:00 ～ 20:00 时 VPD 值差异较大，温室的高 VPD 值与低 VPD 值存在差异。在冬季，高 VPD 环境的 VPD 值维持在 2.5kPa，最高可达到 4.5kPa；通过人工加湿系统可将低 VPD 环境保持在 1.5kPa 以下，而在不使用加湿系统的情况下可以获得较高的 VPD（图 7-18）。

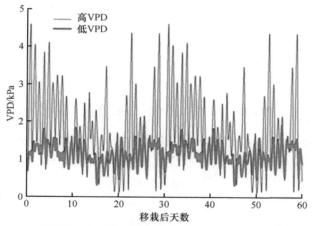

图 7-18　冬季温室内水汽压亏缺的典型日变化规律（以黄瓜为例）

二、土壤水分和 VPD 耦合对黄瓜叶片 RWC 的影响

图 7-19 描述了在试验期间观察到的黄瓜植株 RWC 的变化。结果表明，WS+LVPD 处理的 RWC 比 WS+HVPD 处理在苗期和营养期分别降低 7% 和 10%。与此同时，在 WS+LVPD 处理下，黄瓜植株开花期的 RWC 与 WS+HVPD 处理相比增加了 3%。

大气水汽压亏缺是决定植物系统中水的输送速率和蒸腾速率的重要因素。此外，它还涉及在 WS 条件下调节植物生产力的方法（Du et al.，2018a）。我们的研究表明，在没有干旱胁迫且 VPD 较低的情况下，黄瓜的 RWC 会显著增加。这种情况背后的原因可能是黄瓜最大程度地吸收了水分和养分，从而提高了光合作用的效率。这些结果与先前报道的研究一致（Sperry and Love，2015）。因此，RWC 被认为是评估 WS 条件下水分平衡的关键因素。

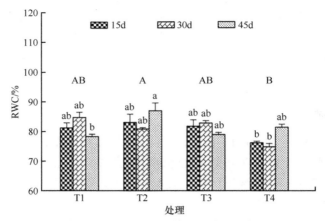

图 7-19　水汽压亏缺和土壤水分耦合对黄瓜叶片相对含水量（RWC）的影响

数据表示均值 ± 标准误差（n=10）。柱上不同小写字母表示黄瓜同一生育时期不同处理间 RWC 差异显著（$P < 0.05$），不同大写字母表示全生育期不同处理间 RWC 差异显著（$P < 0.05$）。T1：高 VPD + 正常灌水（90%）；T2：低 VPD + 正常灌水（90%）；T3：高 VPD + 土壤干旱（60%）；T4：低 VPD + 土壤干旱（60%）。黄瓜：第 1 ～ 15 天为苗期；第 15 ～ 30 天为营养期；第 30 ～ 45 天为开花期。下同

三、土壤水分和 VPD 耦合对黄瓜叶片 EC 的影响

图 7-20 显示了试验期间观察到的黄瓜植株 EC 的变化情况。研究数据表明，在低 VPD 条件下，黄瓜植株的 EC 在苗期和营养期较高。与 WS+HVPD 处理相比，WS+LVPD 处理的 EC 在苗期和营养期分别提高了 12% 和 6%，而在开花期则降低了 24%。先前的研究表明，EC 在决定不同环境条件下植物的成活率方面起着至关重要的作用（Garty et al.，2000）。在我们的研究中，黄瓜在高 VPD 条件下的 EC 值在 WW（90%）条件下均较低，与前人的研究一致（Porcel et al.，2012）。相比之下，在低 VPD 条件下，黄瓜在 WS（60%）处理的 EC 值较高。我们的研究与之前的报道相一致（Bajji et al.，2002）。这肯定了 EC 在恶劣大气条件下植物生存中的作用。

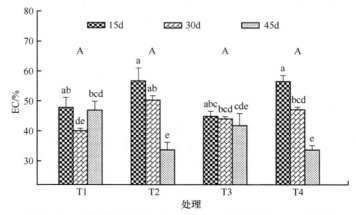

图 7-20　水汽压亏缺和土壤水分耦合对黄瓜叶片 EC 的影响

四、土壤水分和 VPD 耦合对黄瓜叶片气体交换参数的影响

气体交换参数与净光合碳同化量有关。因此，气孔导度在气体交换中起着至关重要的作用。在黄瓜不同的生育期间隔内测量了气体交换参数，如胞间 CO_2 浓度（C_i）、气孔导度（G_s）、净光合速率（P_n）和蒸腾速率（T_r）。在黄瓜植株中，C_i 发生了显著变化，其中 LVPD+WS 处理的胞间 CO_2 浓度较高。然而，营养期 LVPD+WS 处理与 HVPD+WS 处理相比，C_i 增加了 50.7%。经 WS（60%）处理过的植物，在低 VPD 下观察到最大的 C_i。气孔导度和净光合速率呈现出相同的趋势。在灌溉水平 WW（90%）和 WS（60%）下，VPD 值越低，G_s、P_n 和 T_r 越高。LVPD+WS 处理与 HVPD+WS 处理相比，其 G_s 在苗期、营养期和开花期分别提高了 29%、40%、41%。净光合速率也表现出与气孔导度相似的趋势，在 LVPD+WS 处理下的营养期，发现 P_n 升高了 8.6%。对于 T_r，在低 VPD 条件下的 WW（90%）和 WS（60%）处理中，在营养期和花期均有较高的值。在 LVPD+WS 处理下，苗期的 T_r 增加 21%（图 7-21）。

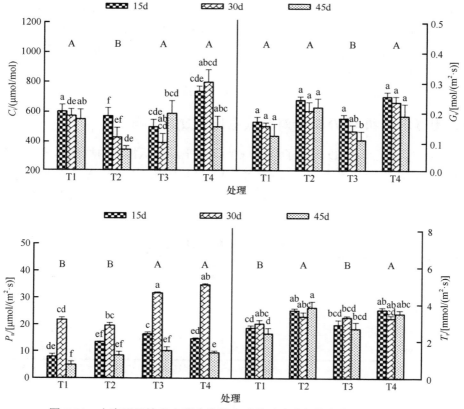

图 7-21　水汽压亏缺和土壤水分耦合对黄瓜叶片气体交换参数的影响

光合作用在植物生长和发育中起着关键作用。它直接影响植物中生物量的产生和产量。结合气体交换参数，生长分析结果表明，提高光合能力对植物生产力有显著影响。在本研究中，在 LVPD+WS 处理下生长的黄瓜光合速率高于其他处理。光合速率的提高可以归因于气孔关闭的调节和 CO_2 吸收的限制。我们的研究与先前的研究（Du et al.，2018a）相一致。气孔关闭过程主要由保卫细胞调控（Buckley，2005），原因是植物的水分状况、水的运输过程和膨胀压力之间的直接联系会影响保卫细胞的生理特性。此外，在 LVPD+WS 处理下，黄瓜植株具有较高的保卫细胞变质性，以维持对 CO_2 的大量利用。

气体交换参数与净光合碳同化量有关。因此，气孔导度在气体交换中起着至关重要的作用。在我们的研究中，低 VPD 处理下，植株在所有浇灌水平中［WW（90%）和 WS（60%）］均表现出较高的气体交换率。获得的结果可能是由于水分状况对气孔形态的影响（Lawson and Blatt，2014）。低 VPD 可以弥补 WS（60%）处理植株气孔缩小的缺陷。McAdam 和 Brodribb（2016）报道了由低 VPD 与高 VPD 引起的叶片膨胀。另外，在低 VPD 条件下，WW（90%）处理增加了植株干物质量，而 WS 植株的生长却受到了损害。这可能是由于低 VPD 处理下 WW（90%）提高了光合活性。之前的研究报告了生物量和光合作用之间的相关性，因为更高的光合活性增加了碳水化合物的同化能力（Devi et al.，2015）。VPD 技术的应用充分减少了水分的损失，提高了水分利用效率。因此，VPD 可推荐用于一般作物种植，以解决常规灌溉过程中的水分流失问题。

五、土壤水分和 VPD 耦合对黄瓜生长参数的影响

如表 7-7 所示，VPD 改变了 WS（60%）水平下黄瓜植株的株高和茎粗。在黄瓜植株中，我们的结果表明，与 HVPD+WS 处理相比，LVPD+WS 处理的株高和茎粗分别提高了 3.2% 和 5.1%。然而，在作物的大部分处理之间均能观察到显著的差异。

表 7-7　水汽压亏缺和土壤水分耦合对黄瓜植株株高与茎粗的影响

处理	株高 /cm	茎粗 /mm
WW+HVPD	128.5±4.6bc	6.1±0.1bcd
WW+LVPD	146±6.61a	6.5±0.1abc
WS+HVPD	131.5±5.2b	5.9±0.1cd
WS+LVPD	135.7±3.1ab	6.2±0.2bcd

注：数据表示均值 ± 标准误差（n=10），列中不同小写字母表示处理之间存在显著性差异（$P < 0.05$）

在控制环境下，调查了 VPD 和 SM 对温室环境与栽培品种生长的影响。本研究发现，在控制环境下可以通过调节光合作用来促进品种的生长（Lu et al.，

2015）。植株高度和生长发育直接受 WS 的影响。植物体内水分输送受阻会影响植物的生长发育（Alghabari and Ihsan，2018）。然而，前人研究表明，在水分充足的情况下，VPD 对植株高度和茎粗并没有显著影响。植物的生理生化过程在胁迫条件下发生变化，从而影响正常生长（Ahmad et al.，2018）。水分和养分利用效率降低，导致光合作用下降，源库关系发生变化。我们的结果也与以前的报告一致（Lawson and Blatt，2014）。在我们的研究中还观察到，在所有给定条件下，黄瓜植株的株高和茎粗都相对增加，这表明 VPD 可能对不同植物种的株高有显著的提高作用。

灌溉水平的变化对植株的鲜、干生物量有显著影响。与高 VPD 处理相比，低 VPD 处理下黄瓜植株的鲜、干生物量均增加。与 HVPD+WS 处理相比，LVPD+WS 处理下植株的鲜生物量提高了 4.9%，干生物量提高了 5.1%（图 7-22）。

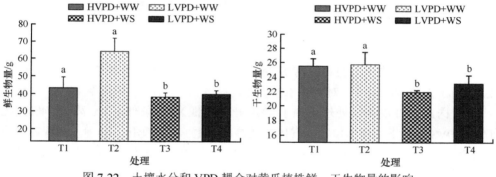

图 7-22　土壤水分和 VPD 耦合对黄瓜植株鲜、干生物量的影响

生物量通常被认为是植物整体生长良好的指标。VPD 可以调控植物的生长、产量和总生物量（Sellin et al.，2015）。总生物量会受到高 VPD 的限制（Du et al.，2018a）。在我们的试验中，黄瓜在 LVPD+WW 条件下具有较大的生物量，而在 HVPD+WS 条件下，植物的生物量较低。原因可能是由雾化系统（低 VPD）导致光合作用速率增加，植物生物量与光合作用密切相关的观点得到了广泛的认可，因为光合作用为植物生长提供淀粉（Devi et al.，2015）。之前的研究也报道了类似的结果（Du et al.，2018a）。

六、土壤水分和 VPD 耦合对黄瓜叶绿素含量的影响

在我们的试验中，T1、T2、T3 处理黄瓜叶片的叶绿素含量随着时间的推移逐渐增加，而 T4 处理黄瓜叶片的叶绿素含量在开花期减少。LVPD+WS 处理与 HVPD+WS 处理相比，苗期、营养期和开花期叶绿素含量分别提高了 30%、33% 和 15%。在黄瓜植株处于开花期时，LVPD+WW 处理下的叶绿素含量最高（图 7-23）。

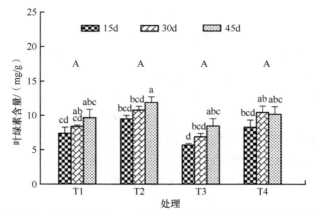

图 7-23　土壤水分和 VPD 耦合对黄瓜叶片叶绿素含量的影响

七、小结

对于黄瓜植株，与 HVPD+WS 处理相比，LVPD+WS 处理的株高和茎粗分别增加了 3.2% 和 5.1%。对黄瓜 RWC 的数据分析表明，在开花期 LVPD+WS 处理的植株比 HVPD+WS 处理增加了 3%；开花期低 VPD 条件下 EC 降低 24%。在 LVPD+WS 处理下，黄瓜植物的气体交换参数发生了显著变化，其中，在营养期的 LVPD+WS 处理，C_i 和 P_n 分别提高 50.7% 和 8.6%；LVPD+WS 处理条件下，G_s 在苗期、营养期和开花期分别提高 29%、40% 和 41%；苗期 T_r 增加 21%。与 HVPD+WS 处理相比，LVPD+WS 处理下的鲜生物量提高了 4.9%，而干生物量提高了 5.1%。在 LVPD+WS 处理下，黄瓜植株苗期、营养期和开花期的叶绿素含量分别提高了 30%、33% 和 15%。

综上所述，低 VPD 处理可显著提高光合速率，增加植物耗水量和产量，但对植物水分利用效率的影响不显著。较低水平的 SM［即 WS（60%）处理］显著提高了生长前的光合速率，降低了植物耗水量并提高了水分利用效率，最终显著提高了产量。VPD 和 SM 的耦合作用显著促进了光合速率的提高，并提高了植物在营养和生殖阶段的水分利用效率与生长。

第八章　温室环境与作物水分运移机制及模型构建

【导读】本章主要介绍了温室 SPAC 系统中水分传输调控的时空尺度效应，研究了环境因子对植物蒸腾的驱动和调控作用，阐述了与甜瓜水分传输模型相关的理论基础；探讨了环境因子对黄瓜气孔导度与水力导度的影响；构建了一系列与温室水分传输有关的模型，包括环境因子驱动的甜瓜、黄瓜蒸腾与耗水模型。

第一节　温室 SPAC 系统水分传输调控的时空尺度效应

在设施作物栽培中，作物蒸腾耗水量不仅是灌溉的依据，而且同时对温室内的环境管理有重要参考意义。现代农田水利学把土壤-植物-大气当作一个物理上的统一的连续体系（SPAC 系统）进行动态、定量的研究。SPAC 系统外部环境条件多变，但系统内部的结构与层次是可以分解和划分的，而且都是开放系统，互相之间存在着频繁的物质与能量交换。土壤和微气象环境因子是影响 SPAC 系统稳定的因素，进而决定作物蒸腾耗水量。对于温室生产系统，作物的生长环境发生了很大变化，温室结构和建筑材料均会影响到作物生长的微环境，温室环境因子的动态变化因小气候效应比大田栽培环境更为复杂，进而调控温室内 SPAC 系统的水热动态（Qiu et al.，2013a，2013b）。此外，由于温室内具有环境调控设备，作物生产周期延长，可以实现作物周年栽培，不同栽培季节植物的水热动态响应存在较大差异。近年来，国内外学者对设施栽培条件下蔬菜作物的耗水规律及其与气象环境因子、土壤环境因子和植株发育参数等的定量关系进行了大量研究（Gázquez et al.，2008），为优化灌溉措施提供了重要的理论依据。但是，作物蒸腾与温室环境因子的定量研究多具有地域限制和季节限制，普适性较差，因而限制了其应用推广。

环境因子对植物蒸腾的驱动和调控作用是一个复杂的网络系统，各因子并不是孤立存在的，因子之间存在着错综复杂的交互作用。近年来，温室环境因子协同调控植物蒸腾的机理已受到重视，部分研究利用通径分析和决策系数分析了叶片与单株水平上各因子调控蒸腾的路径并量化了其作用力，初步明确了各因子之间的协同作用（张大龙等，2015）。这些研究将各因变量的变化范围视作连续点，变量间的协同作用基于数据点之间的关系，但蒸腾对各单个环境因子的响应因其波动范围而存在较大差异，因此简单相关系数很难全面地描述环境因子之间的协同作用。将因子之间对蒸腾的协同调控由点尺度向面尺度的提升对作物水分生理研究具有重要意义。在 SPAC 系统中，气孔气态失水与植物液态供水之间存在协调和动态平衡关系，气孔导度与植物水力导度是植物响应环境变化和调控气相阻抗、液相阻抗的生物物理因子。气孔-水力导度系统如何协同响应环境变化并调控植物蒸腾成为植物与水分关系的研究热点，但这方面的研究主要集中于树木，在温室作物中鲜见报道，限制了对植物蒸腾这一生命活动的完整理解与描述。将细胞水平的气孔导度对环境变化的响应过程与土壤-植物-大气连续体中水力系统理论进行融合，这无疑有益于为农业生态系统的水分模型工作提供新的理论支撑。

一、甜瓜生长发育过程中植株蒸腾与其调控因子关系的变化特征

在甜瓜生长发育过程中，环境因子、生理生态因子及作物生长参数与甜瓜蒸腾的相关系数如表 8-1 所示。除空气相对湿度对作物蒸腾具有抑制作用外，空气温度、VPD 和光合有效辐射对蒸腾均有显著促进效应。各生理生态因子对蒸腾的调控作用存在时间和空间变异性：在营养生长期和生殖生长期典型日动态变化中，各因子与叶片蒸腾速率均呈现显著性相关，而且叶片水平的相关系数高于单株水平。作为生理生态因子，气孔导度（冠层导度）和叶片水力导度（单株水力导度）对蒸腾的调控作用主要体现在短时间尺度上，其与蒸腾速率的相关系数在日尺度上逐渐下降；而且，气孔导度（冠层导度）和叶片水力导度（单株水力导度）在营养生长期与蒸腾的相关性高于生殖生长期。在作物较长时间尺度的耗水进程中，作物单株总叶面积与蒸腾量显著性相关，单株总叶面积在营养生长期与作物蒸腾量的相关系数最高，是调控日蒸腾量的主要因子，进入生殖生长期后，单株总叶面积与蒸腾量的相关性降低；环境因子中仅 VPD 与单株日蒸腾量显著相关。

表 8-1　蒸腾主控因子的时空尺度效应

生育期	时间尺度	空间尺度	T	RH	VPD	PAR	$G_s/G_{s\text{-}c}$	K_{leaf}/K_{plant}	L
营养生长期	时	叶片水平	0.65^{**}	-0.67^{**}	0.86^{**}	0.72^{**}	0.76^{**}	0.78^{**}	
		单株水平	0.45^{*}	-0.41^{*}	0.68^{**}	0.52^{*}	0.56^{*}	0.69^{*}	
	日	叶片水平	0.52^{*}	-0.58^{*}	0.79^{**}	0.58^{*}	0.47	0.37	
		单株水平	0.34	-0.26	0.45^{*}	0.35	0.37	0.41	0.92^{**}
生殖生长期	时	叶片水平	0.55^{*}	-0.45^{*}	0.76^{**}	0.57^{*}	0.56^{*}	0.58^{*}	
		单株水平	0.45^{*}	-0.26	0.53^{*}	0.38	0.35	0.42	
	日	叶片水平	0.56^{*}	-0.48^{*}	0.70^{*}	0.53^{*}	0.41	0.42	
		单株水平	0.39	-0.37	0.55^{*}	0.45	0.36	0.35	0.64^{*}

注：* 表示 $P < 0.05$；** 表示 $P < 0.01$。T，空气温度（℃）；RH，相对湿度（%）；VPD，水汽压亏缺（kPa）；PAR，光合有效辐射（W/m²）；G_s，气孔导度 [mmol/(m²·s)]；$G_{s\text{-}c}$，冠层导度 [mmol/(m²·s)]；K_{leaf}，叶片水力导度 [mmol/(m²·s·MPa)]；K_{plant}，单株水力导度 [mmol/(m²·s·MPa)]；L，单株总叶面积（cm²）

二、蒸腾生物物理调控与形态发育调控之间的耦合关系

单株总叶面积是长时间尺度上蒸腾调控的重要形态参数，主要由作物动态发育进程中的重要参数相对生长速率（RGR）和净同化速率（NAR）决定。本研究中，甜瓜营养生长期与生殖生长期蒸腾调控的生物物理调控因子冠层导度和单株水力导度与作物相对生长速率（RGR）及净同化速率（NAR）均呈现出显著的线性相关关系（图 8-1）。相对生长速率（RGR）和净同化速率（NAR）是表征作物光合能力的重要指标，因此，冠层导度和单株水力导度与作物光合能力密切相关，进而可通过调控作物叶面积间接影响单株水平上作物的蒸腾量。

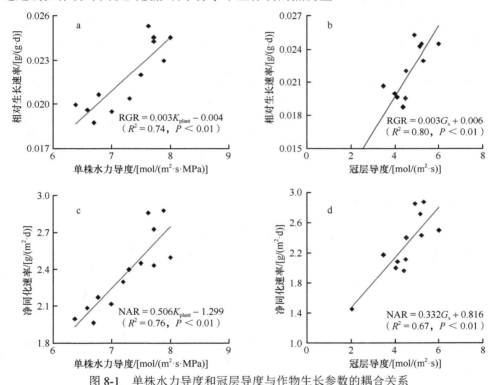

图 8-1　单株水力导度和冠层导度与作物生长参数的耦合关系

a. 相对生长速率与单株水力导度的关系；b. 相对生长速率与冠层导度的关系；

c. 净同化速率与单株水力导度的关系；d. 净同化速率与冠层导度的关系

第二节　温室综合环境因子调控水分传输的效应

一、叶片尺度上甜瓜蒸腾速率的影响因子分析

（一）试验设计

试验选用的厚皮甜瓜品种为'一品天下 208'，由杨凌千普农业开发有限公司提供。试验因子为土壤相对含水量、空气温度、相对湿度和光合有效辐射 4 个因子。采用四元二次正交旋转组合设计 1/2 实施（袁志发，2000），各因子水平设计及编码见表 8-2。试验设计如表 8-3 所示，共计 23 个处理组合。幼苗于四叶一心期定植于相同规格的花盆内，根据水量平衡法（张大龙等，2013）进行水分处理，定植 40d 后于伸蔓期选择长势一致的健壮植株进行可控环境下的蒸腾试验。

表 8-2　试验因子水平设计及编码

因子	水平及编码				
	−1.682	−1	0	1	1.682
土壤相对含水量 /%	50	58.1	70	81.9	90
空气温度 /℃	8	14.5	24	33.5	40
相对湿度 /%	55	63.1	75	86.9	95
光合有效辐射 /[μmol/(m²·s)]	200	463.6	850	1236.4	1500

表 8-3　试验方案设计

处理	土壤相对含水量 /%	空气温度 /℃	相对湿度 /%	光合有效辐射 /[μmol/(m²·s)]
1	81.9	33.5	86.9	1236.4
2	81.9	33.5	63.1	463.6
3	81.9	14.5	86.9	463.6
4	81.9	14.5	63.1	1236.4
5	58.1	33.5	86.9	463.6
6	58.1	33.5	63.1	1236.4
7	58.1	14.5	86.9	1236.4
8	58.1	14.5	63.1	463.6
9	90	24	75	850
10	50	24	75	850
11	70	40	75	850
12	70	8	75	850
13	70	24	95	850
14	70	24	55	850

续表

处理	土壤相对含水量 /%	空气温度 /℃	相对湿度 /%	光合有效辐射 /[μmol/(m²·s)]
15	70	24	75	1500
16	70	24	75	200
17	70	24	75	850
18	70	24	75	850
19	70	24	75	850
20	70	24	75	850
21	70	24	75	850
22	70	24	75	850
23	70	24	75	850

在每一试验植株中部选 3 片生长健壮的成熟叶片，应用美国 LI-COR 公司生产的 Li-6400 型光合作用系统，按照表 8-3 测定不同环境因子组合下的叶片气体交换参数：蒸腾速率和气孔导度。利用 LED 光源控制光合有效辐射强度，通过安装高压浓缩 CO_2 小钢瓶控制叶室 CO_2 浓度为 400μmol/mol，气体流速为 400μmol/s。每个叶片重复 3 次，取平均值进行分析。

（二）回归模型建立

对不同环境组合下甜瓜蒸腾速率的测定结果进行回归分析，求得四元二次回归方程为

$$y=1.897+0.405x_1+0.803x_2-0.296x_3+0.527x_4-0.026x_1^2+0.020x_2^2-0.099x_3^2$$
$$+0.377x_4^2-0.270x_1x_2+0.097x_1x_3+0.075x_1x_4+0.075x_2x_3+0.097x_2x_4-0.270x_3x_4 \quad (8\text{-}1)$$

式中，y 为蒸腾速率，x_1、x_2、x_3、x_4 为土壤相对含水量、空气温度、相对湿度、光合有效辐射。

对所得回归方程进行显著性检验与方差分析，分析结果见表 8-4。回归方程模型 F=28.06，大于 $F_{0.01}(7,15)$=4.14，回归是极显著的。失拟检验的统计量 F_1=2.835，小于 $F_{0.05}(7,8)$=3.5，说明失拟项在 0.05 水平不显著，所以认为模型是合适的，可用于甜瓜蒸腾速率的预测。其中，一次项均达到极显著水平，说明土壤相对含水量、空气温度、相对湿度和光合有效辐射均对蒸腾有重要作用。在交互项中，x_1x_2 和 x_3x_4 均达到极显著水平，说明土壤相对含水量和空气温度、相对湿度和光合有效辐射对蒸腾速率的调控存在明显的交互作用。

表 8-4　蒸腾速率回归方程的方差分析

方差来源	平方和	自由度	F 值	P 值
x_1	2.247	1	42.513	**

方差来源	平方和	自由度	F 值	P 值
x_2	8.805	1	166.584	**
x_3	1.201	1	22.720	**
x_4	3.799	1	71.880	**
x_1^2	0.012	1	0.232	0.642
x_2^2	0.005	1	0.102	0.756
x_3^2	0.167	1	3.160	0.113
x_4^2	2.271	1	42.961	**
x_1x_2	1.166	1	22.065	*
x_1x_3	0.152	1	2.877	0.128
x_1x_4	0.090	1	1.702	0.228
x_2x_3	0.090	1	1.702	0.228
x_2x_4	0.152	1	2.877	0.128
x_3x_4	1.166	1	22.065	**
模型	21.317	14	28.806	**

注：* 表示 $P < 0.05$，** 表示 $P < 0.01$。下同

（三）因子效应分析

环境因子对蒸腾作用的主效应分析：由于式（8-1）中应用的是无量纲线性编码代换，偏回归系数已标准化，根据其绝对值可判断因子的重要程度，系数正负号表示因子的作用方向。式（8-1）中一次项 x_1、x_2、x_4 的系数均为正值，说明土壤相对含水量、空气温度和光合有效辐射对蒸腾都有促进效应，由大到小为空气温度、光合有效辐射、土壤相对含水量，一次项 x_3 的系数为负值，说明相对湿度对蒸腾为抑制作用。交互项 x_1x_2 和 x_3x_4 的系数为负值，说明土壤相对含水量与空气温度及相对湿度和光合有效辐射对蒸腾速率的增加具有交互抑制作用。

环境因子对蒸腾作用的单因子效应分析：由于试验设计满足正交性，模型中各项偏回归系数彼此独立，因此可对回归模型进行降维，得到各因子对蒸腾速率影响的一元二次偏回归模型。仅考虑单一因素对因变量的影响，将分析因素以外的其他因素固定为零水平，对式（8-1）进行降维处理得到各单因子对植株蒸腾速率的影响模型如下。

$$y_1=1.897+0.405x_1-0.026x_1^2$$
$$y_2=1.897+0.803x_2+0.020x_2^2$$
$$y_3=1.897-0.296x_3-0.099x_3^2 \quad (8-2)$$
$$y_4=1.897+0.527x_4+0.377x_4^2$$

对上述单因子效应模型作图（图 8-2），除相对湿度对蒸腾速率为负效应外，土壤相对含水量、空气温度和光合有效辐射均表现为正效应。由于土壤相对含水量、空气温度对蒸腾速率影响的二次项系数均不显著，因此其单因子效应趋近于线性函数，其中蒸腾速率随土壤相对含水量与空气温度的上升而上升，表现出正相关关系。相对湿度的单效应函数则与之相反，对蒸腾速率表现出抑制作用，其负效应随相对湿度的增高而增高。光合有效辐射对蒸腾速率影响的二次项系数为极显著水平，其单因子效应函数为开口向上的抛物线函数：蒸腾速率随光合有效辐射的增强缓慢升高，超过编码值零水平后，蒸腾速率大幅提升，并且其正效应超过土壤相对含水量与空气温度。

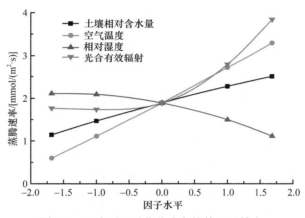

图 8-2　环境因子对蒸腾速率的单因子效应

环境因子对蒸腾作用的边际效应分析：分别对上述单因子效应函数式求导，得到甜瓜蒸腾速率随土壤相对含水量 x_1、空气温度 x_2、相对湿度 x_3 和光合有效辐射 x_4 编码变化的边际函数。

$$y_1'=0.052x_1+0.405$$
$$y_2'=0.040x_2+0.803$$
$$y_3'=-0.198x_3-0.296$$
$$y_4'=0.754x_4+0.527$$

(8-3)

对边际效应进行作图，如图 8-3 所示，土壤相对含水量和空气温度的边际效应随编码值的递增变化较平缓，且在试验编码范围内均为正效应。光合有效辐射对蒸腾的边际效应随编码值的增加呈递增趋势，相对湿度的边际效应则随编码值的增加而呈递减趋势。边际效应方程与 X 轴相交之处为最适宜编码值，相对湿度与光合有效辐射的最适宜编码值分别为-1.49 和-0.69。在最适宜编码值之前，相对湿度的边际蒸腾速率为正效应，说明随着编码值的增加，边际蒸腾速率的累加值增大，超过最适宜编码值-1.49 后，边际蒸腾速率为负效应，说明边际蒸腾速率随编码值的升高而递减；光合有效辐射对蒸腾的边际效应则与之相反。

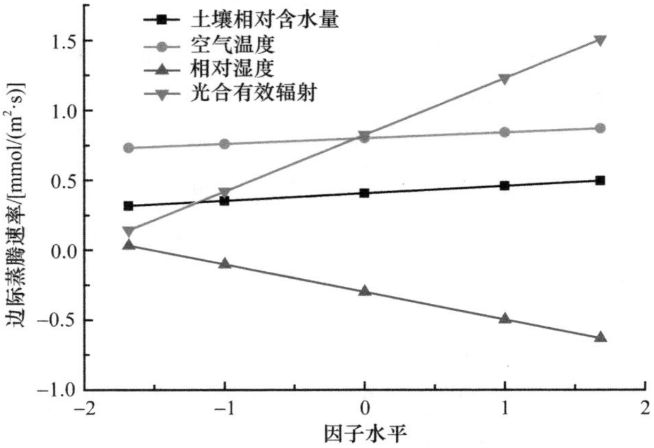

图 8-3　环境因子对蒸腾速率的边际效应

二、温室环境因子驱动甜瓜单株水平水分传输的机制

（一）回归模型建立

对不同环境因子组合下的甜瓜蒸腾量进行回归分析，求得四元二次回归方程：

$$y=0.173+0.0061x_1+0.096x_2-0.038x_3+0.028x_4+0.0003x_1^2+0.006x_2^2-0.010x_3^2$$
$$-0.033x_4^2+0.019x_1x_2+0.003x_1x_3-0.003x_1x_4-0.003x_2x_3+0.003x_2x_4+0.019x_3x_4 \quad （8\text{-}4）$$

式中，y 为甜瓜蒸腾量，x_1、x_2、x_3、x_4 分别为土壤相对含水量、空气温度、相对湿度、光合有效辐射。

对所得回归方程进行显著性检验与方差分析，分析结果见表 8-5。回归方程模型 $F=4.8$，大于 $F_{0.01}(7,15)=4.14$，回归是显著的，模型可用于甜瓜蒸腾量的预测。其中，一次项均达到显著水平，说明土壤相对含水量、空气温度、相对湿度和光合有效辐射均对蒸腾有重要作用。由于模型应用的是无量纲线性编码代换，偏回归系数已标准化，根据其绝对值大小可判断因子的重要程度，系数正负号表示因子的作用方向。一次项 x_1、x_2、x_4 系数均为正值，说明土壤相对含水量、空气温度和光合有效辐射均对蒸腾具有促进作用，作用大小为空气温度＞土壤相对含水量＞光合有效辐射。一次项 x_3 系数为负值，说明相对湿度对蒸腾量具有抑制作用。

表 8-5　蒸腾量回归方程的方差分析

方差来源	平方和	自由度	F 值	P 值
x_1	0.051	1	13.833	***
x_2	0.126	1	29.166	***
x_3	0.030	1	9.759	*
x_4	0.020	1	5.620	*

续表

方差来源	平方和	自由度	F 值	P 值
x_1^2	0.001	1	0.230	0.767
x_2^2	0.001	1	0.251	0.707
x_3^2	0.002	1	0.440	0.576
x_4^2	0.017	1	4.147	0.082
x_1x_2	0.006	1	1.491	0.272
x_1x_3	0.0012	1	0.236	0.764
x_1x_4	0.0002	1	0.136	0.854
x_2x_3	0.0002	1	0.162	0.854
x_2x_4	0.0012	1	0.236	0.764
x_3x_4	0.006	1	1.491	0.272
模型	0.262	14	4.800	*

注：* 表示 $P < 0.05$，*** 表示 $P < 0.001$。下同

（二）因子效应分析

单因子效应：由于试验设计满足正交性，模型中各项偏回归系数彼此独立，因此可对回归模型进行降维，得到单因子影响蒸腾的一元二次偏回归模型（图 8-4）。仅考虑单一因素对因变量的影响，将分析因素以外的其他因素固定为零水平，降维处理后得到各因子对植株蒸腾蒸发的影响模型。

$$y_1 = 0.153 + 0.057x_1 + 0.003x_1^2$$
$$y_2 = 0.153 + 0.096x_2 + 0.006x_2^2$$
$$y_3 = 0.153 - 0.036x_3 - 0.010x_3^2 \tag{8-5}$$
$$y_4 = 0.153 + 0.025x_4 - 0.033x_4^2$$

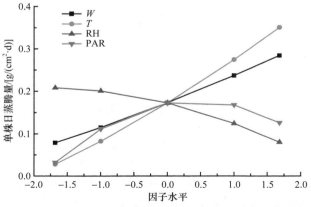

图 8-4　土壤相对含水量（W）、空气温度（T）、相对湿度（RH）和光合有效辐射（PAR）对蒸腾
调控的单因子效应

边际效应：分别对上述单因素效应函数求导，得到甜瓜蒸腾量随土壤相对含水量 x_1、空气温度 x_2、相对湿度 x_3 和光合有效辐射 x_4 编码值变化的边际函数。

$$y_1'=0.006x_1+0.057$$
$$y_2'=0.012x_2+0.096$$
$$y_3'=-0.020x_3-0.036$$
$$y_4'=-0.066x_4+0.025$$

（8-6）

对边际函数进行作图，如图 8-5 所示，某一因子水平对应的边际效应值代表了单因子效应函数在该点的斜率，如果该点边际蒸腾量为正值，表明蒸腾在该点处于增加趋势，反之则为递减趋势。图 8-5 表明，土壤相对含水量和空气温度的边际效应随编码值的递增变化较平缓，且在试验编码范围内均为正效应。光合有效辐射和相对湿度对蒸腾的边际效应随编码值的增加呈递减趋势，在试验因子范围内，相对湿度的边际效应均为负值（图 8-5）。边际效应方程与 X 轴相交之处为最适宜编码值，光合有效辐射边际效应的最适宜编码值为 0.4，是决定蒸腾对光合有效辐射响应的临界因子水平：在最适宜编码值之前，光合有效辐射调控蒸腾的边际效应为正值，蒸腾量随着编码值的增加呈现增长趋势，并于最适宜编码水平处达到极值；当超过最适编码值后，边际效应为负值，蒸腾量则随编码值增加呈现逐渐下降趋势。

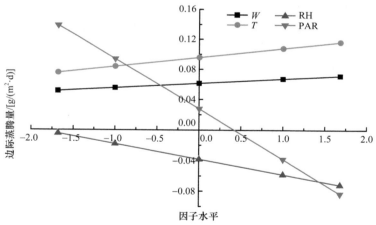

图 8-5　土壤相对含水量（W）、空气温度（T）、相对湿度（RH）和光合有效辐射（PAR）
对蒸腾调控的边际效应

温室环境因子调控蒸腾的耦合效应：土壤相对含水量与大气环境因子对蒸腾的调控效应存在交互作用，将具有交互作用的两因素之外的其他因素固定为零水平，可得土壤相对含水量与空气温度、相对湿度和光合有效辐射对蒸腾调控的耦合效应曲面，分别如图 8-6a、b 所示。土壤相对含水量与空气温度对蒸腾的耦合效应趋近于平滑曲面，在试验水平内两因子均对蒸腾表现为促进效应，蒸腾量随二因子水平的升高而升高。而且，当固定某一因子水平，升高另一因子水平时，蒸腾极值相应向编码值升高的方向移动，说明土壤相对含水量与空气温度之间存在正交互作用，协同促进蒸腾（图 8-6a），二者耦合作用的极值 $\Gamma_{\max}=f(W_{1.68}, T_{1.68})$。土壤相对含水量与相对湿度的耦合效应为开口向下的曲面（图 8-6b），土壤相对含水量对蒸腾的促进效应受到相对湿度的抑制，且抑制程度随相对湿度水平的升高而愈明显，二者耦合作用的极值 $\Gamma_{\max}=f(W_{1.68}, RH_{-1.68})$。土壤相对含水量与光合有效辐射的耦合效应呈开口向下的凸面，由于光合有效辐射的单因子效应趋于二次函数形式，二者的耦合效应因光合有效辐射的因子水平而异。在光合有效辐射未达到最适宜编码值时，土壤相对含水量与光合有效辐射的耦合效应表现为协同促进蒸腾；超过编码值后，土壤相对含水量对蒸腾的促进效应则受到光合有效辐射的抑制（图 8-6c）。

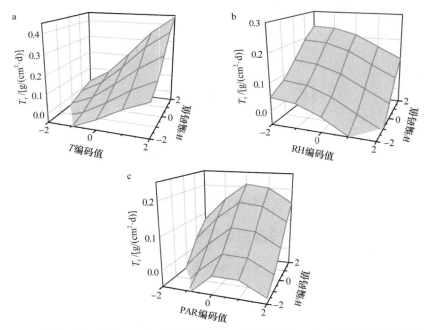

图 8-6　土壤相对含水量（W）和空气温度（T）、相对湿度（RH）、光合有效辐射（PAR）
调控蒸腾的耦合效应

　　气象环境因子之间对蒸腾的调控也存在密切交互作用。相对湿度与空气温度对蒸腾的调控表现为拮抗的耦合效应，空气温度对蒸腾为驱动作用，相对湿度则为抑制作用，温度的驱动效应随相对湿度的升高而逐渐下降（图 8-7a）。空气温度与相对湿度的耦合作用的极值 $\Gamma_{\max}=f(W_{1.68}, RH_{-1.68})$。光合有效辐射与空气温度对蒸腾的协同调控呈开口向下的凸面，在光合有效辐射未达到最适宜编码值时，空气温度与光合有效辐射的耦合效应表现为协同促进蒸腾，超过最适宜编码值后，空气温度的驱动效应随光合有效辐射的升高呈现下降趋势（图 8-7b）。光合有效辐射与相对湿度的耦合效应为下凸曲面，在光合有效辐射未达到最适宜编码值时，光合有效辐射促进蒸腾，与相对湿度的抑制效应相互拮抗；当光合有效辐射超过最适宜编码值后，则与相对湿度协同抑制蒸腾（图 8-7c）。

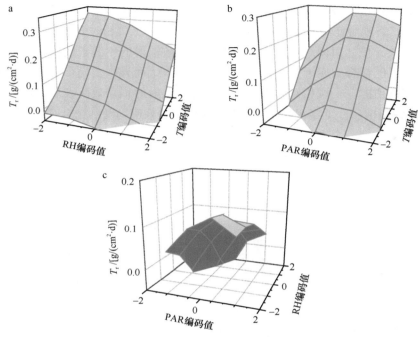

图 8-7　气象因子调控蒸腾的耦合效应

三、黄瓜气孔导度、水力导度的环境响应及其调控蒸腾的效应

（一）环境因子对气孔导度、水力导度的影响

为了量化各环境因子与气孔导度、总水力导度的关系，以土壤相对含水量（X_1）、空气温度（X_2）、相对湿度（X_3）、光合有效辐射（X_4）的编码值为自变量，以气孔导度（G_s）和总水力导度（K_t）为因变量建立回归方程。

$$G_s=0.107\,20+0.062\,56X_1+0.090\,96X_2+0.188\,44X_3+0.044\,66X_4+0.001\,99X_1^2+0.005\,35X_2^2$$
$$+0.129\,09X_3^2-0.000\,13X_4^2+0.003\,44X_1X_2+0.010\,56X_1X_3+0.066\,44X_1X_4+0.066\,44X_2X_3$$
$$+0.010\,56X_2X_4+0.003\,44X_3X_4 \tag{8-7}$$

$$K_t=1.581\,53+0.507\,29X_1+0.844\,78X_2+0.422\,86X_3+0.297\,34X_4+0.139\,55X_1^2+0.227\,06X_2^2$$
$$+0.342\,67X_3^2+0.029\,24X_4^2-0.131\,38X_1X_2-0.174\,63X_1X_3+0.224\,88X_1X_4+0.224\,88X_2X_3$$
$$-0.174\,63X_2X_4-0.131\,38X_3X_4 \tag{8-8}$$

对所得回归方程进行显著性检验与方差分析，分析结果见表 8-6。从表 8-6 可以看出，G_s 和 K_t 回归方程的检验结果均是极显著的，可以用于分析环境因子对 G_s、K_t 的影响。2 个方程的交互项中，X_1X_4 和 X_2X_3 达到显著水平，说明土壤相对含水量与光合有效辐射、空气温度与相对湿度对 G_s、K_t 均存在明显的交互作用。

表 8-6　气孔导度与总水力导度回归方程的方差分析

变异来源	气孔导度			总水力导度		
	平方和	F 值	P 值	平方和	F 值	P 值
X_1	0.0389	6.9090	**	2.5560	12.0587	**
X_2	0.0822	14.6033	**	7.0883	33.4415	**
X_3	0.3527	62.6774	**	1.7760	8.3789	**
X_4	0.0198	3.5200	0.0874	0.8781	4.1429	0.0666
X_1^2	0	0.0081	0.9298	0.2250	1.0617	0.3250
X_2^2	0.0003	0.0587	0.8130	0.5957	2.8106	0.1218
X_3^2	0.1926	34.2221	**	1.3568	6.4014	*
X_4^2	0	0	0.9953	0.0099	0.0466	0.8330
X_1X_2	0.0003	0.0489	0.8291	0.7097	3.3481	0.0945
X_1X_3	0.0026	0.4614	0.5110	0.7097	3.3481	0.0945
X_1X_4	0.1027	18.2563	**	1.1769	5.5523	*
X_2X_3	0.1027	18.2563	**	1.1769	5.5523	*
X_2X_4	0.0026	0.4614	0.5110	0.7097	3.3481	0.0945
X_3X_4	0.0003	0.0489	0.8291	0.7097	3.3481	0.0945
模型	1.0889		**	23.0259		**

（二）环境因子影响效应分析

1. 主效应分析

式（8-7）、式（8-8）中一次项系数均为正值，说明土壤相对含水量、空气温度、相对湿度、光合有效辐射均对 G_s、K_t 有促进作用，但作用效应有差异。环境因子对 G_s 的影响效应由大到小依次为相对湿度、空气温度、土壤相对含水量、光合有效辐射，环境因子对 K_t 的作用由大到小依次为空气温度、土壤相对含水量、相对湿度、光合有效辐射。

2. 单因子效应分析

由于试验设计满足正交性，模型中各项偏回归系数彼此独立，可对回归方程进行降维（牛晓丽等，2012；张大龙等，2015），得到各单因子影响 G_s、K_t 的一元二次偏回归方程。

$$\begin{cases} G_{s1}=0.107\ 20+0.062\ 56X_1+0.001\ 99X_1^2 \\ G_{s2}=0.107\ 20+0.090\ 96X_2+0.005\ 35X_2^2 \\ G_{s3}=0.107\ 20+0.188\ 44X_3+0.129\ 09X_3^2 \\ G_{s4}=0.107\ 20+0.044\ 66X_4-0.000\ 13X_4^2 \end{cases} \quad (8\text{-}9)$$

$$\begin{cases} K_{t1}=1.581\ 53+0.507\ 29X_1+0.139\ 55X_1^2 \\ K_{t2}=1.581\ 53+0.844\ 78X_2+0.227\ 06X_2^2 \\ K_{t3}=1.581\ 53+0.422\ 86X_3+0.342\ 67X_3^2 \\ K_{t4}=1.581\ 53+0.297\ 34X_4+0.029\ 24X_4^2 \end{cases} \quad (8\text{-}10)$$

对上述单因子效应模型作图（图 8-8）可以看出，在试验设定的范围内，由于土壤相对含水量、空气温度和光合有效辐射对 G_s、K_t 影响的二次项系数均不显著，因此其单因子效应趋近于线性递增函数。相对湿度对 G_s、K_t 影响的二次项系数均达到显著水平，其单因子效应近似为开口向上的抛物线函数。

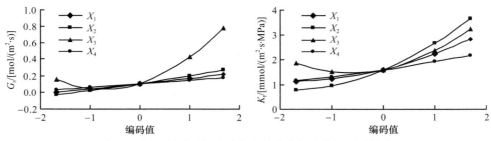

图 8-8　环境因子对气孔导度和总水力导度的单因子效应

3. 边际效应分析

分别对上述单因素效应函数求导，得到黄瓜 G_s、K_t 随环境因子编码值变化的边际函数，作图如图 8-9 所示。

$$\begin{cases} G'_{s1}=0.062\ 56+0.003\ 98X_1 \\ G'_{s2}=0.090\ 96+0.010\ 70X_2 \\ G'_{s3}=0.188\ 44+0.258\ 18X_3 \\ G'_{s4}=0.044\ 66-0.000\ 26X_4 \end{cases} \quad (8\text{-}11)$$

$$\begin{cases} K'_{t1}=0.507\ 29+0.279\ 10X_1 \\ K'_{t2}=0.844\ 78+0.454\ 12X_2 \\ K'_{t3}=0.422\ 86+0.685\ 34X_3 \\ K'_{t4}=0.297\ 34+0.058\ 48X_4 \end{cases} \quad (8\text{-}12)$$

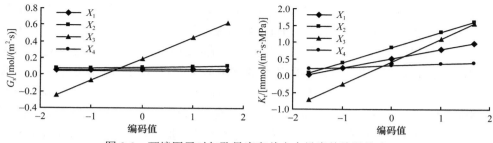

图 8-9　环境因子对气孔导度和总水力导度的边际效应

土壤相对含水量、空气温度、相对湿度对 G_s 的边际效应随编码值的增加而增大，而光合有效辐射对 G_s 的边际效应表现为减小趋势。除相对湿度外，土壤相对含水量、空气温度、光合有效辐射对 G_s 的边际效应随编码值的增长变化较为平缓，其函数直线基本平行于 X 轴。各环境因子对 K_t 的边际效应均随编码值的增加而增大。除光合有效辐射外，土壤相对含水量、空气温度、相对湿度对 K_t 的边际效应随编码值的增长变化较为明显。

（三）环境因子、气孔导度、总水力导度调控蒸腾效应

环境因子一方面通过能量的输送与转换直接作用于植物蒸腾作用，另一方面通过影响植物的生理过程对蒸腾作用产生间接影响，主要表现为植物气孔导度和总水力导度对蒸腾的响应，因此综合研究环境因子对蒸腾作用的直接影响和间接影响有助于阐明土壤-植物系统水分传输对环境因子的响应机制。将土壤相对含水量、空气温度、相对湿度、光合有效辐射、气孔导度、总水力导度作为影响蒸腾作用的因子，根据通径分析量化各因子对蒸腾速率的效应，如表 8-7 所示。

表 8-7　环境因子、气孔导度与总水力导度调控蒸腾作用的通径分析

作用因子	与 T_r 的相关系数	直接作用	间接作用						
			θ	T	RH	PAR	G_s	K_t	合计
θ	0.353	0.020		0	0	0	0.032	0.302	0.334
T	0.642**	0.095	0		0	0	0.046	0.501	0.547
RH	0.302	−0.045	0	0		0	0.095	0.252	0.347
PAR	0.235	0.036	0	0	0		0.022	0.176	0.198
G_s	0.780**	0.146	0.004	0.030	−0.029	0.006		0.624	0.633
K_t	0.981**	0.808	0.007	0.059	−0.014	0.008	0.113		0.173

注：** 表示在 0.01 水平相关性显著

根据通径分析进行作图（图 8-10），从分析结果可以看出，总水力导度与蒸腾作用的相关性最高，其次是气孔导度。除相对湿度外，各因子对蒸腾作用的直接

作用均为正效应，总水力导度的正效应最高。环境因子间对蒸腾作用的影响相互
独立，对蒸腾作用的影响主要分为直接影响及通过总水力导度、气孔导度的间接
影响。空气温度、光合有效辐射和气孔导度均主要通过增强总水力导度对蒸腾作
用产生间接正效应，其次为对蒸腾作用的直接正效应；土壤相对含水量的主要影响
途径为通过增强总水力导度和气孔导度对蒸腾作用产生间接正效应；相对湿度的直
接影响为负效应，但其主要影响途径为通过增强总水力导度和气孔导度对蒸腾作
用产生间接正效应；总水力导度对蒸腾作用的影响主要为直接正效应，其次是通过
气孔导度的间接正效应，水力导度与气孔导度协同调控蒸腾作用（表8-7）。

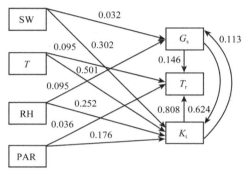

图 8-10　环境因子、气孔导度与总水力导度对蒸腾作用的主要调控途径

第三节　温室水分传输模拟

一、温室环境因子驱动的甜瓜水分传输速率的实时动态模拟

依据植物生理过程的速率变量进行实时环境调控是未来温室和植物工厂研究
的热点，与状态变量的可视化监测对比，速率变量的实时动态监测技术还不完善
（古在丰树，2014）。蒸腾速率的动态变化，不仅包含作物自身的生物过程，而且
包含与其紧密联系的环境过程，因此依据作物生命信息对环境要素进行调控具有
重要意义。但目前蒸腾速率动态变化是设施园艺中较难实时监测的变量，因而蒸
腾模型成为作物水分状态实时动态监测的有效手段。蒸腾模型的研究者需要根据
不同目的，寻求模型在不同时间尺度和空间尺度上的简洁性与复杂性的平衡。温
室和植物工厂的高度发展对蒸腾模型提出了更高的要求。在设施园艺蒸腾模拟中，
Penman-Monteith 方程（简称 P-M 方程）是基于作物冠层能量平衡的普适性机理模
型。国外对 P-M 方程在温室内的修正与应用多集中于气候温和（温湿度较为适中）
的海洋性气候区和地中海气候区。

我国农业生产在气候上有区域性强、潜在生产力高和不稳定的特点。农业气
候资源丰富、气候类型多样，与世界各国比较，我国夏季气温比西欧、地中海地

区的同纬度地方都高（国家气象局展览办公室，1986）。我国学者针对区域性气候建立了大量温室作物蒸腾模型，主要集中于西北干旱气候（Qiu et al.，2011；Qiu et al.，2013a）和南方高温潮湿气候（汪小旵等，2002；罗卫红等，2004；戴剑锋等，2005）。但这些模型在不同区域的温室生产上直接应用会造成较大误差，必须对模型参数进行修正和检验，这限制了模型的应用。而且，设施结构类型多样化，塑料拱棚、日光温室和人工光型植物工厂均已在生产上广泛应用。建立普适性和机理性较强的温室作物蒸腾模型成为温室植物-水分关系研究的热点与难点。温度、湿度和光合有效辐射等环境因子多因素多水平的复杂性是限制模型参数普适性的重要原因。二次正交旋转组合设计是一种同时具有正交性和旋转性的试验设计方法。旋转设计是在与试验中心点的距离相等的球面上，各点的预测值的方差相等。该方法不但保留了一般正交试验的优点，即所取点分散均匀、试验次数少、计算简便等，并且具有旋转设计的良好特性，可以对多指标进行综合评价。本研究以甜瓜为试验材料，利用人工控制环境和正交旋转设计模拟自然环境变化，将土壤、植物、大气作为一个物理上的连续体，以期使蒸腾模型的参数在复杂环境下更具普适性。

气孔运动机理是联系微观与宏观生理生态过程及 SPAC 系统中水分耗散过程的重要环节，SPAC 系统中水流阻力在叶-气系统最大，对控制连续体中的水流运动、限制与调节作物水分散失强度和数量具有关键作用。作物水分传输过程对光合速率具有重要的调控作用，环境决定大气蒸发能力进而调控作物水分传输速率，气孔对 CO_2 和水汽进出叶片的共同控制作用是叶片光合-蒸腾耦合关系形成的原因。叶片水平可看作生理生态研究的基本单元，也是温室生产系统碳-水耦合的基础。本研究以植物气孔行为与水汽扩散理论为主线，首先在微观水平和瞬时尺度基础上研究气孔对环境的响应机理，建立机理意义深刻的蒸腾实时动态模型。

二、模型原理

SPAC 系统理论的基本思路是将连续体中水分移动规律用物理学中表征热流、水流、电流等运动及物质扩散的一般性法则来描述。同热流、水流、电流、扩散等运动遵循传输定律一样，在土壤-植物-大气连续体中，水分的运移也可用传输定律来表示（图 8-11），其一般形式可写为

$$通量 = 驱动力 / 阻力 \tag{8-13}$$

根据叶-气界面水汽扩散原理，若忽略叶温与气温差，水汽扩散的驱动力为叶片内外的水汽压亏缺（VPD）。从电学类比出发，蒸腾作用水汽从叶肉细胞表面经气孔和叶表面边界层到达大气之间所经历的水流阻力主要是气孔阻力与叶片边界层阻力。叶肉阻力较小，可忽略不计。忽略叶片和大气的水容效应，植物蒸腾速率（T）可表示为叶片内外的 VPD 与水汽扩散阻力（r）之比，即

$$T = \frac{VPD}{r} = \frac{VPD}{r_s + r_b} = \frac{VPD}{\dfrac{1}{G_s} + \dfrac{1}{G_b}} \tag{8-14}$$

式中，r_s 为气孔阻力，r_b 为叶片边界层阻力，G_s 为气孔导度，G_b 为边界层导度。

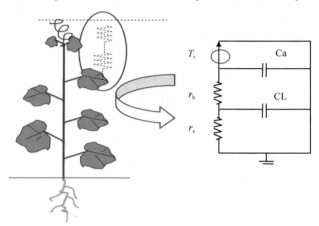

图 8-11　叶-气界面水汽扩散的电学类比原理

T_r，蒸腾速率；r_b，叶片边界层阻力；r_s，气孔阻力；Ca，大气水容；CL，叶片水容

（一）边界层阻力估算

基于温室内风速接近于 0 的特点，采用陈新明等（2007）的方法，以 P-M 方程为基础，对与风速有关的空气动力学项进行修正：假设温室内风速完全为 0，代入空气边界层的公式。

$$\frac{1}{G_b} = \frac{4.72\left\{\ln\left[\dfrac{Z-d}{Z_0}\right]\right\}^2}{1+0.54\mu_2} = 4.72\left\{\ln\left[\dfrac{Z-d}{Z_0}\right]\right\}^2 \tag{8-15}$$

式中，Z 为风速测量高度；Z_0 为地面粗糙度；d 为零平面位移长度。参数 Z_0 和 d 的估算方法：$Z_0=0.13hc$，$d=0.64hc$；hc 为作物冠层高度，假定为 0.12m。

（二）气孔阻力模拟

Jarvis（1976）提出了一个阶乘的非线性模型，对气孔导度进行模拟，这种模型的形式直观，在植物蒸腾模拟中广泛使用。

$$G_s = G_s(PAR) \cdot f_1(VPD) \cdot f_2(T) \cdot f_3(CO_2) \cdot f_4(\Psi) \tag{8-16}$$

式中，PAR、VPD、T、CO_2、Ψ 分别为光合有效辐射、水汽压亏缺、温度、CO_2 浓度和叶水势。Jarvis 模型是一个多元非线性模型，其原理是将最大的气孔导度参数值与数个环境限制因子相乘。模型中 $G_s(PAR)$、$f_1(VPD)$、$f_2(T)$、$f_4(\Psi)$ 分别代

表光强胁迫、水汽压亏缺胁迫、温度胁迫和干旱胁迫，单因子函数订正值在 0～1
变化。

本文采用双曲线形式来模拟气孔导度与光合有效辐射的关系（Kima and
Vermaa，1991）。

$$G_s(\text{PAR}) = \frac{\text{PAR}}{\alpha_1 + \text{PAR}} \tag{8-17}$$

采用气孔导度对叶片与空气间的水汽压亏缺（VPD）呈递减曲线的响应函数模
拟二者关系（Gollan et al.，1985）。

$$f_1(\text{VPD}) = \frac{1}{\alpha_2 + \text{VPD}} \tag{8-18}$$

根据二次曲线关系模拟气孔导度与温度的关系（Hofstra and Hesketh，1969）。

$$f_2(T) = \alpha_3 T^2 + \alpha_4 T + \alpha_5 \tag{8-19}$$

CO_2 浓度对气孔影响显著，但其波动范围较小，本研究中 CO_2 浓度维持在
（400±500）μmol/mol，为固定因子，因此 $f_3(CO_2)$ 为 1。

叶水势与土壤水分状态密切相关，为了使模型中的参数更容易获取，本研究
直接用土壤相对含水量 θ 来模拟。

$$f_4(\Psi) = \exp(\alpha_6 \theta) \tag{8-20}$$

采用标准误差（RMSE）和相对误差（RE）2 个指标对模拟值与实测值的拟合
程度进行分析。RMSE 和 RE 值越小，表明模拟值与实测值的一致性越好，模拟值
和实测值之间的偏差越小，即模型的模拟结果越准确、可靠。因此，RMSE 和 RE
值能够很好地反映模型模拟值的预测性。

$$\text{RMSE} = \sqrt{\frac{\sum_{i=1}^{n}(\text{OBS}_i - \text{SIM}_i)^2}{n}} \tag{8-21}$$

$$\text{RE} = \frac{\text{RMSE}}{\frac{1}{n}\sum_{i=1}^{n}\text{OBS}_i} \times 100\% \tag{8-22}$$

式中，n 为样本数；OBS_i 为第 i 天的实测值；SIM_i 为第 i 天的模拟值。

模型对不同栽培季节蒸腾速率典型日变化的动态模拟如图 8-12 所示，温室甜
瓜蒸腾速率日动态变化的模拟值与实测值基本一致，模拟精度均可以达到 80% 以
上，最大误差值出现在夏季温室正午时刻。

对不同温室类型、不同栽培季节实测值与模拟值进行回归分析（图 8-13），数
值均匀分布在回归线两侧，斜率 $k=0.89$，$R^2=0.88$，$P < 0.01$。对模拟精度进行误
差分析，标准误差 RMSE 为 1.2mmol/(m²·s)，相对误差 RE 为 17.5%，模拟精度良好，
可适用于温室复杂环境条件下甜瓜蒸腾速率的实时动态模拟。

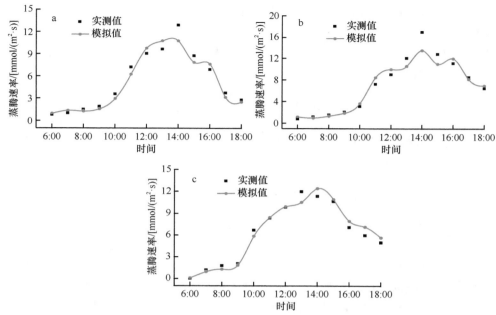

图 8-12　不同栽培季节蒸腾速率日动态变化的模拟

a. 2015 年 10 月 12 日；b. 2016 年 4 月 15 日；c. 2016 年 6 月 13 日

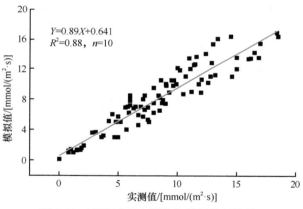

图 8-13　蒸腾速率实测值与模拟值的比较

三、小结

　　VPD、气孔阻力和边界层阻力这三个控制因子与环境因子之间，以及这三个因子之间都存在着极其复杂的反馈机制，因此定量描述植物蒸腾的变异特征仍是科学家面临的挑战。本研究构建了甜瓜蒸腾实时动态模型基于多因子多水平的环境数据，具有较强的普适性。在秋季和春季模拟精度良好，但在夏季尤其是高温强光的正午前后，模型出现较大误差。其主要原因有两方面：一是模型构建的人工控制环境与自然环境的差异，二是甜瓜应对水分胁迫的生理适应性。

本研究中甜瓜蒸腾对环境的响应的研究基于人工模拟控制环境，与作物实际生长的自然环境存在较大差异。试验中光源为 LED 人工光，光质、辐射效率等与太阳光存在很大差异，必然会导致气孔响应特性的差异，进而导致在太阳光辐射下出现较大误差。另外，人工模拟的环境为稳定状态，叶片蒸腾速率也是在气孔导度达到稳定状态后测得。在作物生长的温室环境中，这种稳定状态是不存在的，各环境因子的日变化进程均呈现剧烈的波动趋势，植物气孔对环境波动的响应具有迟滞性的特点，导致瞬时尺度上植物气孔导度、蒸腾速率和光合速率对环境波动的响应不同步。因此，在模拟控制环境下，蒸腾的驱动与调控机制与作物实际生长环境仍存在较大差异。

水容是反映土壤-植物系统中水分动力学性质的又一重要水力学参数，其定义为植物某一组织的储水量随水势的变化率。像电容器一样，植株茎的薄壁组织细胞贮存水量很大。为了研究试验甜瓜在细胞水平上水分生理对蒸腾模型的影响，本研究采用 P-V 曲线方法对各组分中的物理水分关系参数进行测定。甜瓜叶片具有较大的细胞壁体积弹性模量，可以维持较高的膨压，自我调节水分胁迫的能力较强。

水容体现了植物的自我调节能力，其性质是充放水特性，在正午时刻大气蒸发能力强，由水势差决定的系统水流速率满足不了蒸腾的需要，植物体充水，在一定程度可以缓解叶温的升高和气孔的关闭，进而维持较高的冠层导度和单株水力导度。正是因为水容因素的存在限制了欧姆定律在植物体水分传输中的严格应用，蒸腾与水势降低的关系不是均匀一致的，这是由滞后现象产生的。这表明稳态模型模拟动态蒸腾时的作物水分状态误差较大，茎流的滞后现象说明将欧姆定律电流环路模型应用于 SPAC 系统中的水流模拟时，融入电容参数将是下一步的研究重点。

总体结论概述如下。

（1）基于气孔行为和水汽扩散原理建立了环境因子驱动的甜瓜蒸腾模型，机制意义深刻。模拟结果表明，F 检验均在 $\alpha=0.01$ 置信度水平上显著相关，且预测精度良好。

（2）基于环境因子正交旋转组合设计的气孔导度模型，可以较好地模拟复杂环境下甜瓜气孔的动态变化行为。

第四节　温室环境因子驱动的甜瓜单株耗水动态模拟

作物系数作为计算农田作物蒸腾蒸发量和田间灌水量的重要参数之一，是实际作物耗水与参考作物耗水之间的比值，是表征植物遗传差异及栽培技术等对作物耗水量影响的重要指标，是实现精准灌溉和提高水分利用效率的基础。作物系数与植株形态发育参数密切相关，驱动变量为环境因子。生理形态参数主要有叶面积指数（Li et al.，2008；胡永翔等，2012；Bezerra et al.，2012）、冠层覆盖度（Jayanthi et al.，2007）、植被指数（Williams and Ayars，2005；López-Urrea et al.，2009；Campos et al.，2010；Marsal et al.，2014）等，这类模型具有较高的预测精度，但是参数不易获取，对数字化监测设备的精度要求较高，在温室农业灌溉中应用较少。另有一部分研究集中于建立作物系数与简单气象因子的模型，最广泛应用的是定植后天数（汪顺生等，2013）或有效积温（Nielsen and Hinkle，1996；Tyagi et al.，2000；Kang，2003），虽然这类模型简单实用，但多为经验模型，缺乏机制意义，尤其是应用于温室复杂环境状况时预测误差较大。

设施栽培与传统大田栽培在温度、光合有效辐射和水循环等方面均存在较大差异，温室作物系数有异于大田作物（Orgaz et al.，2005）。温度与光合有效辐射驱动作物生长发育，是模拟作物系数的基本变量，在大田环境下，由于温度的变化与太阳辐射的变化基本同步，采用有效积温法来模拟作物生长的精度较高。在设施栽培中，温度与光合有效辐射变化趋势存在较大差异，仅以温度为自变量难以反映综合温光效应驱动作物生长的过程，因此设施栽培作物系数模拟难度较大。

近年来，众多研究者采用综合的光温指标辐热积为尺度，量化温度热效应和光合有效辐射效应，显著提高了温室作物生长模型的预测精度（刁明等，2009；贾彪等，2015；李青林等，2011；明村豪等，2012）。作物系数虽与生长参数存在密切耦合关系，但是目前对温室作物系数的模拟仍采用传统的有效积温法（刘浩等，2011），将辐热积指标应用于作物系数模拟的研究鲜有报道。当土壤水分不成为限制水分运移的因素时，考虑用作物生长要素的变化来描述作物系数的变化是比较合理的（刘海军和康跃虎，2006）。本研究以辐热积为自变量模拟设施栽培环境的甜瓜作物系数，结合参考作物耗水量建立甜瓜蒸腾耗水模型，以期为温室精准灌溉提供理论依据。

一、材料与方法

（一）试验设计

本试验选用的厚皮甜瓜品种为'一品天下 208'，在西北农林科技大学新天地试验基地塑料温室内进行。土质为壤土，肥力中等。试验采用分期播种法，分别于 2012 年 9～11 月（a）、2013 年 3～7 月（b）、2013 年 7～10 月（c）、2014 年 7～8 月（d）进行，试验 a、b、c 用于模型建立，试验 d 用于模型检验。按照随机区组设计划分为 4 个小区，每个小区设置 5 个重复，株距 40cm，行距 60cm。土壤相对含水量保持在 80%～85%，按照单株日蒸腾量的 100% 进行补充灌溉。

（二）测定项目及方法

1. 单株日蒸腾量

采用水量平衡法获取甜瓜单株日蒸腾量。用精度为 0.1g 的精密电子计重秤每天 8:00 定时称盆重，由于盆内土壤表面覆膜，因此可以不必考虑土壤蒸发，盆重的减少量即为单株的当日蒸腾耗水量。

2. 温室内气象环境

采用浙江托普仪器有限公司生产的温室环境记录仪（TNHY-4）监测记录温室内空气温度、光合有效辐射、空气相对湿度等气象因子，每 0.5h 记录 1 次。

3. 土壤含水量测定

试验每隔 5d 在灌水前取土样，采用烘干法测定土壤相对含水量。

（三）模型检验

采用标准误差（RMSE）和决定系数（R^2）2 个指标对模拟值与实测值的拟合程度进行分析。RMSE 值越小，表明模拟值与实测值的一致性越好，模拟值和实测值之间的偏差越小，即模型的模拟结果越准确、可靠。因此，RMSE 能够很好地反映模型模拟值的预测性。

$$R^2 = \frac{\left[\sum (x-\bar{x})(y-\bar{y})\right]^2}{\sum (x-\bar{x})^2 (y-\bar{y})^2} \tag{8-23}$$

$$RMSE = \sqrt{\frac{\sum_{i=1}^{n}(OBS_i - SIM_i)^2}{n}} \tag{8-24}$$

式中，n 为样本数；OBS_i 为第 i 天的实测值；SIM_i 为第 i 天的模拟值。

二、模型原理

在较长时间尺度上，作物耗水量是叶片蒸腾速率变量在时空尺度上的二重积分。时空尺度具体表现为生长发育的时间尺度和冠层异质结构的空间尺度。环境因子是影响系统平衡和驱动水分传输系统动态发展的驱动力，一方面环境因子决定大气蒸发能力，即作物潜在蒸发量；另一方面，作物动态发育过程决定了单株尺度耗水量，而温度和光合有效辐射是作物生长的驱动因子。研究环境因子驱动的作物动态耗水过程，必须建立环境因子对作物生长与驱动潜在蒸发量的复合函数，在无水分胁迫的栽培条件下：

$$ET = f_1(A) \cdot f_2(P) \tag{8-25}$$

式中，$f_1(A)$ 为温室环境因子子模型；$f_2(P)$ 为作物因子子模型。

（一）温室环境因子子模型

对于温室环境因子子模型 $f_1(A)$，可用参考作物蒸腾蒸发量 ET_0 代替，其是表征气候特征的综合指标。FAO-56 Penman-Monteith 方程应用最为广泛，被推荐为计算 ET_0 的首选方法。针对温室风速较小的情况，对风速空气动力进行修正，采用陈新明等（2007）推荐的适用于温室栽培的 ET_0 修正公式。

$$ET_0 = \frac{0.408\Delta(R_n - G) + \gamma \dfrac{1713(e_a - e_d)}{T + 273}}{\Delta + 1.64\gamma} \tag{8-26}$$

式中，ET_0 为参考作物蒸腾蒸发量（mm/d）；Δ 为饱和水汽压随温度变化的曲线的斜率（kPa/℃）；R_n 为冠层净辐射 [MJ/(m²·d)]；e_a、e_d 分别为室内饱和水汽压和实际水汽压（kPa）；G 为土壤热通量 [MJ/(m²·d)]；γ 为湿度计常数（kPa/℃）；T 为温度（℃）。

（二）作物因子子模型

作物系数是反映作物生物学特性对作物需水量的影响的重要参数。根据实测作物蒸腾蒸发量（ET）与参考作物蒸腾蒸发量（ET_0），计算温室甜瓜作物系数（K_c）。

$$K_c = \frac{ET}{ET_0} \tag{8-27}$$

作物系数与生长发育过程中的生物量和叶面积等变化相关，温度和光合有效辐射是驱动作物生长的基本因子，可以将二者融合应用于作物系数动态预测。

$$K_c = f_1(T) \cdot f_2(PAR) \tag{8-28}$$

（三）FAO-56 方法

FAO-56 推荐方法：首先确定作物不同生长阶段作物系数（K_{cb}）的特征值，然后根据每个生长阶段的天数绘制 K_{cb} 曲线，通过该曲线查得每日 K_{cb} 值。作物的生育期可划分为生长初期（L_{ini}）、快速生长期（L_{dev}）、生长中期（L_{mid}）、生长后期（L_{late}）4 个阶段，相应地有 4 个 K_{cb}：$K_{cb,ini}$、$K_{cb,dev}$、$K_{cb,mid}$、$K_{cb,late}$，分别代表生长初期、生长中期、生长后期的基础作物系数，如图 8-14 所示。

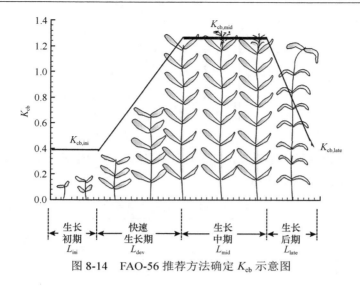

图 8-14　FAO-56 推荐方法确定 K_{cb} 示意图

三、模型参数估算

(一)辐热积计算

温度和辐射是影响作物生长发育的两个较重要的环境因子,在栽培方式一定的条件下,作物生长主要由热效应和光合有效辐射决定,将热效应与光合有效辐射的乘积定义为辐热积(TEP)。甜瓜某一生长阶段累积辐热积(PTP,MJ/m²)由每日相对辐热积[DTEP,MJ/(m²·d)]累积而得。

$$PTP = \sum DTEP \tag{8-29}$$

每日相对辐热积[DTEP,MJ/(m²·d)]为一天内各小时相对热效应(RTE)与PAR 乘积总量的平均值。

$$DTEP = \sum_{i=1}^{24} \left[RTE(i) \times PAR(i) \times 3600/10^6 \right] \tag{8-30}$$

式中,RTE(i) 和 PAR(i) 分别为一天内第 i 小时的相对热效应和光合有效辐射[J/(m²·h)];3600/10⁶ 是将 J/(m²·h) 换算成 MJ/(m²·d) 的单位换算系数。

基于光合作用是植物生长的动力,将热效应量化为温度驱动的光合速率函数,将相对热效应定义为饱和光强下,植物在该温度下光合速率[$P_{n,max(T)}$]与最适温度下光合速率[$P_{n,max(T_o)}$]的比值,可以用正弦函数来计算(Xu et al.,2010)。

$$\mathrm{RTE}(T) = \frac{P_{\mathrm{n,max}(T)}}{P_{\mathrm{n,max}(T_\mathrm{o})}} \begin{cases} 0 & T < T_{\min} \\ \sin\left(\dfrac{\pi}{2} \times \dfrac{T - T_{\min}}{T_\mathrm{o} - T_{\min}}\right) & T_{\min} \leqslant T < T_\mathrm{o} \\ \sin\left(\dfrac{\pi}{2} \times \dfrac{T_{\max} - T}{T_{\max} - T_\mathrm{o}}\right) & T_\mathrm{o} \leqslant T \leqslant T_{\max} \\ 0 & T > T_{\max} \end{cases} \tag{8-31}$$

式中，$T_{\min}$ 为甜瓜生长下限温度，$T_{\max}$ 为上限温度，T_o 为生长最适温度。甜瓜生长发育三基点温度如表 8-8 所示。

表 8-8　甜瓜生长三基点温度 　　　　　　　（单位：℃）

生长阶段	$T_{\min}$		T_o		$T_{\max}$	
	白天	夜间	白天	夜间	白天	夜间
发芽—开花	13	13	28	17	40	40
开花—成熟	13	13	29	16	40	25

（二）作物耗水量与参考作物蒸腾蒸发量计算

根据温室内气象数据计算出各生育期温室内逐日参考作物蒸腾蒸发量（ET_0），其在甜瓜全生育期的变化过程如图 8-15 所示。

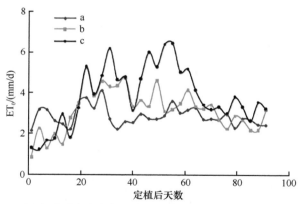

图 8-15　温室甜瓜全生育期参考作物蒸腾蒸发量（ET_0）的动态变化
2012 年 9～11 月（a）；2013 年 3～7 月（b）；2013 年 7～10 月（c）

温室甜瓜全生育期蒸腾蒸发量（ET）动态变化如图 8-16 所示，不同栽培季节甜瓜耗水变化趋势相似，大致呈现出单峰曲线，其差异性主要由生育期温室气象条件及植株长势决定。

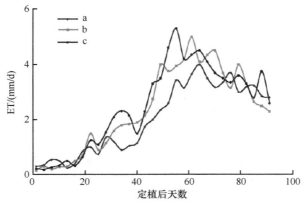

图 8-16　温室甜瓜全生育期蒸腾蒸发量（ET）的动态变化

2012 年 9 ~ 11 月（a）；2013 年 3 ~ 7 月（b）；2013 年 7 ~ 10 月（c）

（三）作物系数估算与模拟

根据不同播期甜瓜蒸腾蒸发量与温室内参考作物蒸腾蒸发量数据，计算出甜瓜相应的作物系数（图 8-17）。同一生育期的作物系数年际间变化不大，表现出较好的稳定性，这一结果与前人对其他作物的研究结果一致。作物系数与植株生长过程密切相关：随着累积辐热积的增大，作物系数随植株生长逐渐增大，在盛果期达到最大值并趋于稳定后，随着植株逐渐衰老，作物系数逐渐减小。甜瓜全生育期作物系数的变化规律可以用 Logistic 回归模型描述：

$$K_c = \frac{1.3}{1 + e^{3.8 - 0.04 PTP}} \quad (R^2 = 0.91, \ P < 0.01) \tag{8-32}$$

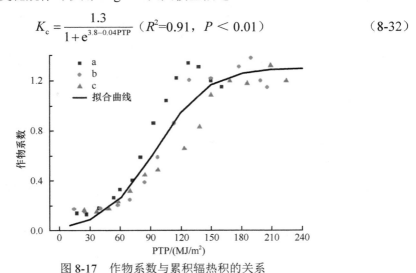

图 8-17　作物系数与累积辐热积的关系

2012 年 9 ~ 11 月（a）；2013 年 3 ~ 7 月（b）；2013 年 7 ~ 10 月（c）

计算同期有效积温（GDD），并且建立了基于二次函数的回归模型：

$$K_c(\text{GDD}) = \frac{1.6}{1+e^{11.88-0.12\text{GDD}}} \quad (R^2=0.88, \ P < 0.01) \tag{8-33}$$

$$\text{GDD} = \sum_{i=1}^{n}(T_i - T_b) \tag{8-34}$$

式中，T_i 为日平均温度（℃）；T_b 是甜瓜生长发育的基点温度，为 13℃。

四、模型构建与检验

综合基于 Logistic 函数的作物因子子模型与环境因子子模型，可构建温室甜瓜耗水动态模型。

$$\text{ET}_c(\text{PTP}) = K_c(\text{PTP}) \cdot \text{ET}_o = \frac{1.3}{1+e^{3.8-0.04\text{PTP}}} \times \frac{0.408\Delta(R_n - G)+\gamma\dfrac{900\mu_2(e_s - e_a)}{T+273}}{\Delta + \gamma(1+0.34\mu_2)} \tag{8-35}$$

根据 2013 年 7 ～ 8 月温室内试验资料，对基于辐热积、有效积温和叶面积指数的甜瓜耗水模型进行检验（图 8-18）。辐热积驱动的模型预测精度较高：对甜瓜耗水的数据点分布在 1∶1 直线附近，实测值与模拟值之间的 R^2 可达到 0.8970，RMSE 为 0.12；而用 GDD 法对甜瓜耗水的预测结果偏离 1∶1 直线，实测值与模拟值之间的 R^2 为 0.8067，RMSE 为 0.17。与传统的积温法相比，辐热积驱动的作物系数模型提高了温室环境下甜瓜耗水的预测精度。

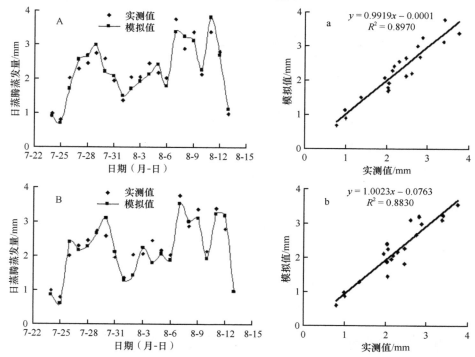

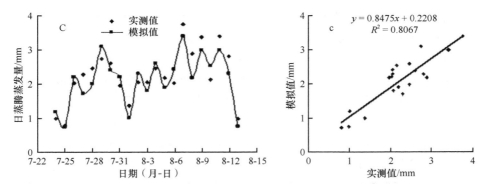

图 8-18　基于辐热积（TEP，A 和 a）、叶面积指数（LAI，B 和 b）和有效积温（GDD，C 和 c）的耗水模型预测效果（$n=20$）

五、小结

本研究基于无土壤水分胁迫的栽培状况，利用水量平衡法和 P-M 方程定量研究了温室甜瓜作物系数与辐热积的关系，建立了辐热积驱动的温室甜瓜作物系数模型，对温室甜瓜日蒸腾蒸发量进行了模拟，预测精度良好，将我国古老的"看天、看地、看庄稼"灌溉经验数量化。有效积温驱动的作物系数模型虽具有简单实用的特点，但难以适应现代设施农业精准化管理水平的要求。温室环境具有可调控的特点，导致设施栽培过程中辐射与热量累积并非线性相关，温度与光合有效辐射变化趋势同步性较差，单因子有效积温驱动的作物系数模型存在重大缺陷。辐热积综合了温度和光合有效辐射的热效应，以其为自变量模拟作物系数，提高了模拟精度，而且更具机理性和实用性。

有效积温驱动的温室作物系数模型基于作物系数随温度升高而线性增长的假设，但这一假设只可适用于适宜温度范围。温室内环境因子动态变化复杂，对植物水分运移和碳同化与生长发育等生理生态行为产生重要影响。在温室栽培环境下，大气蒸发需求强烈，植物为防御和缓解高温胁迫，通过关闭叶片气孔来降低水分耗散、维持水分平衡和适宜水分状态。在这一过程中，植株生长因高温胁迫而受到抑制，水分运移速率因气孔的自身保护行为而降低。参考作物蒸腾蒸发量因温度和光合有效辐射的增加而显著增大，作物系数的增长受到抑制。按照有效积温理论，高温必然促进作物系数的增长，因而有效积温驱动的作物系数模型在高温胁迫下模拟精度较差。辐热积在量化温度热效应时，基于光合作用是植物生长的动力，将温度热效应量化为温度驱动的光合速率函数，具有较为深刻的机理意义。相对热效应以正弦函数表征了温度驱动作物系数的机理，体现了高温胁迫下作物系数负增长的趋势，克服了简单线性模型量化温度热效应的局限性。

本研究中温室甜瓜耗水模型的作物因子子模型基于辐热积驱动的作物系数，

为提高水分模拟精度提供了理论依据，模型的应用仍需根据多种因素调整参数。栽培管理方式对作物系数影响较大。本研究未开展作物品种、栽培密度和灌溉制度的多因子水平试验，仅适用于充分灌溉和单蔓整枝。栽培密度对群体尺度上作物耗水量及作物系数影响显著，最优密度因植株调整、温室结构等而异。灌溉制度影响水分运移和耗散，进而调控作物系数的动态变化，膜下滴灌等高效灌溉技术促进了温室节水农业的发展，膜下灌溉水热运移对作物系数的影响鲜见报道。本研究构建的温室甜瓜耗水模型需要进行多品种和多地点的检验与修正。

　　总体结论概述如下。

　　本研究基于温室环境因子子模型和作物因子子模型构建了甜瓜耗水模型，预测精度良好。辐热积量化了温度热效应，而且融入了光辐射的驱动力，克服了有效积温线性模型的缺陷。辐热积驱动的温室甜瓜作物系数，机理性较强，所需参数少，可用于温室甜瓜蒸腾模型中作物因子子模型的构建。

第五节　温室黄瓜营养生长期日蒸腾量估算模型

　　在基于有效积温模拟温室黄瓜潜在蒸腾量的基础上，本研究综合考虑土壤水分对作物蒸腾的短期影响和长期影响过程，建立了水分亏缺条件下的温室黄瓜营养生长期日蒸腾量估算模型，并采用独立数据检验模型精度，从而为温室黄瓜节水灌溉提供理论支持。

一、模型建立

　　根据 FAO-56 推荐方法（Allen et al.，1998），水分亏缺条件下作物的实际蒸腾量 T_c 可以采用土壤水分胁迫系数 K_s 对水分充足条件下的蒸腾量 T_p 进行修正求得，即

$$T_c = T_p \times K_s \tag{8-36}$$

式中，土壤水分胁迫系数 K_s 为 0 ～ 1，表示土壤水分亏缺对作物蒸腾量的影响效应。

　　水分亏缺对作物蒸腾作用的影响较为复杂，可以分为短期效应和长期效应。短期效应指由土壤水分供应不足导致叶水势降低、叶片气孔阻力增大、蒸腾减弱的作物响应行为，与水分亏缺的强度有关；长期效应指持续的干旱导致作物的形态、生理机能发生改变以适应干旱的作物适应行为，与水分亏缺的强度和持续时间有关，是一个随作物生长而逐渐累积、发展的过程。假设水分亏缺对作物蒸腾作用的短期效应不随作物生长过程中的持续干旱胁迫而改变，在作物系数法内，本文将土壤水分胁迫系数进一步划分为水分胁迫短期影响因子 K_{ss} 与水分胁迫长期影响因子 K_{sl}，即

$$T_c = T_p \times K_{ss} \times K_{sl} \tag{8-37}$$

式中，T_c 为水分亏缺条件下的作物实际蒸腾量（mm/d）。

（一）水分胁迫短期影响因子子模型

土壤水分胁迫作物蒸腾蒸发的短期影响因子 K_{ss} 采用 FAO-56 推荐的方法量化。

$$K_{ss} = \begin{cases} 1 & D_r \leqslant RAW \\ \dfrac{TAW - D_r}{(1-p)TAW} & D_r > RAW \end{cases} \qquad (8-38)$$

$$TAW = 1000(W_{fc} - W_{wp}) \times Z_r \qquad (8-39)$$
$$RAW = p \times TAW \qquad (8-40)$$

式中，TAW 为总有效水量（mm）；D_r 为根区相对于田间持水量的缺水量（mm）；RAW 为易利用有效水量（mm）；W_{fc}、W_{wp} 分别为以体积含水量表示的田间持水量（%）、凋萎系数（m³/m³）；Z_r 为根系层深度（m）；p 为水分胁迫发生前根区消耗的土壤水分占总有效土壤水的比例，随作物种类、作物潜在蒸腾蒸发量的大小而变化。FAO-56 提供了不同作物在 T_p=5mm/d 时的 p 值（p_{tab}），在该条件下黄瓜的 p_{tab} 推荐值为 0.5，其他条件下的 p 值修正公式为

$$p = 0.5 + 0.04(5 - T_p) \qquad (8-41)$$

（二）水分胁迫长期影响因子子模型

K_{ss}、T_p 确定后，即可根据式（8-37）计算 K_{sl}，试验期间 K_{sl} 随时间的变化如图 8-19 所示。

$$K_{sl} = \frac{T_c}{K_{ss} \times T_p} \qquad (8-42)$$

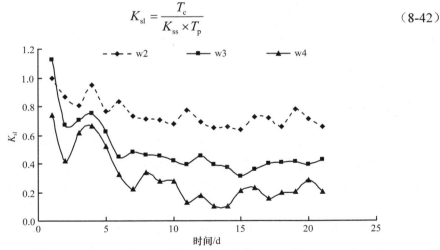

图 8-19　不同水分处理 K_{sl} 随时间的变化

w2 代表适宜水分，w3 代表水分轻度亏缺，w4 代表水分重度亏缺。下同

图 8-19 中 3 个水分处理的 K_{sl} 均由不断降低后趋于稳定，水分亏缺程度越重 K_{sl} 越低，说明仅由 K_{ss} 不能完全描述水分亏缺对作物蒸腾的影响，有必要继续量

化 K_{sl} 的变化过程。K_{sl} 反映了持续的水分胁迫对作物蒸腾作用的累积效应，由干旱强度和干旱持续时间共同决定。本文尝试在幂函数形式的水分胁迫系数（康绍忠等，1990）中引入有效积温 T_e 来量化 K_{sl}。

$$K_{sl} = \begin{cases} 1 & \theta \geqslant \theta_j \\ \left(\dfrac{\theta - \theta_{wp}}{\theta_j - \theta_{wp}} \right)^{f(T_e)} & \theta < \theta_j \end{cases} \qquad (8\text{-}43)$$

式中，θ_j 和 θ_{wp} 分别为以相对含水量表示的临界含水量与萎蔫含水量，根据预试验分别取值 80% 和 30%；$f(T_e)$ 为表征干旱持续时间的函数。从图 8-20 可以看出，处理 w2 ~ w4 的 $f(T_e)$ 曲线较为相似，可以用统一的函数式表达。

$$f(T_e) = \frac{-1.5336}{1 + \exp\left(-2.3248 + 0.0403 T_e\right)} \quad (R^2 = 0.74,\ P < 0.01) \qquad (8\text{-}44)$$

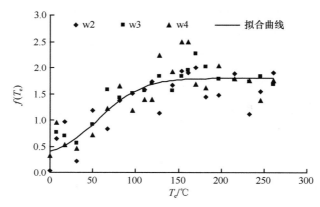

图 8-20 $f(T_e)$ 与 T_e 的关系

二、模型验证

对模型预测精度进行检验，处理 w2 ~ w4 的模型模拟值与实测值对比如图 8-21 所示，从图 8-21 可以看出，本研究所建立的模型可以较好地模拟水分亏缺条件下温室黄瓜的日蒸腾量。处理 w2 ~ w4 模拟值与实测值间的 RMSE 和 rRMSE 分别为 19.8g/d、17.7g/d、3.5g/d 和 19.05%、26.12%、14.53%。处理 w2 的拟合程度最好，随水分亏缺的加重拟合效果降低，但由于重度水分亏缺下蒸腾较弱，因此模型估算的误差绝对值并不太高。处理 w2 和处理 w4 的失拟主要出现在中段部分，需要进一步研究作物适应干旱的过程以降低误差。

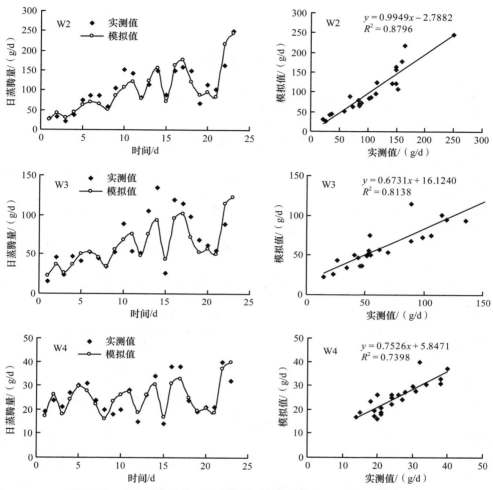

图 8-21　水分亏缺条件下温室黄瓜日蒸腾量模拟值与实测值的比较

参 考 文 献

阿米娜木·艾沙. 2017. 二氧化碳气体释放剂对温室春提早菜豆产量影响试验. 农业科技通讯, 3: 105-106.

宝哲, 吴文勇, 刘洪禄, 等. 2012. 设施滴灌条件下甜瓜茎流变化及其对环境因子的响应. 中国农学通报, 28(28): 140-147.

薄晓东. 2016. 基于制种玉米茎流与根系分形特征的土壤水分动态模拟. 北京: 中国农业大学博士学位论文.

蔡甲冰, 许迪, 刘钰, 等. 2010. 冬小麦返青后作物腾发量的尺度效应及其转换研究. 水利学报, (7): 110-117.

蔡甲冰, 许迪, 刘钰, 等. 2011. 冬小麦返青后腾发量时空尺度效应的通径分析. 农业工程学报, 27(8): 69-76.

曹庆平, 赵平, 倪广艳, 等. 2013. 华南荷木林冠层气孔导度对水汽压亏缺的响应. 生态学杂志, 32(7): 1770-1779.

陈洁, 赵桂芳. 2000. 双微 CO_2 气施肥技术在温室生产中的应用. 蔬菜, 12: 22.

陈年来, 黄海霞, 高慧娟, 等. 2009. 甜瓜叶片气体交换特性和幼苗生长对土壤水分和大气湿度的响应. 兰州大学学报(自然科学版), 45(4): 73-77.

陈骎, 梁宗锁. 2013. 气孔导度对空气湿度的反应的数学概括及其可能的机理. 植物生理学报, 49(3): 241-246.

陈胜萍, 刘晓光, 赵成萍, 等. 2017. 低温胁迫对不同番茄品种生长和生理生化指标的影响. 山西农业大学学报(自然科学版), 37(11): 780-784.

陈新明, 蔡焕杰, 李红星, 等. 2007. 温室内作物腾发量计算与验证. 水科学进展, 18(6): 812-815.

程冬玲, 邹志荣. 2001. 高效设施农业中的水分调控与节水灌溉技术. 西北农林科技大学学报(自然科学版), (1): 122-125.

种培芳, 陈年来. 2008. 光照强度对园艺植物光合作用影响的研究进展. 甘肃农大学报, 43(5): 104-109.

崔宗培. 2006. 中国水利百科全书. 北京: 中国水利水电出版社.

戴剑锋, 金亮, 罗卫红, 等. 2006. 长江中下游 venlo 型温室番茄蒸腾模拟研究. 农业工程学报, 22(3): 99-103.

戴剑锋, 罗卫红, 徐国彬, 等. 2005. 长江中下游地区 venlo 型温室空气温湿度以及黄瓜蒸腾速率模拟研究. 农业工程学报, 21(5): 107-112.

邓书辉, 施正香, 李保明. 2015. 低屋面横向通风牛舍温湿度场 CFD 模拟. 农业工程学报, 31(9): 209-214.

刁明, 戴剑锋, 罗卫红, 等. 2009. 温室甜椒生长与产量预测模型. 农业工程学报, 25(10): 241-246.

丁永军, 张晶晶, 孙红, 等. 2017. 玻璃温室环境下番茄叶绿素含量敏感光谱波段提取及估测模型. 光谱学与光谱分析, 37(1): 194-199.

杜斌, 冉辉, 胡笑涛, 等. 2018. 基于茎秆直径微变化信号强度监测交替沟灌玉米水分状况. 农业工程学报, 34(2): 98-106.

杜清洁. 2019. 水汽压差对番茄叶片光合及二氧化碳扩散途径的影响. 杨凌: 西北农林科技大学博士学位论文.

范嘉智, 王丹, 胡亚林, 等. 2016. 最优气孔行为理论和气孔导度模拟. 植物生态学报, 40(6): 631-642.

冯保清. 2013. 我国不同分区灌溉水有效利用系数变化特征及其影响因素分析. 节水灌溉, (6): 34-37, 40.

付海曼. 2009. 城市环境下银杏蒸腾耗水特性及其调节机制. 北京: 北京林业大学硕士学位论文.

高辉远, 邹琦. 1994. 大豆光合午休原因的分析. 作物学报, 20(3): 357-362.

高慧, 孙春香. 2007. 不同钾水平对番茄幼苗生长的影响. 长江蔬菜, 8: 58-59.

高境泽, 李贺. 2017. 基于物联网和风能的智能精准滴灌系统. 吉林水利, 6: 14-17.

高俊凤, 张一平, 白锦鳞, 等. 1989. SPAC 水分热力学函数及幼苗各叶位水分状况. 西北农业大学学报, 1(17): 34-38.

高丽. 2012. 河北省设施农业及其灌溉用水的研究. 保定: 河北农业大学硕士学位论文.

高秀萍, 张勇强, 童兆平, 等. 2001. 梨树在自然干旱条件下叶片解剖学特征. 山西农业科学, 29(1): 62-64.

古在丰树. 2014. 向世界传播的日本农业革命: 人工光型植物工厂. 贺冬仙, 钮根花, 马承伟, 译. 北京: 中国农业出版社.

郭冰寒, 王若水, 肖辉杰. 2018. 沙棘苗期叶水势与气孔导度对水分胁迫的响应. 核农学报, 32(3): 609-616.

郭庆荣, 李玉山. 1997. 非恒温条件下土壤中水热耦合运移过程的数学模拟. 中国农业大学学报, (S1): 33-38.

郭世荣, 孙锦, 束胜, 等. 2012. 我国设施园艺概况及发展趋势. 南京: 2012 中国设施园艺工程学术年会、设施蔬菜栽培技术研讨暨现场观摩会.

郭艳亮, 王晓琳, 张晓媛, 等. 2017. 田间条件下模拟 CO_2 浓度升高开顶式气室的改进及其效果. 农业环境科学学报, 36(6): 1034-1043.

郭英, 孙学振, 宋宪亮, 等. 2006. 钾营养对棉花苗期生长和叶片生理特性的影响. 植物营养与肥料学报, 12: 363-368.

国家气象局展览办公室. 1986. 我国农业气候资源及区划. 北京: 测绘出版社.

韩吉梅, 张旺锋, 熊栋梁, 等. 2017. 植物光合作用叶肉导度及主要限制因素研究进展. 植物生态学报, 41(8): 914-924.

韩艳婷, 杨国顺, 石雪晖, 等. 2011. 不同镁营养水平对红地球葡萄叶绿体结构及光合响应的影响. 果树学报, 28: 603-609.

侯和菊. 2004. 冬季大棚温室花卉防气害. 农家科技, 12: 45.

胡永翔, 李援农, 张莹. 2012. 黄土高原区滴灌枣树作物系数和需水规律试验. 农业机械学报, 43(11): 79, 87-91.

黄北, 刘惠民, 王连春, 等. 2015. 干热河谷地区牛角瓜不同叶位光合日变化特征. 经济林研究, 4: 38-43.

黄红荣, 李建明, 胡晓辉, 等. 2017. 提高营养液镁浓度可缓解黄瓜幼苗亚低温胁迫. 植物营养与肥料学报, 23: 740-747.

黄明斌. 1993. 土壤-植物系统中水流阻力和水容研究. 陕西: 中国科学院西北水土保持研究所硕士学位论文.

黄明斌, 邵明安. 1996. 土壤-植物系统中水流阻力的变性. 土壤学报, 33(2): 211-216.

黄明斌, 张富仓, 康绍忠. 1999. 瞬变条件下土壤-植物系统中的水容效应及其应用研究. 干旱地区农业研究, (1): 45-49.

黄明霞, 王靖, 唐建昭, 等. 2016. 气孔导度模型在北方农牧交错带的适用性评价: 以马铃薯和油葵为例. 应用生态学报, 27(11): 3585-3592.

吉喜斌, 康尔泗, 陈仁升, 等. 2006. 植物根系吸水模型研究进展. 西北植物学报, 26(5): 1079-1086.

纪建伟, 赵海龙, 李征明, 等. 2015. 基于 STM32 的温室 CO_2 浓度自动调控系统设计. 浙江农业学报, 27(5): 860-864.

纪文龙, 范意娟, 李辰, 等. 2014. 干旱胁迫下葡萄叶片气孔导度和水势动态的变化规律. 中国农业大学学报, 19(4): 74-80.

冀荣华, 王婷婷, 祁力钧, 等. 2015. 基于 hydrus-2d 的负压灌溉土壤水分入渗数值模拟. 农业机械学报, 46(4): 113-119.

贾彪, 钱瑾, 马富裕. 2015. 氮素对膜下滴灌棉花叶面积指数的影响. 农业机械学报, 46(2): 79-87.

蒋春云, 马秀灵, 沈晓艳, 等. 2013. 植物碳酸酐酶的研究进展. 植物生理学报, 49(6): 545-550.

焦晓聪. 2018. 饱和水汽压差（VPD）与 CO_2 耦合对温室番茄光合作用和生产力的调控. 杨凌: 西北农林科技大学硕士学位论文.

康绍忠. 1993. 土壤-植物-大气连续体水分传输动力学及其应用. 力学与实践, 15(1): 11-19.

康绍忠, 刘晓明. 1993. 玉米生育期土壤-植物-大气连续体水流阻力与水势的分布. 应用生态学报, 4(3): 260-266.

康绍忠, 熊运章, 王振镒. 1990. 土壤-植物-大气连续体水分运移力能关系的田间试验研究. 水利学报, (7): 1-9.

克雷默. 1989. 植物的水分关系. 许旭旦, 译. 北京: 科学出版社: 223-290.

雷江丽, 杜永臣, 朱德蔚, 等. 2000. 低温胁迫下不同耐冷性番茄品种幼叶细胞 Ca^{2+} 分布变化的差异. 园艺学报, 27(4): 269-275.

李富恒, 于龙凤, 安福全, 等. 2007. 缺钾培养对玉米幼苗部分生理指标的影响. 东北农业大学学报, 38(4): 459-463.

李国诚, 付荣. 1992. 大气中氯及二氧化硫的污染对北方常见树叶中可溶性糖的影响. 黑龙江环境通报, 3: 20-23.

李焕忠. 2010. 钾元素对美国红栌光合速率和气孔导度变化规律影响的研究. 湖南农业科学, 7: 116-118.

李建明, 樊翔宇, 闫芳芳, 等. 2017. 基于蒸腾模型决策的灌溉量对甜瓜产量及品质的影响. 农业工程学报, 33(21): 156-162.

李建明, 王平, 李江. 2010. 灌溉量对亚低温下温室番茄生理生化与品质的影响. 农业工程学报, 26(2): 129-134.

李青林, 毛罕平, 李萍萍. 2011. 黄瓜地上部分形态-光温响应模拟模型. 农业工程学报, 27(9): 122-127.

李清明. 2008. 温室黄瓜（*Cucumis sativus* L.）对干旱胁迫与 CO_2 浓度升高的响应与适应机理研究. 杨凌: 西北农林科技大学博士学位论文.

李廷强, 王昌全. 2001. 植物钾素营养研究进展. 四川农业大学学报, 19: 281-285.

李同花, 王笑, 蔡剑, 等. 2018. 不同小麦品种对干旱锻炼响应的综合评价. 麦类作物学报, 38(1): 65-73.

李续林, 赵波. 2000. 陕西设施农业探讨. 陕西农业, (3): 4.

李秧秧, 张萍萍, 赵丽敏, 等. 2010. 不同氮素形态下小麦叶片光合气体交换参数对蒸汽压亏缺的反应. 植物营养与肥料学报, (6): 5-11.

李永宏, 汪诗平. 1999. 放牧对草原植物的影响. 中国草地学报, 3: 11-19.

李勇, 彭少兵, 黄见良, 等. 2013. 叶肉导度的组成、大小及其对环境因素的响应. 植物生理学报, 49(11): 1143-1154.

李长城, 李宏, 程平, 等. 2016. 持续高温天气对盛果期枣树茎流的影响. 西北农业报, 25(11): 1663-1671.

梁称福. 2003. 塑料温室内空气湿度变化规律与不同降湿处理效应研究. 长沙: 湖南农业大学硕士学位论文.

梁建生. 1999. 脱落酸与蒸汽压亏缺对向日葵气孔导度的影响. 扬州大学学报(自然科学版), (3): 41-45.

林保花. 2006. 粤西野生香根草光合生理生态特性研究. 长春: 东北师范大学硕士学位论文.

林家鼎, 孙菽芬. 1983. 土壤内水分流动、温度分布及其表面蒸发效应的研究: 土壤表面蒸发阻抗的探讨. 水利学报, (7): 1-8.

林琭, 汤昀, 张纪涛, 等. 2015. 不同水势对黄瓜花后叶片气体交换及叶绿素荧光参数的影响. 应用生态学报, 26: 2030-2040.

刘爱荣, 陈双臣, 王淼博, 等. 2010. 高温胁迫对番茄幼苗光合作用和叶绿素荧光参数的影响. 西北农业学报, 19: 145-148.

刘保才, 赛富昌, 李英敏. 1995. 影响日光温室蔬菜产量的三大要素分析. 河南农业科学, 11: 34-35.

刘昌明, 王会肖. 1999. 土壤–作物–大气界面水分过程与节水调控. 北京: 科学出版社.

刘飞虎, 张寿文. 1999. 干旱胁迫下不同苎麻品种的形态解剖特征研究. 中国麻作, 21(4): 1-6.

刘国英. 2018. 供氮水平调控番茄低温耐性的机理研究. 杨凌: 西北农林科技大学博士学位论文.

刘海军, 康跃虎. 2006. 冬小麦拔节抽穗期作物系数的研究. 农业工程学报, 22(10): 52-56.

刘浩, 孙景生, 段爱旺, 等. 2010. 温室滴灌条件下番茄植株茎流变化规律试验. 农业工程学报, 26(10): 77-82.

刘浩, 孙景生, 梁媛媛, 等. 2011. 滴灌条件下温室番茄需水量估算模型. 应用生态学报, 22(5): 1201-1206.

刘金泉, 崔世茂. 2007. CO_2 施肥对黄瓜光合作用及相关生理过程的影响研究进展. 内蒙古农业大学学报(自然科学版), 28(3): 322-326.

刘金祥, 陈伟云, 肖生鸿. 2009. 黑籽雀稗的光合生理特性研究. 草业学报, 18(6): 254-258.

刘金祥, 麦嘉玲, 刘家琼. 2004. CO_2 浓度增强对沿阶草光合生理特性的影响. 中国草地学报, 26(3): 13-17.

刘娜. 2013. 间伐和覆盖对女贞光合及水分利用效率的影响. 南京: 南京林业大学硕士学位论文.

刘文科, 杨其长. 2014. LED 植物光质生物学与植物工厂发展. 科技导报, 32(10): 25-28.

刘文通. 1995. 电导率测定中几个问题的探讨. 四川电力技术, 5: 41-48.

刘英, 白龙, 雷家军. 2016. 野古草居群光合作用对光强和 CO_2 浓度的响应特征. 草业学报, 25: 254-261.

陆岱鹏, 吕晓兰, 雷晓晖, 等. 2017. 超声雾化喷嘴的研究现状及在农业工程中的应用. 江苏农业科学, 45(21): 255-258.

路丙社, 白志英, 崔建州, 等. 2004. 干旱胁迫对阿月浑子叶片光合作用的影响. 河北农业大学学报, 27(1): 43-47.

罗丹丹, 王传宽, 金鹰. 2017. 植物水分调节对策: 等水与非等水行为. 植物生态学报, 41(9): 1020-1032.

罗卫红, 汪小旵, 戴剑峰, 等. 2004. 南方现代化温室黄瓜冬季蒸腾测量与模拟研究. 植物生态学报, 28(1): 59-65.

罗雪华, 邹碧霞, 吴菊群, 等. 2011. 氮水平和形态配比对巴西橡胶树花药苗生长及氮代谢、光合作用. 植物营养与肥料学报, 17: 693-701.

马旭凤, 于涛, 汪李宏, 等. 2010. 苗期水分亏缺对玉米根系发育及解剖结构的影响. 应用生态学报, (7): 115-120.

毛罕平, 于殿龙, 付为国, 等. 2008. Venlo 型连栋玻璃温室夏季温湿度的调控措施及效果. 江苏农业科学, 3: 256-259.

孟春红, 夏军. 2005. 土壤–植物–大气系统水热传输的研究. 水动力学研究与进展, (3): 307-312.

明村豪, 蒋芳玲, 王广龙, 等. 2012. 黄瓜壮苗指标与辐热积关系的模拟模型. 农业工程学报, 28(9): 109-113.

莫伟平, 严婷婷, 崔春梅, 等. 2015. 水分胁迫对巨峰葡萄叶片 PSII 光化学效率及光能分配的影响. 中国农业大学学报, 20(3): 59-64.

倪纪恒, 罗卫红, 李永秀, 等. 2006. 温室番茄干物质分配与产量的模拟分析. 应用生态学报, 17: 811-816.

宁秀娟, 余宏军, 蒋卫杰, 等. 2011. 不同钾水平对温室番茄生长、产量和品质的影响. 中国土壤与肥料, 6: 39-42.

牛晓丽, 周振江, 李瑞, 等. 2012. 根系分区交替灌溉条件下水肥供应对番茄可溶性固形物含量的影响. 中国农业科学, 45(5): 893-901.

牛晓颖, 周玉宏, 邵利敏. 2013. 基于 LS-SVM 的草莓固酸比和可滴定酸近红外光谱定量模型. 农业工程学报, 29(a01): 270-274.

潘莹萍, 陈亚鹏. 2014. 叶片水力性状研究进展. 生态学杂志, 33(10): 2834-2841.

彭伟秀, 王文全, 梁海永, 等. 2003. 水分胁迫对甘草营养器官解剖构造的影响. 河北农业大学学报, 26(3): 46-48.

乔立文, 陈友, 齐红岩, 等. 1996. 温室大棚蔬菜生产中滴灌带灌溉应用效果分析. 农业工程学报, 12(2): 38-43.

秦栋, 段国晟, 霍俊伟, 等. 2011. 空气湿度对蓝果忍冬相对生长和外部形态的影响. 北方园艺, 16: 45-48.

任博, 李俊, 同小娟, 等. 2017. 太行山南麓栓皮栎和刺槐叶片光合光响应模拟. 生态学杂志, 36: 2206-2216.

任理, 张瑜芳, 沈荣开. 1998. 条带覆盖下土壤水热动态的田间试验与模型建立. 水利学报, (1): 76-85.

任三学, 赵花荣, 郭安红, 等. 2005. 底墒对冬小麦植株生长及产量的影响. 麦类作物学报, 25(4): 79-85.

阮存鑫, 胡海波, 季婧. 2015. 北亚热带次生栎林蒸腾作用与环境的关系. 海峡两岸水土保持学术研讨会论文集. 太原: 中国水土保持学会.

尚念科. 2012. 关于植物吸水动力的新见解. 山东林业科技, 201(4): 108-110.

邵明安, 黄明斌. 1998. 土壤–植物系统中的瞬态流理论及电模拟的最新研究进展. 土壤侵蚀与水土保持学报, 12(4): 47-52.

邵明安, Simmonds L P. 1992. 土壤–植物系统中的水容研究. 水利学报, 6: 1-7.

盛顺, 安红艳, 刘旺. 2017. CO_2 增施技术对日光温室生菜生长的影响. 中国农机化学报, 38(1): 52-55.

施成晓, 陈婷, 王昌江, 等. 2016. 干旱胁迫对不同抗旱性小麦种子萌发及幼苗根芽生物量分配的影响. 麦类作物学报, 36(4): 483-490.

施定基, 马桂芝, 李桐柱, 等. 1983. 增施二氧化碳生理效应的初步研究. 植物生理学报, 3: 32-34.

石嵩, 须晖, 李天来, 等. 2005. 冬春季不同番茄品种株型特征及其对植株群体光强分布的影响. 中国蔬菜, 1(5): 6-9.

宋凤斌, 刘胜群. 2008. 不同耐旱性玉米根系解剖结构比较研究. 吉林农业大学学报, 30(4): 377-381, 393.

孙红梅. 2001. 钾营养对保护地番茄氮钾吸收及植株生育的影响. 中国蔬菜, 4: 14-16.

孙洁, 耿增鹏, 史海峰, 等. 2008. 日光温室环境的综合调控管理. 山西农业科学, 36(7): 55-60.

孙丽娜. 2012. 紫花苜蓿生态系统碳水交换特征与水分利用效率研究. 太原: 山西大学硕士学位论文.

孙菽芬. 1987. 土壤内水分流动及温度分布计算: 耦合型模型. 力学学报, 19(4): 374-380.

孙伟, 王德利, 王立, 等. 2003. 狗尾草蒸腾特性与水分利用效率对模拟光辐射增强和 CO_2 浓度升高的响应. 植物生态学报, 27(4): 448-453.

孙旭生, 林琪, 姜雯, 等. 2009. 施氮量对开花期超高产小麦旗叶 CO_2 响应曲线的影响. 麦类作物学报, 29(2): 303-307.

汤继华, 谢惠玲, 黄绍敏, 等. 2005. 缺氮条件下玉米自交系叶绿素含量与光合效率的变化. 华北农学报, 20: 10-12.

佟健美. 2009. 五种榆科植物解剖结构与抗旱性相关研究. 长春: 东北师范大学硕士学位论文.

汪良驹, 姜卫兵, 高光林, 等. 2005. 幼年梨树品种光合作用的研究. 园艺学报, 32(4): 571-577.

汪顺生, 费良军, 高传昌, 等. 2013. 不同沟灌方式下夏玉米单作物系数试验研究. 农业机械学报, 44(11): 105-111.

汪小旵. 2003. 南方现代化温室小气候模拟及其能耗预测研究. 南京: 南京农业大学博士学位论文.

汪小旵, 罗卫红, 丁为民, 等. 2002. 南方现代化温室黄瓜夏季蒸腾研究. 中国农业科学, 35(11): 1390-1395.

王丹, 骆建霞, 史燕山, 等. 2005. 两种地被植物解剖结构与抗旱性关系的研究. 天津农学院学报, 12(2): 15-17, 25.

王冬梅, 许向阳, 李景富, 等. 2004. 热胁迫对番茄叶肉细胞叶绿体超微结构的影响. 园艺学报, 31(6): 820-821.

王昊, 李亚灵. 2008. 园艺设施内空气湿度调控的研究进展及除湿方法. 江西农业学报, 20(10): 50-54, 64.

王建林, 温学发, 赵风华, 等. 2012. CO_2 浓度倍增对 8 种作物叶片光合作用、蒸腾作用和水分利用效率的影响. 植物生态学报, 36(5): 438-446.

王军. 2004. 补充紫外-B 辐射和 CO_2 施肥在冬季大棚番茄生产中的应用研究. 杨凌: 西北农林科技大学硕士学位论文.

王立山, 丁兵, 李玉花, 等. 2018. 植物表皮蜡质合成转运调控相关基因与干旱响应的研究进展. 园艺学报, 45(9): 1831-1843.

王丽红, 孙静雯, 王雯, 等. 2017. 酸雨对植物光合作用影响的研究进展. 安全与环境学报, 17(2): 775-780.

王琳, 杨再强, 杨世琼. 2017. 高温与不同空气湿度交互对设施番茄苗生长及衰老特性的影响. 中国农业气象, 38: 761-770.

王明娜, 罗卫红, 孙彦坤, 等. 2008. FACE 条件下水稻冠层蒸散和水分利用率的模拟. 应用生态学报, (11): 2497-2502.

王全喜, 张小平. 2017. 植物学. 2 版. 北京: 科学出版社.

王蕊. 2005. 温室作物水运移机理及需水信息的研究. 长春: 吉林大学硕士学位论文.

王伟, 曹敏建, 王晓光, 等. 2005. 低钾胁迫对不同钾营养效应型大豆保护酶系统的影响. 大豆科学, 24: 101-105.

王雯. 2013. 黄土高原旱作麦田生态系统 CO_2 通量变化特征及环境响应机制. 杨凌: 西北农林科技大学博士学位论文.

王艳芳. 2010. 高温条件下空气湿度对番茄光合作用及生理性状的影响. 安徽农业科学, 38: 3967-3968, 3981.

王玉辉, 周广胜. 2000. 羊草叶片气孔导度对环境因子的响应模拟. 植物生态学报, 24(6): 739-743.

王月, 章永松, 萍方, 等. 2007. 不同供磷状况下 CO_2 浓度升高对番茄根系生长及养分吸收的影响. 植物营养与肥料学报, 13: 871-876.

王云贺, 韩忠明, 韩梅, 等. 2010. 遮阴处理对东北铁线莲生长发育和光合特性的影响. 生态学报, 30(24): 6762-6770.

王芸, 吕光辉, 高丽娟, 等. 2013. 荒漠植物白麻气孔导度特征及其影响因子研究. 干旱区资源与环境, 27(8): 158-163.

王泽立, 张恒悦, 阎先喜, 等. 1998. 玉米抗旱品种的形态解剖学研究. 西北植物学报, 18(4): 581-583.

王周锋, 张岁岐, 刘小芳. 2015. 玉米根系水流导度差异及其与解剖结构的关系. 应用生态学报, 16(12): 2349-2352.

韦记青, 蒋水元, 唐辉, 等. 2006. 岩黄连光合与蒸腾特性及其对光照强度和 CO_2 浓度的响应. 广西植物, 26(3): 317-320.

魏珉. 2000. 日光温室蔬菜 CO_2 施肥效应与机理及 CO_2 环境调控技术. 南京: 南京农业大学博士学位论文.

魏新光, 王铁良, 刘守阳, 等. 2015. 种植年限对黄土丘陵半干旱区山地枣树蒸腾的影响. 农业机械学报, 46(7): 171-180.

翁晓燕, 蒋德安. 2002. 生态因子对水稻 Rubisco 和光合日变化的调节. 浙江大学学报（农业与生命科学版）, 28: 387-391.

吴荣军, 郑有飞, 赵泽, 等. 2010. 基于气孔导度和臭氧吸收模型的冬小麦干物质累积损失评估. 生态学报, 30(11): 2799-2808.

夏桂敏, 孙媛媛, 王玮志, 等. 2019. '寒富'苹果树茎流特征及其对环境因子的响应. 中国农业科学, 52(4): 128-141.

辛颖. 2017. 温室有害气体对蔬菜生产的危害及防控. 中国园艺文摘, 33(2): 175-176.

胥献宇. 2010. 不同温度条件下玉米碳酸酐酶活性差异比较与分析. 种子, 29(3): 84-88.

徐程扬. 1999. 紫椴幼苗、幼树对光的响应与适应研究. 北京: 北京林业大学博士学位论文.

徐菲, 李建明, 吴普特, 等. 2013. 亚低温下水分对番茄幼苗干物质积累与养分吸收的影响. 中国农业科学, 46: 3293-3304.

徐坤, 郑国生, 王秀峰. 2001. 施氮量对生姜群体光合特性及产量和品质的影响. 植物营养与肥料学报, 7(2): 189-193.

徐利岗, 杜历, 汤英, 等. 2016. 干旱区枸杞蒸腾耗水变化特征及其影响因子响应分析. 干旱区地理, 39(6): 1282-1290.

徐同庆, 徐宜民, 孟霖, 等. 2017. 攀西干热河谷烟田烤烟成熟初期水碳通量日间变化的非对称响应. 中国烟草学报, (3): 72-79.

徐同庆, 徐宜民, 王程栋, 等. 2016. 基于通量观测的攀西烟区烟田水分利用效率特征研究. 中国烟草学报, (3): 63-71.

许大全. 1989. 气孔限制在植物叶片光合诱导中的作用. 植物生理学报, 15(13): 275-280.

许大全. 1994. 光合作用及有关过程对长期高 CO_2 浓度的响应. 植物生理学报, 2: 81-87.

薛义霞, 李亚灵, 温祥珍. 2010. 空气湿度对高温下番茄光合作用及坐果率的影响. 园艺学报, 37(3): 397-404.

杨明超. 2007. 渗透胁迫下不同玉米品种叶片水分关系的研究. 种子科技, 27(5): 44-46.

杨其长. 2016. 供给侧改革下的设施园艺将如何发展? 中国农村科技, (5): 40-43.

杨启良, 张京, 刘小刚, 等. 2014. 灌水量对小桐子形态特征和水分利用的影响. 应用生态学报, 25(5): 1335-1339.

杨彦会, 马晓, 张子山, 等. 2018. 干旱胁迫对蜡质含量不同小麦近等基因系光合特性的影响. 中国农业科学, 51(22): 4241-4251.

杨阳, 徐福利, 陈志杰. 2010. 施用钾肥对温室黄瓜光合特性及产量的影响. 植物营养与肥料学报, 16: 1232-1237.

杨英, 李心刚, 李惟毅, 等. 2000. 液体除湿特性的实验研究. 太阳能学报, 21(2): 155-159.

杨泽粟, 张强, 郝小翠. 2015. 自然条件下半干旱雨养春小麦生育后期旗叶光合的气孔和非气孔限制. 中国生态农业学报, (2): 174-182.

杨自力, 连之伟. 2014. 基于理想除湿效率的液体除湿空调系统性能影响因素分析. 上海交通大学学报, 48(6): 821-826.

姚勇哲, 李建明, 张荣, 等. 2012. 温室番茄蒸腾量与其影响因子的相关分析及模型模拟. 应用生态学报, 23(7): 1869-1874.

叶子飘, 于强. 2009. 植物气孔导度的机理模型. 植物生态学报, 33(4): 772-782.

游士兵, 严研. 2017. 逐步回归分析法及其应用. 统计与决策, 14: 18-31.

于贵瑞, 王秋凤. 2010. 植物光合、蒸腾与水分利用的生理生态学. 北京: 科学出版社.

于国华. 1997. CO_2 浓度对黄瓜叶片光合速率, Rubisco 活性及呼吸速率的影响. 华北农学报, 12(4): 101-106.

于海秋, 王晓磊, 蒋春姬, 等. 2008. 土壤干旱下玉米幼苗解剖结构的伤害进程. 干旱地区农业研究, 26(5): 143-147.

袁巧霞, 朱端卫, 武雅娟. 2009. 温度、水分和施氮量对温室土壤 pH 及电导率的耦合作用. 应用生态学报, 20(5): 1112-1117.

袁志发. 2000. 试验设计与分析. 北京: 高等教育出版社.

原保忠, 孙颉. 1998. 植物补偿作用机制探讨. 生态学杂志, 5: 45-49.

战领, 杨汉波, 雷慧闽. 2016. 基于通量观测数据的玉米水碳交换量及水分利用效率分析. 农业工程学报, (S1): 88-93.

张大龙. 2017. 温室环境因子驱动番茄与甜瓜水分运移的机理及模拟. 杨凌: 西北农林科技大学博士学位论文.

张大龙, 常毅博, 李建明, 等. 2014. 大棚甜瓜蒸腾规律及其影响因子. 生态学报, 34(4): 953-962.

张大龙, 李建明, 吴普特, 等. 2013. 温室甜瓜营养生长期日蒸腾量估算模型. 应用生态学报, 24(7): 1938-1944.

张大龙, 张中典, 李建明. 2015. 环境因子对温室甜瓜蒸腾的驱动和调控效应研究. 农业机械学报, 46(11): 137-144.

张丹, 洁任, 王慧梅. 2016. 干旱胁迫及复水对红松针叶和树皮绿色组织光合特性及抗氧化系统的影响. 生态学杂志, 35: 2606-2614.

张福墁. 2000. 设施园艺工程与我国农业现代化. 农村实用工程技术, (1): 2-3.

张福墁, 马国成. 1995. 日光温室不同季节的生态环境对黄瓜光合作用的影响. 华北农学报, 10(1): 70-75.

张国, 王玮, 邹琦. 2004. Rubisco 活化酶的分子生物学. 植物生理学通讯, (5): 633-637.

张昆. 2009. 光强对花生光合特性、产量和品质的影响及生长模型研究. 泰安: 山东农业大学博士学位论文.

张乃明. 2006. 设施农业理论与实践. 北京: 化学工业出版社.

张淑勇. 2009. 黄土丘陵区主要树种抗旱生理特性及荧光动力机制. 北京: 中国林业科学研究院博士学位论文.

张爽, 董然, 董妍, 等. 2014. 不同空气相对湿度对槭叶草生长及光合生理特性的影响. 东北林业大学学报, 42(3): 24-27.

张岁岐, 山仑. 2001. 根系吸水机理研究进展. 应用与环境生物学报, (4): 396-402.

张鑫. 2016. 非对称水控酿热大棚性能研究. 杨凌: 西北农林科技大学硕士学位论文.

张雪松, 闫艺兰, 胡正华. 2017. 不同时间尺度农田蒸散影响因子的通径分析. 中国农业气象, 38(4): 201-210.

张雅君, 吴含玉, 张会金, 等. 2018. 夏季小花睡莲挺水叶光抑制加剧的机制. 植物生理学报, 54(1): 54-62.

张忠学, 陈鹏, 郑恩楠, 等. 2018. 基于 $\Delta^{13}C$ 分析不同水氮管理对水稻水分利用效率的影响. 农业机械学报, 49(5): 310-319.

昭明安, 黄明斌. 1998. 土壤–植物系统中的瞬态流理论及电模拟的最新研究进展. 土壤侵蚀与水土保持学报, 4(4): 47-52.

赵丹, 王颖, 冯岩, 等. 2017. 2017 农业政策解读. 营销界 (农资与市场), 12: 47-50.

赵宏瑾, 朱仲元, 王喜喜, 等. 2016. 不同生育期榆树净光合速率对生态因子和生理因子的响应. 生态学报, 36(6): 1645-1651.

赵丽丽, 王普昶, 陈超, 等. 2016. 持续干旱对金荞麦生长、生理生态特性的影响及抗旱性评价. 草地学报, 24(4): 825-833.

郑炳松, 蒋德安, 翁晓燕, 等. 2001. 钾营养对水稻剑叶光合作用关键酶活性的影响. 浙江大学学报 (农业与生命科学版), 27: 489-494.

郑海雷, 黄子琛. 1992. 春小麦单叶气孔行为及蒸腾作用的模拟. 高原气象, (4): 423-430.

郑有飞, 徐静馨, 吴荣军. 2012. 遮阴条件下 O_3 胁迫对冬小麦气孔导度影响的模拟. 农业环境科学学报, (7): 21-30.

周健民. 2013. 土壤学大辞典. 北京: 科学出版社.

周洁, 张志强, 孙阁, 等. 2013. 不同土壤水分条件下杨树人工林水分利用效率对环境因子的响应. 生态学报, 33(5): 1465-1474.

朱建军. 2019. 原潘瑞炽《植物生理学》教材新版 (第 8 版) 第一章的改写说明. 植物生理学报, 55(3): 243-254.

邹春琴, 李振声, 李继云. 2001. 小麦对钾高效吸收的根系形态学和生理学特征. 植物营养与肥料学报, 7: 36-43.

邹志荣, 饶景萍, 陈红武. 1994. 设施园艺学. 西安: 西安地图出版社.

左强, 王东, 罗长寿. 2003. 反求根系吸水速率方法的检验与应用. 农业工程学报, 19(2): 28-33.

左强, 王数, 陈研. 2001. 反求根系吸水速率方法的探讨. 农业工程学报, 17(4): 17-21.

Abbasi F, Feyen J, Genuchten M T V. 2004. Two-dimensional simulation of water flow and solute transport below furrows: model calibration and validation. Journal of Hydrology, 290(1-2): 63-79.

Adachi S, Nakae T, Uchida M, et al. 2013. The mesophyll anatomy enhancing CO_2 diffusion is a key trait for improving rice photosynthesis. Journal of Experimental Botany, 64(4): 1061-1072.

Adams H D, Zeppel M J B, Anderegg W R L, et al. 2017. A multi-species synthesis of physiological mechanisms in drought-induced tree mortality. Nature Ecology & Evolution, 1(9): 1285-1291.

Ahmad H, Hayat S, Ali M, et al. 2018. The combination of arbuscular mycorrhizal fungi inoculation (*Glomus versiforme*) and 28-homobrassinolide spraying intervals improves growth by enhancing photosynthesis, nutrient absorption, and antioxidant system in cucumber (*Cucumis sativus* L.) under sali. Ecology Evolution, 8(11): 5724-5740.

Ahmad I, Maathuis F J. 2014. Cellular and tissue distribution of potassium: physiological relevance, mechanisms and regulation. Journal of Plant Physiology, 171: 708-714.

Alghabari F, Ihsan M Z. 2018. Effects of drought stress on growth, grain filling duration, yield and quality attributes of barley (*Hordeum vulgare* L.). Bangladesh Journal of Botany, 47(3): 421-428.

Aliniaeifard S, Malcolm M P, van Meeteren U. 2014. Stomatal malfunctioning under low VPD conditions: induced by alterations in stomatal morphology and leaf anatomy or in the ABA signaling. Physiologia Plantarum, 152(4): 688-699.

Aliniaeifard S, van Meeteren U. 2013. Can prolonged exposure to low VPD disturb the ABA signalling in stomatal guard cells. Journal of Experimental Botany, 64(12): 3551-3566.

Aliniaeifard S, van Meeteren U. 2016. Stomatal characteristics and desiccation response of leaves of cut chrysanthemum (*Chrysanthemum morifolium*) flowers grown at high air humidity. Scientia Horticulturae, 205: 84-89.

Aljaloud A A, Ongkingco C T, Albashir W, et al. 2015. Water requirement of drip fertigated greenhouse-grown cucumber and tomato during winter and summer cropping. Bloomington, Minnesota, USA: International Conference on Precision Agriculture: 1-11.

Allen C D, Macalady A K, Chenchouni H, et al. 2010. A global overview of drought and heat-induced tree mortality reveals emerging climate change risks for forests. Forest Ecology and Management, 259(4): 660-684.

Allen R G, Pereira L S, Raes D, et al. 1998. Crop evapotranspiration-guidelines for computing crop water requirements-FAO Irrigation and drainage paper 56. FAO, Rome, 300(9): D05109.

Anderson M C, Kustas W P, Norman J M. 2003. Upscaling and downscaling: a regional view of the soil-plant-atmosphere continuum. Agronomy Journal, 95(6): 1408-1423.

Anjum N A, Gill R, Kaushik M, et al. 2015. ATP-sulfurylase, sulfur-compounds, and plant stress tolerance. Frontiers in Plant Science, 6: 210.

Argentel-Martínez L, Garatuza-Payan J, Yepez E A, et al. 2019. Water regime and osmotic adjustment under warming conditions on wheat in the Yaqui Valley, Mexico. Peer J, 7: e7029.

Arve L E, Terfa M T, Gislerød H R, et al. 2013. High relative air humidity and continuous light reduce stomata functionality by affecting the ABA regulation in rose leaves. Plant, Cell & Environment, 36: 382-392.

Arve L E, Torre S. 2015. Ethylene is involved in high air humidity promoted stomatal opening of tomato (*Lycopersicon esculentum*) leaves. Functional Plant Biology, 42(4): 376-386.

Baas R, Nijssen H M C, Berg T J M V D, et al. 1995. Yield and quality of carnation (*Dianthus caryophyllus* L.) and gerbera (*Gerbera jamesonii* L.) in a closed nutrient system as affected by sodium chloride. Scientia Horticulturae, 61(3): 273-284.

Bai J, Wang J, Chen X, et al. 2015. Seasonal and inter-annual variations in carbon fluxes and evapotranspiration over cotton field under drip irrigation with plastic mulch in an arid region of Northwest China. Journal of Arid Land, (2): 272-284.

Bajji M, Kinet J M, Lutts S. 2002. The use of the electrolyte leakage method for assessing cell membrane stability as a water stress tolerance test in durum wheat. Plant Growth Regulation, 36(1): 61-70.

Barber S A. 1962. A diffusion and mass-flow concept of soil nutrient availability. Soil Science, 93: 39-49.

Barbour M M, Bachmann S, Bansal U, et al. 2016. Genetic control of mesophyll conductance in common wheat. New Phytologist, 209(2): 461-465.

Barbour M M, Warren C R, Farquhar G D, et al. 2010. Variability in mesophyll conductance between barley genotypes, and effects on transpiration efficiency and carbon isotope discrimination. Plant, Cell & Environment, 33(7): 1176-1185.

Battie-Laclau P, Laclau J P, Beri C, et al. 2014. Photosynthetic and anatomical responses of *Eucalyptus grandis* leaves to potassium and sodium supply in a field experiment. Plant, Cell & Environment, 37: 70-81.

Bauer H, Ache P, Lautner S, et al. 2013b. The stomatal response to reduced relative humidity requires guard cell autonomous ABA synthesis. Current Biology, 23(1): 53-57.

Bauer H, Ache P, Wohlfart F, et al. 2013a. How do stomata sense reductions in atmospheric relative humidity. Molecular Plant, 6(5): 1703-1706.

Begg J E, Turner N C. 1970. Water potential gradients in field tobacco. Plant Physiology, 46(2): 343-346.

Belko N, Zaman-Allah M, Diop N N, et al. 2013. Restriction of transpiration rate under high vapour pressure deficit and non-limiting water conditions is important for terminal drought tolerance in cowpea. Plant Biology, 15(2): 304-316.

Bernacchi C J, Morgan P B, Ort D R, et al. 2005. The growth of soybean under free air [CO₂] enrichment (face) stimulates photosynthesis while decreasing in vivo rubisco capacity. Planta, 220(3): 434-446.

Bernacchi C J, Portis A R, Nakano H, et al. 2002. Temperature response of mesophyll conductance, implications for the determination of Rubisco enzyme kinetics and for limitations to photosynthesis *in vivo*. Plant Physiology, 130: 1992-1998.

Bertin N, Guichard S, Leonardi C, et al. 2000. Seasonal evolution of the quality of fresh glasshouse tomatoes under mediterranean conditions, as affected by air vapour pressure deficit and plant fruit load. Annals of Botany, 85(6): 741-750.

Bezerra B G, Silva B B D, Bezerra J R C, et al. 2012. Evapotranspiration and crop coefficient for sprinkler-irrigated cotton crop in Apodi Plateau semiarid lands of Brazil. Agricultural Water Management, 107(3): 86-93.

Blum A. 2017. Osmotic adjustment is a prime drought stress adaptive engine in support of plant production. Plant, Cell & Environment, 40: 4-10.

Bongi G, Loreto F. 1989. Gas-exchange properties of salt stressed olive (*Olea europea* L.) leaves. Plant Physiology, 90: 1408-1416.

Borel C, Simonneau T, This D, et al. 1997. Stomatal conductance and ABA concentration in the xylem sap of barley lines of contrasting genetic origins. Functional Plant Biology, 24: 607-615.

Boyer J S, Wong S C, Farquhar G D. 1997. CO_2 and water vapor exchange across leaf cuticle (epidermis) at various water potentials. Plant Physiology, 114: 185-191.

Brodribb T J, Feild T S, Jordan G J. 2007. Leaf maximum photosynthetic rate and venation are linked by hydraulics. Plant Physiology, 144(4): 1890-1898.

Brodribb T J, Jordan G J. 2011. Water supply and demand remain balanced during leaf acclimation of *Nothofagus cunninghamii* trees. New Phytologist, 192(2): 437-448.

Brodribb T J, Jordan G J, Carpenter R J. 2013. Unified changes in cell size permit coordinated leaf evolution. New Phytologist, 199(2): 559-570.

Brodribb T J, McAdam S A M. 2017. Evolution of the stomatal regulation of plant water content. Plant Physiology, 174(2): 639-649.

Buckley T N. 2005. The control of stomata by water balances. New Phytologist, 168: 275-292.

Buckley T N. 2015. Stomatal responses to humidity: has the "black box" finally been opened? Plant, Cell & Environment, 39(3): 482-484.

Buckley T N, Mott K A, Farquhar G D. 2003. A hydromechanical and biochemical model of stomatal conductance. Plant, Cell & Environment, 26: 1767-1785.

Buessis D, von Groll U, Fisahn J, et al. 2006. Stomatal aperture can compensate altered stomatal density in *Arabidopsis thaliana* at growth light conditions. Functional Plant Biology, 33(11): 1037-1043.

Bunce J A. 1998. Effects of humidity on short-term response of stomatal conductance to increase in carbon dioxide concentration. Plant, Cell & Environment, 21: 115-120.

Bunce J A. 2006. How do leaf hydraulics limit stomatal conductance at high water vapour pressure deficits? Plant, Cell & Environment, 29(8): 1644-1650.

Bunce J A. 2016. Variation among soybean cultivars in mesophyll conductance and leaf water use efficiency. Plants, 5(4): 44.

Caine R S, Yin X, Sloan J, et al. 2019. Rice with reduced stomatal density conserves water and has improved drought tolerance under future climate conditions. New Phytologist, 221(1): 371-384.

Campos I, Neale C M U, Calera A, et al. 2010. Assessing satellite-based basal crop coefficients for irrigated grapes (*Vitis vinifera* L.). Agricultural Water Management, 98(1): 45-54.

Cantero-Navarro E, Romero-Aranda R, Fernandez-Munoz R, et al. 2016. Improving agronomic water use efficiency in tomato by rootstock-mediated hormonal regulation of leaf biomass. Plant Science, 251: 90-100.

Cardoso A A, Randall J M, Jordan G J, et al. 2018. Extended differentiation of veins and stomata is essential forthe expansion of large leaves in *Rheum rhabarbarum*. American Journal of Botany, 105(12): 1-8.

Carins C J A. 1996. Does transpiration control stomatal responses to water vapour pressure deficit? Plant, Cell & Environment, 20(1): 131-135.

Carins M M R, Jordan G J, Brodribb T J. 2012. Differential leaf expansion can enable hydraulic acclimation to sun and shade. Plant, Cell & Environment, (35): 1407-1418.

Carins M M R, Jordan G J, Brodribb T J. 2014. Acclimation to humidity modifies the link between leaf size and the density of veins and stomata. Plant, Cell & Environment, 37: 124-131.

Cernusak L A, Winter K, Turner B L. 2009. Plant delta ^{15}N correlates with the transpiration efficiency of nitrogen acquisition in tropical trees. Plant Physiology, 151: 1667-1676.

Chang T, Zhang Y, Zhang Z, et al. 2019. Effects of irrigation regimes on soil NO_3-N, electrical conductivity and crop yield in plastic greenhouse. International Journal of Agricultural and Biological Engineering, 12(1): 109-115.

Chartzoulakis K, Patakas A, Kofidis G, et al. 2002. Water stress affects leaf anatomy, gas exchange, water relations and growth of two avocado cultivars. Scientia Horticulturae, 95(1-2): 1-50.

Chen J, Gabelman W H. 2000. Morphological and physiological characteristics of tomato roots associated with potassium-acquisition efficiency. Scientia Horticulturae, 83: 213-225.

Chen Z H, Hills A, Bätz U, et al. 2012. Systems dynamic modeling of the stomatal guard cell predicts emergent behaviors in transport, signaling, and volume control. Plant Physiology, 159(3): 1235-1251.

Chu P F, Yu Z W, Wang D, et al. 2012. Effect of tillage mode on diurnal variations of water potential and chlorophyll fluorescence characteristics of flag leaf after anthesis and water use efficiency in wheat. Acta Agronomica Sinica, 38(6): 1051-1061.

Cochard H, Coll L, Roux X L, et al. 2002. Unraveling the effects of plant hydraulics on stomatal closure during water stress in walnut. Plant Physiology, 128(1): 282-290.

Collins M J, Fuentes S, Barlow E W R. 2010. Partial rootzone drying and deficit irrigation increase stomatal sensitivity to vapour pressure deficit in anisohydric grapevines. Functional Plant Biology, 37(2): 128-138.

Cowan I R. 1965. Transport of water in the soil-plant-atmosphere system. Journal of Applied Ecology, 2: 221-239.

Cowan I R. 1977. Stomatal behaviour and environment. Advances in Botanical Research, 4: 117-228.

Cramer M D, Hawkins H J, Verboom G A. 2009. The importance of nutritional regulation of plant water flux. Oecologia, 161: 15-24.

Cramer M D, Hoffmann V, Verboom G A. 2008. Nutrient availability moderates transpiration in Ehrharta calycina. New Phytologist, 179: 1048-1057.

Creese C, Oberbauer S, Rundel P, et al. 2014. Are fern stomatal responses to different stimuli coordinated? Testing responses to light, vapor pressure deficit, and CO_2 for diverse species grown under contrasting irradiances. New Phytologist, 204(1): 92-104.

Dai Y X, Wang L, Wan X C. 2018. Relative contributions of hydraulic dysfunction and carbohydrate depletion during tree mortality caused by drought. AoB PLANTS, 10(1): 17.

Damesin C. 2003. Respiration and photosynthesis characteristics of current-year stems of Fagus sylvatica: from the seasonal pattern to annual balance. New Phytologist, 158(3): 465-475.

Dardanelli J L, Ritchie J T, Calmon M, et al. 2004. An empirical model for root water uptake. Field Crops Research, 87(1): 59-71.

Darwin F. 1898. Observations on stomata. Proceeding of the Royal Society of London, 63: 413-417.

de Boer H J D, Lammertsma E I, Wagner-Cremer F, et al. 2011. Climate forcing due to optimization of maximal leaf conductance in subtropical vegetation under rising CO_2. Proceedings of the National Academy of Sciences of the United States of America, 108: 4041-4046.

De Vries D A. 1958. Simultaneous transfer of heat and moisture in porous media. Transactions of American Geophysical Union, 39: 909-916.

Delucia E H, Maheral H, Carey E V. 2000. Climate-driven changes in biomass allocation in pines. Global Change Biology, 6: 587-593.

DeMichele D W, Sharpe P J H. 1973. An analysis of the mechanics of guard cell motion. Journal of Theoretical Biology, 41: 77-96.

Deng X P, Shan L, Zhang H, et al. 2006. Improving agricultural water use efficiency in arid and semiarid areas of China. Agricultural Water Management, 80(1-3): 23-40.

Denmead O T, Millar B D. 1976. Water transport in wheat plants in the field. Agronomy Journal, 68(2): 297-303.

Devi M J, Taliercio E W, Sinclair T R. 2015. Leaf expansion of soybean subjected to high and low atmospheric vapour pressure deficits. Journal of Experimental Botany, 66(7): 1845-1850.

Dewar R, Mauranen A, Makela A, et al. 2018. New insights into the covariation of stomatal, mesophyll and hydraulic conductances from optimization models incorporating nonstomatal limitations to photosynthesis. New Phytologist, 217(2): 571-585.

Dewar R C. 2002. The Ball-Berry-Leuning and Tardieu-Davies models: synthesis and extension at guard cell level. Plant, Cell & Environment, 25: 1383-1398.

Ding J, Yang T, Zhao Y, et al. 2018. Increasingly important role of atmospheric aridity on Tibetan alpine grasslands. Geophysical Research Letters, 45(6): 2852-2859.

Domec J C, Ogée J, Noormets A, et al. 2012. Interactive effects of nocturnal transpiration and climate change on the root hydraulic redistribution and carbon and water budgets of southern united states pine plantations. Tree Physiology, 32(6): 707-723.

Dow G J, Berry J A, Bergmann D C. 2014b. The physiological importance of developmental mechanisms that enforce proper stomatal spacing in *Arabidopsis thaliana*. New Phytologist, 201(4): 1205-1217.

Drake B G, Gonzalezmeler M A, Long S P. 1997. More efficient plants: a consequence of rising atmospheric CO_2? Annual Review of Plant Physiology & Plant Molecular Biology, 48(4): 609-639.

Drake P L, Froend R H, Franks P J. 2013. Smaller, faster stomata: scaling of stomatal size, rate of response, and stomatal conductance. Journal of Experimental Botany, 64(2): 495-505.

Du Q J, Liu T, Jiao X C, et al. 2019. Leaf anatomical adaptations have central roles in photosynthetic acclimation to humidity. Journal of Experimental Botany, 70: 4949-4961.

Du Q J, Xing G M, Jiao X C, et al. 2018a. Stomatal responses to long-term high vapor pressure deficits mediated most limitation of photosynthesis in tomatoes. Acta Physiologiae Plantarum, 40(8): 149.

Du Q J, Zhang D L, Jiao X C, et al. 2018b. Effects of atmospheric and soil water status on photosynthesis and growth in tomato. Plant Soil and Environment, 64(1): 13-19.

Dube P A, Stevenson K R, Thurtell G W, et al. 1975. Steady state resistance to water flow in corn under well watered conditions. Canadian Journal of Plant Science, 55(4): 941-948.

Eamus D, Shanahan S T. 2002. A rate equation model of stomatal responses to vapour pressure deficit and drought. BMC Ecology, 2: 8.

Ebrahimian H, Liaghat A, Parsinejad M, et al. 2012. Distribution and loss of water and nitrate under alternate and conventional furrow fertigation. Spanish Journal of Agricultural Research, 10(3): 849-864.

Elliott-Kingston C, Haworth M, Yearsley J M, et al. 2016. Does size matter? Atmospheric CO_2 may be a stronger driver of stomatal closing rate than stomatal size in taxa that diversified under low CO_2. Frontiers in Plant Science, 7: 1253.

Ellsworth P V, Ellsworth P Z, Koteyeva N K, et al. 2018. Cell wall properties in *Oryza sativa* influence mesophyll CO_2 conductance. New Phytologist, 219(1): 66-76.

Evans J R, Caemmerer S V, Setchell B A, et al. 1994. The relationship between CO_2 transfer conductance and leaf anatomy in transgenic tobacco with a reduced content of rubisco. Functional Plant Biology, 21(4): 475-495.

Evans J R, Kaldenhoff R, Genty B, et al. 2009. Resistances along the CO_2 diffusion pathway inside leaves. Journal of Experimental Botany, 60(8): 2235-2248.

Evans J R, von Caemmerer S. 1996. Carbon dioxide diffusion inside leaves. Plant Physiology, 110(2): 339-346.

Evans J R, von Caemmerer S, Setchell B A, et al. 1994. The relationship between CO_2 transfer conductance and leaf anatomy in transgenic tobacco with a reduced content of rubisco. Australian Journal of Plant Physiology, 21: 475-495.

Fanourakis D, Heuvelink E, Carvalho S M P. 2013. A comprehensive analysis of the physiological and anatomical components involved in higher water loss rates after leaf development at high humidity. Journal of Plant Physiology, 170(10): 890-898.

Farquhar G D, Sharkey T D. 1982. Stomatal conductance and photosynthesis. Annu Rev Plant Physiol, 33: 317-345.

Farquhar G D, Wong S C. 1984. An empirical model of stomatal conductance. Australian Journal of Plant Physiology, 11(3): 191-210.

Feddes R A, Hoff H, Bruen M, et al. 2010. Modeling root water uptake in hydrological and climate models. Bulletin of the American Meteorological Society, 82(12): 2797-2810.

Fereres E, Soriano M A. 2007. Deficit irrigation for reducing agricultural water use. Journal of Experimental Botany, 58(2): 147-159.

Fini A, Loreto F, Tattini M, et al. 2016. Mesophyll conductance plays a central role in leaf functioning of Oleaceae species exposed to contrasting sunlight irradiance. Physiologia Plantarum, 157(1): 54-68.

Fischer R A, Ress D, Sayre K D, et al. 1998. Wheat yield progress associated with higher stomatal conductance and photosynthetic rate, and cooler canopies. Crop Science, 38(6): 1467-1475.

Fitz-Rodríguez E, Kubota C, Giacomelli G A, et al. 2010. Dynamicmodeling and simulation of greenhouse environments under several scenarios: a web-basedapplication. Computers & Electronics in Agriculture, 70(1): 105-116.

Fleisher D H, Wang Q, Timlin D J, et al. 2012. Response of potato gas exchange and productivity to phosphorus deficiency and carbon dioxide enrichment. Crop Science, 52(4): 1803-1815.

Fletcher A L, Sinclair T R, Allen L H. 2007. Transpiration responses to vapor pressure deficit in well watered 'slow-wilting' and commercial soybean. Environmental and Experimental Botany, 61(2): 145-151.

Flexas J, Díaz-Espejo A, Conesa M A, et al. 2016. Mesophyll conductance to CO_2 and rubisco as targets for improving intrinsic water use efficiency in C_3 plants. Plant, Cell & Environment, 39(5): 965-982.

Flexas J, Ribas-Carbo M, Diaz-Espejo A, et al. 2008. Mesophyll conductance to CO_2: current knowledge and future prospects. Plant, Cell & Environment, 31(5): 602-621.

Flexas J, Ribas-Carbo M, Hanson D T, et al. 2006. Tobacco aquaporin ntaqp1 is involved in mesophyll conductance to CO_2 *in vivo*. Plant Journal, 48(3): 427-439.

Flexas J, Scoffoni C, Gago J, et al. 2013. Leaf mesophyll conductance and leaf hydraulic conductance: an introduction to their measurement and coordination. Journal of Experimental Botany, 64: 3965-3981.

Forseth I N, Ehleringer J R. 1983. Ecophysiology of two solar tracking desert winter annuals. Oecologia, 58(1): 10-18.

Franks P J, Beerling D J. 2009. Maximum leaf conductance driven by CO_2 effects on stomatal size and density over geologic time. Proceedings of the National Academy of Sciences, 106(25): 10343-10347.

Franks P J, Cowan I R, Farquhar G D. 1997. The apparent feedforward response of stomata to air vapour pressure deficit: information revealed by different experimental procedures with two rainforest trees. Plant, Cell & Environment, 20: 142-145.

Franks P J, Farquhar G D. 2001. The effect of exogenous abscisic acid on stomatal development, stomatal mechanics, and leaf gas exchange in *Tradescantia virginiana*. Plant physiology, 125(2): 935-942.

Franzluebbers A J. 2002. Water infiltration and soil structure related to organic matter and its stratification with depth. Soil and Tillage Research, 66(2): 197-205.

Frensch J, Schulze E D. 1988. The effect of humidity and light on cellular water relations and diffusion conductance of leaves of *Tradescantia virginiana* L. Planta, 173(4): 554-562.

Fricke W. 2017. Water transport and energy. Plant, Cell & Environment, 40: 977-994.

Galmés J, Ochogavía J M, Gago J, et al. 2013. Leaf responses to drought stress in mediterranean accessions of *Solanum lycopersicum*: anatomical adaptations in relation to gas exchange parameters. Plant, Cell & Environment, 36(5): 920-935.

Gardner W R. 1960. Dynamic aspects of water availability to plants. Soil Science, 89(2): 63-73.

Garty J, Weissman L, Tamir O, et al. 2000. Comparison of five physiological parameters to assess the vitality of the lichen *Ramalina lacera* exposed to air pollution. Physiologia Plantarum, 109(4): 410-418.

Gázquez J C, López J C, Baeza E, et al. 2008. Effects of vapour pressure deficit and radiation on the transpiration rate of a greenhouse sweet pepper crop. Acta Horticulturae, 797(797): 259-265.

Geerts S, Raes D. 2009. Deficit irrigation as an on-farm strategy to maximise crop water production in dryareas. Agricultural Water Management, 96(9): 1275-1284.

Gibberd M R, Turner N C, Loveys B R. 2000. High vapour pressure deficit results in a rapid decline of leaf water potential and photosynthesis of carrots grown on free-draining, sandy soils. Australian Journal of Agricultural Research, 51(7): 839-847.

Gillon J S, Yakir D. 2000. Internal conductance to CO_2 diffusion and $C^{18}OO$ discrimination in C_3 leaves. Plant Physiology, 123: 201-213.

Gislerød H R, Nelson P V. 1989. The interaction of relative air humidity and carbon dioxide enrichment in the growth of *Chrysanthemum* × *morifolium* Ramat. Scientia Horticulturae, 38(3): 305-313.

Giuliani R, Koteyeva N, Voznesenskaya E, et al. 2013 Coordination of leaf photosynthesis, transpiration, and structural traits in rice and wild relatives (Genus *Oryza*). Plant Physiology, 162(3): 1632-1651.

Goldstein G, Andrade J L, Meinzer F C, et al. 1998. Stem waterstorage and diurnal patterns of water use in tropical forest canopy trees. Plant, Cell & Environment, 21(21): 397-406.

Gollan T, Turner N C, Schulze E D. 1985. The responses of stomata and leaf gas exchange to vapour pressure deficits and soil water content. Oecologia, 65(3): 356-362.

Gourdji S M, Mathews K L, Reynolds M, et al. 2013. An assessment of wheat yield sensitivity and breeding gains in hot environments. Proceedings of the Royal Society B: Biological Sciences, 280(1752): 20122190.

Griend A A V D, Owe M, Vugts H F, et al. 1989. Water and surface energy balance modeling in Botswana. Bulletin of the American Meteorological Society, 70(11): 1404-1411.

Grossiord C, Buckley T N, Cernusak L A, et al. 2020. Plant responses to rising vapor pressure deficit. New Phytologist, 226(6): 1550-1566.

Gupta A S, Berkowitz G A, Pier P A. 1989. Maintenance of photosynthesis at low leaf water potential in wheat role of potassium status and irrigation history. Plant Physiology, 89: 1358-1365.

Hall A E. 1975. Regulation of water transport in the soil-plant-atmosphere continuum. Berlin: Springer Berlin Heidelberg.

Han J M, Meng H F, Wang S Y, et al. 2016. Variability of mesophyll conductance and its relationship with water use efficiency in cotton leaves under drought pretreatment. Journal of Plant Physiology, 194: 61-71.

Hanba Y T, Kogami H, Terashima I. 2002. The effect of growth irradiance on leaf anatomy and photosynthesis in Acer species differing in light demand. Plant, Cell & Environment, 25: 1021-1030.

Hanba Y T, Shibasaka M, Hayashi Y, et al. 2004. Overexpression of the barley aquaporin HvPIP2;1 increases internal CO_2 conductance and CO_2 assimilation in the leaves of transgenic rice plants. Plant and Cell Physiology, 45: 521-529.

Hanson B, Hopmans J W, Jirka I. 2008. Leaching with subsurface drip irrigation under saline, shallow groundwater conditions. Vadose Zone Journal, 7(2): 810-818.

Hegde D M. 1987. Effect of soil matric potential, method of irrigation and nitrogen fertilization on yield, quality, nutrient uptake and water use of radish (*Raphanus sativus* L.). Irrigation Science, 8(1): 13-22.

Herkelrath W N, Miller E E, Garner W R. 1977. Water uptake by plants. II. The roots contact model. Soil Science Society American of Journal, 41: 1039-1043.

Hillel D. 1976. A macroscopic scale model of water uptake by a non-uniform root system and salt movement in the soil profile. Soil Science, 121: 242-255.

Hills A, Chen Z H, Amtmann A, et al. 2012. On guard, a computational platform for quantitative kinetic modeling of guard cell physiology. Plant Physiology, 159(3): 1026-1042.

Hofstra G, Hesketh J D. 1969. The effect of temperature on stomatal aperture in different species. Canadian Journal of Botany, 47(47): 1307-1310.

Holder R, Cockshull K E. 1990. Effects of humidity on the growth and yield of glasshouse tomatoes. Journal of Horticultural Science, 65: 31-39.

Horton R. 1989. Canopy shading effects on soil heat and water flow. Soil Science Society of America Journal, 53(3): 669-679.

Hu W, Jiang N, Yang J, et al. 2016. Potassium (K) supply affects K accumulation and photosynthetic physiology in two cotton (*Gossypium hirsutum* L.) cultivars with different K sensitivities. Field Crops Research, 196: 51-63.

Huck M G, Hillel D. 1983. A model of root growth and water uptake accounting for photosynthesis, respiration, transpiration, and soil hydraulics. Advances in Irrigation, 2: 273-333.

Iio A, Fukasawa H, Nose Y, et al. 2004. Stomatal closure induced by high vapor pressor deficit limited midday photosynthesis at the canopy top of *Fagus crenata* Blume on Naeba mountain in Japan. Trees, 18(5): 510-517.

Jarvis P G. 1976. The interpretation of the variations in leaf water potential and stomatal conductance found in canopies in the field. Philosophical Transactions of the Royal Society of London Series B: Biological Sciences, 273(927): 593-610.

Jayanthi H, Neale C M U, Wright J L. 2007. Development and validation of canopy reflectance-based crop coefficient for potato. Agricultural Water Management, 88(1): 235-246.

Jiao X C, Song X M, Zhang D L, et al. 2019. Coordination between vapor pressure deficit and CO_2 on the regulation of photosynthesis and productivity in greenhouse tomato production. Scientific Reports, 9: 8700.

Jones, H G. 1978. Modelling diurnal trades of leaf water potential in transpiring wheat. Journal Applied Ecology, 15: 613-626.

Jurczyk B, Rapacz M, Pociecha E, et al. 2016. Changes in carbohydrates triggered by low temperature waterlogging modify photosynthetic acclimation to cold in *Festuca pratensis*. Environmental and Experimental Botany, 122: 60-67.

Kaiser H, Legner N. 2007. Localization of mechanisms involved in hydropassive and hydroactive stomatal responses of *Sambucus nigra* to dry air. Plant Physiology, 143(2): 1068-1077.

Kandelous M M, Jirí S. 2010. Numerical simulations of water movement in a subsurface drip irrigation system under field and laboratory conditions using HYDRUS-2D. Agricultural Water Management, 97(7): 1070-1076.

Kang S. 2003. Crop coefficient and ratio of transpiration to evapotranspiration of winter wheat and maize in a semi-humid region. Agricultural Water Management, 59(3): 239-254.

Katsoulas N, Kittas C, Bartzanas T. 2012. Microclimate distribution in a greenhouse cooled by a fog system. Acta Horticulturae, 927(927): 773-778.

Katsoulas N, Savvas D, Tsirogiannis I, et al. 2009. Response of an eggplant crop grown under mediterranean summer conditions to greenhouse fog cooling. Scientia Horticulturae, 123(1): 90-98.

Kellomäki S, Wang K Y. 1998. Sap flow in scots pines growing under conditions of year-round carbon dioxide enrichment and temperature elevation. Plant, Cell & Environment, 21(10): 969-981.

Kima J, Vermaa S B. 1991. Modeling canopy stomatal conductance in a temperate grassland ecosystem. Agricultural & Forest Meteorology, 55(1-2): 149-166.

Kimball B A. 1983. Carbon dioxide and agricultural yield: an assemblage and analysis of 430 prior observations. Agronomy Journal, 75(5): 779-788.

Kimball B A, Zhu J, Cheng L, et al. 2002. Responses of agricultural crops of free-air CO_2 enrichment. Journal of Applied Ecology, 13(10): 1323-1338.

Koubouris G C, Metzidakis I T, Vasilakakis M D. 2009. Impact of temperature on olive (*Olea europaea* L.) pollen performance in relation to relative humidity and genotype. Environmental and Experimental Botany, 67(1): 209-214.

Kramer P J. 1993. Water relations of plants. New York: Academic Press.

Kresović B, Tapanarova A, Tomić Z, et al. 2016. Grain yield and water use efficiency of maize as influenced by different irrigation regimes through sprinkler irrigation under temperate climate. Agricultural Water Management, 169: 34-43.

Lagerwerff J V, Eagle H E. 1962. Transpiration related to ion uptake by beans from saline substrates. Soil Science, 93: 420-430.

Lake J A, Walker H J, Cameron D D, et al. 2017. A novel root-to-shoot stomatal response to very high CO_2 levels in the soil: electrical, hydraulic and biochemical signalling. Physiologia Plantarum, 159(4): 433-444.

Lamsal K, Nakano Y, Kuroda M. 1998. Soil plant atmosphere continuum (SPAC) model for soil water consumption analysis on various topographic conditions. Transactions of the Japanese Society of Irrigation Drainage & Reclamation Engineering, 1998(193): 87-100.

Landsberg J J, Fowkes N D. 1978. Water movement through plant roots. Annals of Botany, 42(3): 493-508.

Lawlor D W, Tezara W. 2009. Causes of decreased photosynthetic rate and metabolic capacity in water-deficient leaf cells: a critical evaluation of mechanisms and integration of processes. Annals of Botany, 103(4): 561-579.

Lawson T, Blatt M R. 2014. Stomatal size, speed, and responsiveness impact on photosynthesis and water use efficiency. Plant Physiology, 164(4): 1556-1570.

Leonardi C, Guichard S, Bertin N. 2000. High vapour pressure deficit influences growth, transpiration and quality of tomato fruits. Scientia Horticulturae, 84: 285-296.

Leuschner C. 2002. Air humidity as an ecological factor for woodland herbs: leaf water status, nutrient uptake, leaf anatomy, and productivity of eight species grown at low or high VPD levels. Flora, 197(4): 262-274.

Li S. 2006. Experimental study of a high pressure fogging system in naturally ventilated greenhouses. Acta Horticulturae, 719: 393-400.

Li S, Kang S, Li F, et al. 2008. Evapotranspiration and crop coefficient of spring maize with plastic mulch using eddy covariance in Northwest China. Agricultural Water Management, 95(11): 1214-1222.

Li X T, Cao P, Wang X G, et al. 2011. Comparison of gas exchange and chlorophyll fluorescence of low-potassium-tolerant and -sensitive soybean [*Glycine max* (L.) Merr.] cultivars under low-potassium condition. Photosynthetica, 49: 633-636.

Li Y, Bai G, Yan H. 2015. Development and validation of a modified model to simulate the sprinkler water distribution. Computers and Electronics in Agriculture, 111: 38-47.

Lihavainen J, Ahonen V, Keski-Saari S, et al. 2016. Low vapour pressure deficit affects nitrogen nutrition and foliar metabolites in silver birch. Journal of Experimental Botany, 67(14): 4353-4365.

Linker R, Kacira M, Arbel A. 2011. Robust climate control of a greenhouse equipped with variable-speed fans and a variable-pressure fogging system. Biosystems Engineering, 110(2): 153-167.

Liu H, Cohen S, Lemcoff J H, et al. 2014. Sap flow, canopy conductance and microclimate ina banana screen house. Agricultural & Forest Meteorology, 201: 165-175.

Liu J, Wisniewski M, Droby S, et al. 2011. Effect of heat shock treatment on stress tolerance and biocontrol efficacy of metschnikowia fructicola. Fems Microbiology Ecology, 76(1): 145-155.

Liu Y Y, Song J, Wang M, et al. 2015. Coordination of xylem hydraulics and stomatal regulation in keeping the integrity of xylem water transport in shoots of two compound-leaved tree species. Tree Physiology, 35(12): 1333-1342.

López-Urrea R, Olalla F M D S, Montoro A, et al. 2009. Single and dual crop coefficients and water requirements for onion (*Allium cepa* L.) under semiarid conditions. Agricultural Water Management, 96(6): 1031-1036.

Loreto F, Harley P C, Di Marco G, et al. 1992. Estimation of mesophyll conductance to CO_2 flux by three different methods. Plant Physiology, 98: 1437-1443.

Losch R, Schulze E D. 1994. Internal coordination of plant responses to drought and evaporational demand. Ecological Studies: Analysis and Synthesis, 100: 185-204.

Lu N, Nukaya T, Kamimura T, et al. 2015. Control of vapor pressure deficit (VPD) in greenhouse enhanced tomato growth and productivity during the winter season. Scientia Horticulturae, 197(14): 17-23.

Lu Z, Lu J, Pan Y, et al. 2016a. Anatomical variation of mesophyll conductance under potassium deficiency has a vital role in determining leaf photosynthesis. Plant, Cell & Environment, 39: 2428-2439.

Lu Z, Ren T, Pan Y, et al. 2016b. Differences on photosynthetic limitations between leaf margins and leaf centers under potassium deficiency for *Brassica napus* L. Scientific Reports, 6: 21725.

Lucier A A, Hinckley T M. 1982. Phenology, growth and water relations of irrigated and non-irrigated black walnut. Forest Ecology and Management, 4(2): 127-142.

Luis I D, Irigoyen J J, Sánchez-Díaz M. 2010. Low vapour pressure deficit reduces the beneficial effect of elevated CO_2 on growth of N_2-fixing alfalfa plants. Physiologia Plantarum, 116(4): 497-502.

Ma F, Zhang X W, Chen L T, et al. 2013. The alpine homoploid hybrid *Pinus densata* has greater cold photosynthesis tolerance than its progenitors. Environmental and Experimental Botany, 85: 85-91.

Macková J, Vašková M, Macek P, et al. 2013. Plant response to drought stress simulated by ABA application: changes in chemical composition of cuticular waxes. Environmental and Experimental Botany, 86(4): 70-75.

Marsal J, Johnson S, Casadesus J, et al. 2014. Fraction of canopy interceptedradiation relates differently with crop coefficient depending on the season and the fruit tree species. Agricultural and Forest Meteorology, 184(1): 1-11.

Martins S C V, McAdam S A M, Deans R M, et al. 2016. Stomatal dynamics are limited by leaf hydraulics in ferns and conifers: results from simultaneous measurements of liquid and vapour fluxes in leaves. Plant, Cell & Environment, 39(3): 694-705.

Martre P, Morillon R, Barrieu F, et al. 2002. Plasma membrane aquaporins play a significant role during recovery from water deficit. Plant Physiology, 130: 2101-2110.

Mathur S, Mehta P, Jajoo A. 2013. Effects of dual stress (high salt and high temperature) on the photochemical efficiency of wheat leaves (*Triticum aestivum*). Physiology and Molecular Biology of Plants, 19(2): 179-188.

Maxwell K, Johnson G N. 2000. Chlorophyll fluorescence-a practical guide. Journal of Experimental Botany, 51: 659-668.

McAdam S A M, Brodribb T J. 2016. Linking turgor with ABA biosynthesis: implications for stomatal responses to vapor pressure deficit across land plants. Plant Physiology, 171: 2008-2016.

McDowell N G, Phillips N, Lunch C, et al. 2002. An investigation of hydraulic limitation and compensation in large, old Douglas-fir trees. Tree Physiology, 22: 763-774.

Medlyn B E, Duursma R A, Eamus D, et al. 2011. Reconciling the optimal and empirical approaches to modelling stomatal conductance. Global Change Biology, 17(6): 2134-2144.

Merilo E, Yarmolinsky D, Jalakas P, et al. 2018. Stomatal VPD response: there is more to the story than ABA. Plant Physiology, 176(1): 851-864.

Milburn J A. 1979. Water Flow in Plants. London: Longman.

Milly P C D. 1982. Moisture and heat transport in hysteretic, inhomogeneous porous media: a matric head-based formulation and a numerical model. Water Resources Research, 18(3): 489-498.

Milly P C D. 1984. A simulation analysis of thermal effects on evaporation from soil. Water Resources Research, 20: 1087-1098.

Miyazawa S I, Yoshimura S, Shinzaki Y, et al. 2008. Relationship between mesophyll CO_2 gas diffusion conductance and leaf plasma-membrane-type aquaporin contents in tobacco plants grown under drought conditions. Photosynthesis, 91: 805-808.

Mjyostna D, Thomasr S, Vincent V. 2010. Genotypic variation in peanut for transpiration response to vapor pressure deficit. Crop Science, 50(1): 191-196.

Mmolawa K, Or D. 2003. Experimental and numerical evaluation of analytical volume balance model for soil water dynamics under drip irrigation. Soil Science Society of America Journal, 67(6): 1657-1671.

Molz F J. 1976. Water transport in the soil-root system: transient analysis. Water Resource Research, 12: 805-808.

Molz F J. 1981. Models of water transport in the soil-plant system: a review. Water Resources Research, 17(5): 1245-1260.

Molz F J, Remson I. 1970. Extraction term models of soil moisture use by transpiring plants. Water Resources Research, 6: 1346-1356.

Muir C D, Hangarter R P, Moyle L C, et al. 2014. Morphological and anatomical determinants of mesophyll conductance in wild relatives of tomato (*Solanum* sect. *Lycopersicon*, sect. *Lycopersicoides*; Solanaceae). Plant, Cell & Environment, 37(6): 1415-1426.

Naithani K J, Ewers B E, Pendall E. 2012. Sap flux-scaled transpiration and stomatal conductance response to soil and atmospheric drought in a semi-arid sagebrush ecosystem. Journal of Hydrology, 464-465: 176-185.

Nassar I N, Globus A M, Horton R. 1992. Simultaneous soil heat and water transfer. Soil Science, 154(6): 465-472.

Nassar I N, Horton R. 1989. Water transport in unsaturated nonisothermal salty soil: I. Experimental Results. Soil Science Society of America Journal, 53(5): 1330-1337.

Nederhoff E M. 2015. Effects of CO_2 on greenhouse grown eggplant (*Solanum melongena* L.) Ⅱ. Leaf conductance. Journal of Pomology and Horticultural Science, 67(6): 795-803.

Neill S, Desikan R, Hancock J. 2002. Hydrogen peroxide signalling. Current Opinion in Plant Biology, 5: 388.

Nicolás E, Barradas V L, Ortuño M F, et al. 2008. Environmental and stomatal control of transpiration, canopy conductance and decoupling coefficient in young lemon trees under shading net. Environmental and Experimental Botany, 63(1-3): 200-206.

Nielsen D C, Hinkle S E. 1996. Field evaluation of basal crop coefficients for corn based on growing degree days, growth stage, or time. Transactions of the ASAE, 39(1): 97-103.

Niinemets Ü, Díaz-Espejo A, Flexas J, et al. 2009. Role of mesophyll diffusion conductance in constraining potential photosynthetic productivity in the field. Journal of Experimental Botany, 60(8): 2249-2270.

Niinemets Ü, Reichstein M. 2003. Controls on the emission of plant volatiles through stomata: a sensitivity analysis. Journal of Geophysical Research: Atmospheres, 108(D7): 4211.

Novák V, Vidovič J. 2003. Transpiration and nutrient uptake dynamics in maize (*Zea mays* L.). Ecological Modelling, 166: 99-107.

Novick K A, Miniat C F, Vose J M. 2015. Drought limitations to leaf-level gas exchange: results from amodel linking stomatal optimization and cohesion tension theory. Plant, Cell & Environment, 39: 583-596.

Oguntunde P G. 2005. Whole-plant water use and canopy conductance of cassava under limited available soil water and varying evaporative demand. Plant and Soil, 278(1-2): 371-383.

Olsovska K, Kovar M, Brestic M, et al. 2016. Genotypically identifying wheat mesophyll conductance regulation under progressive drought stress. Frontiers in Plant Science, 7: 1111.

Orgaz F, Fernández M D, Bonachela S, et al. 2005. Evapotranspiration of horticultural crops in an unheated plastic greenhouse. Agricultural Water Management, 72(2): 81-96.

Pantin F, Blatt M R. 2018. Stomatal response to humidity: blurring the boundary between active and passive movement. Plant physiology, 176(1): 485-488.

Parent B, Suard B, Serraj R, et al. 2010. Rice leaf growth and water potential are resilient to evaporative demand and soil water deficit once the effects of root system are neutralized. Plant, Cell & Environment, 33(8): 1256-1267.

Parts K, Tedersoo L, Lõhmus K, et al. 2013. Increased air humidity and understory composition shape short root traits and the colonizing ectomycorrhizal fungal community in silver birch stands. Forest Ecology and Management, 310: 720-728.

Paudel I, Halpern M, Wagner Y, et al. 2018. Elevated CO_2 compensates for drought effects in lemon saplings via stomatal downregulation, increased soil moisture, and increased wood carbon storage. Environmental and Experimental Botany, 148: 117-127.

Peak D, Mott K A. 2011. A new, vapour-phase mechanism for stomatal responses to humidity and temperature. Plant, Cell & Environment, 34(1): 162-178.

Pedrera-Parrilla A, Van D V E, Van Meirvenne M, et al. 2016. Apparent electrical conductivity measurements in an olive orchard under wet and dry soil conditions: significance for clay and soil water content mapping. Precision Agriculture, 17(5): 531-545.

Peet M. 2003. Heat stress increases sensitivity of pollen, fruit and seed production in tomatoes (*Lycopersicon esculentum* Mill.) to non-optimal vapor pressure deficits. Acta Horticulturae, 618(618): 209-215.

Peet M M, Welles G, Heuvelink E. 2005. Greenhouse tomato production. Crop Production Science in Horticulture, 12(3): 394-399.

Pegoraro E, Rey A, Bobich E G, et al. 2004. Effect of elevated CO_2 concentration and vapour pressure deficit on isoprene emission from leaves of populus deltoides during drought. Functional Plant Biology, 31(12): 1137-1147.

Peguero-Pina J J, Siso S, Flexas J, et al. 2017. Cell-level anatomical characteristics explain high mesophyll conductance and photosynthetic capacity in sclerophyllous *Mediterranean oaks*. New Phytologist, 214(2): 585-596.

Peiter E. 2011. The plant vacuole: emitter and receiver of calcium signals. Cell Calcium, 50: 120-128.

Perez-Martin A, Flexas J, Ribas-Carbó M, et al. 2009. Interactive effects of soil water deficit and air vapour pressure deficit on mesophyll conductance to CO_2 in *Vitis vinifera* and *Olea europaea*. Journal of Experimental Botany, 60(8): 2391-2405.

Perez-Martin A, Michelazzo C, Torres-Ruiz J M, et al. 2014. Regulation of photosynthesis and stomatal and mesophyll conductance under water stress and recovery in olive trees: correlation with gene expression of carbonic anhydrase and aquaporins. Journal of Experimental Botany, 65(12): 3143-3156.

Philip J R. 1966. Plant water relations: some physical aspects. Annual Review of Plant Physiology, 17(1): 245-268.

Philip J R, Vries D A. 1957. Moisture movement in porous materials under temperature gradients. Transactions American Geophysical Union, 38: 222-231.

Pollet I V, Pieters J G. 2000. Wettability and high incidence angle light transmittance of greenhouse claddings. Transactions of the Asae, 43(3): 703-706.

Pons T L, Flexas J, von Caemmerer S, et al. 2009. Estimating mesophyll conductance to CO_2: methodology, potential errors, and recommendations. Journal of Experimental Botany, 60(8): 2217-2234.

Poorter H, Niinemets U, Poorter L, et al. 2009. Causes and consequences of variation in leaf mass per area (LMA): a meta-analysis. New Phytologist, 182(3): 565-588.

Porcel R, Aroca R, Ruiz-Lozano J M. 2012. Salinity stress alleviation using arbuscular mycorrhizal fungi: a review. Agronomy for Sustainable Development, 32(1): 181-200.

Qiu C P, Ethier G, Pepin S, et al. 2017. Persistent negative temperature response of mesophyll conductance in red raspberry (*Rubus idaeus* L.) leaves under both high and low vapour pressure deficits: a role for abscisic acid? Plant, Cell & Environment, 40(9): 1940-1959.

Qiu R, Kang S, Du T, et al. 2013a. Effect of convection on the penman-monteith model estimates of transpiration of hot pepper grown in solar greenhouse. Scientia Horticulturae, 160(3): 163-171.

Qiu R, Kang S, Li F, et al. 2011. Energy partitioning and evapotranspiration of hot pepper grown in greenhouse with furrow and drip irrigation methods. Scientia Horticulturae, 129(4): 790-797.

Qiu R, Song J, Du T, et al. 2013b. Response of evapotranspiration and yield to planting density of solar greenhouse grown tomato in northwest China. Agricultural Water Management, 130(4): 44-51.

Raats P A C. 1975a. Transformations of fluxes and forces describing the simultaneous transport of water and heat in unsaturated porous media. Water Resources Research, 11(6): 938-942.

Raats P A C. 1975b. Distributions of salts in the root zone. Journal of Hydrology, 27: 237-248.

Reddy K R, Hodges H F, Kimball B A, et al. 2000. Crop ecosystem responses to climatic change: cotton. Climate Change and Global Crop Productivity, 2000: 161-187.

Rengel Z, Damon P M. 2008. Crops and genotypes differ in efficiency of potassium uptake and use. Physiologia Plantarum, 133: 624-636.

Renkema H, Koopmans A, Kersbergen L, et al. 2012. The effect of transpiration on selenium uptake and mobility in durum wheat and spring canola. Plant and Soil, 354(1-2): 239-250.

Richard Koech, Philip Langat. 2018. Improving irrigation water use efficiency: a review of advances, challenges and opportunities in the Australian context. Water, 10(12): 1771.

Rigden A J, Salvucci G D. 2016. Stomatal response to humidity and CO_2 implicated in recent decline in US evaporation. Global Change Biology, 23: 1140-1151.

Rivera Z J, López C I L, Castillo S J A, et al. 2013. A comparison of three transpiration models in a tomato crop grown under greenhouse conditions. Terra Latinoamericana, 31: 9-21.

Robertson E J, Leech R M. 1995. Significant changes in cell and chloroplast development in young wheat leaves (*Triticum aestivum* cv. 'Hereward') grown in elevated CO_2. Plant Physiology, 107(1): 63-71.

Roche P, Diaz-Burlinson N, Gachet S. 2004. Congruency analysis of species ranking based on leaf traits: which traits are the more reliable? Plant Ecology, 174(1): 37-48.

Roddy A B, Dawson T E. 2013. Novel patterns of hysteresis in the response of leaf-level sap flow to vapor pressure deficit. Acta Horticulturae, 991(991): 261-267.

Rodriguez-Dominguez C M, Buckley T N, Egea G, et al. 2016. Most stomatal closure in woody species under moderate drought can be explained by stomatal responses to leaf turgor. Plant, Cell & Environment, 39(9): 2014-2026.

Rogers A. 2007. The response of photosynthesis and stomatal conductance to rising [CO_2]: mechanisms and environmental interactions. Plant, Cell & Environment, 30(3): 258-270.

Romero-Aranda R, Soria T, Cuartero J. 2002. Greenhouse mist improves yield of tomato plants grown under saline conditions. Journal of the American Society for Horticultural Science, 127(4): 644-648.

Rosati A, Metcalf S, Buchner R, et al. 2006. Tree water status and gas exchange in walnut under drought, high temperature and vapour pressure deficit. Journal of Pomology and Horticultural Science, 81(3): 415-420.

Rosenvald K, Tullus A, Ostonen I, et al. 2014. The effect of elevated air humidity on young silver birch and hybrid aspen biomass allocation and accumulation: acclimation mechanisms and capacity. Forest Ecology and Management, 330: 252-260.

Rowse C W, Stone D A, Gerwitz A. 1978. Simulation of the water distribution in soil. II. The model for cropped soil and its comparison with experiment. Plant Soil, 49: 534-550.

Royer D L. 2001. Stomatal density and stomatal index as indicators of paleoatmospheric CO_2 concentration. Rev Palaeobot Palynol, 114(1): 1-28.

Ryan A C, Dodd I C, Rothwell S A, et al. 2016. Gravimetric phenotyping of whole plant transpiration responses to atmospheric vapour pressure deficit identifies genotypic variation in water use efficiency. Plant Science, 251: 101-109.

Sack L, Holbrook N M. 2006. Leaf hydraulics. Annual Review of Plant Biology, 57(1): 361-381.

Sack L, Streeter C M, Holbrook N M. 2004. Hydraulic analysis of water flow through leaves of sugar maple and red oak. Plant Physiology, 134(4): 1824-1833.

Sage T L, Sage R F. 2009. The functional anatomy of rice leaves: implications for refixation of photorespiratory CO_2 and efforts to engineer C_4 photosynthesis into rice. Plant and Cell Physiology, 50(4): 756-772.

Salmon Y, Torres-Ruiz J M, Poyatos R, et al. 2015. Balancing the risks of hydraulic failure and carbon starvation: a twig scale analysis in declining scots pine. Plant, Cell & Environment, 38(12): 2575-2588.

Sanggyu L, Jihye M, Yoonah J, et al. 2009. Change of photosynthesis and cellular tissue under high CO_2 concentration and high temperature in radish. Korean Journal of Horticultural Science and Technology, 27(2): 194-198.

Saxe H, Ellsworth D S, Heath J. 1998. Tansley review No. 98. Tree and forest functioning in an enriched CO_2 atmosphere. New Phytologist, 139(3): 395-436.

Schmidt U, Huber C, Rocksch T, et al. 2008. Greenhouse cooling and carbon dioxide fixation by using high pressure fog systems and phytocontrol strategy. Acta Horticulturae, 797: 279-284.

Schulze E D. 1986. Carbon dioxide and water vapor exchange in response to drought in the soil. Annual Review of Plant Biology, 37: 247-274.

Schulze E D, Küppers M. 1979. Short-term and long-term effects of plant water deficits on stomatal response to humidity in *Corylus avellana* L. Planta, 146(3): 319-326.

Schwerbrock R, Leuschner C. 2016. Air humidity as key determinant of the morphogenesis and productivity of the rare temperate woodland fern *Polystichum braunii*. Plant Biology, 18(4): 649-657.

Sellin A, Rosenvald K, Ounapuu-Pikas E, et al. 2015. Elevated air humidity affects hydraulic traits and tree size but not biomass allocation in young silver birches (*Betula pendula*). Frontiers in Plant Science, 6: 860.

Sellin A, Taneda H, Alber M. 2019. Leaf structural and hydraulic adjustment with respect to air humidity and canopy position in silver birch (*Betula pendula*). Journal of Plant Research, 132: 369-381.

Sellin A, Tullus A, Niglas A, et al. 2013. Humidity-driven changes in growth rate, photosynthetic capacity, hydraulic properties and other functional traits in silver birch (*Betula pendula*). Ecological Research, 28(3): 523-535.

Sensoy S, Ertek A, Gedik I, et al. 2007. Irrigation frequency and amount affect yield and quality of field-grown melon (*Cucumis melo* L.). Agricultural Water Management, 88(1-3): 269-274.

Shamshiri R, Man H C, Zakaria A B, et al. 2017. Membership function model for defining optimality of vapor pressure deficit in closed-field cultivation of tomato. Acta Horticulturae, (1152): 281-290.

Shin R. 2014. Strategies for improving potassium use efficiency in plants. Molecules and Cells, 37: 575-584.

Shirke P A, Pathre U V. 2004. Influence of leaf-to-air vapour pressure deficit (VPD) on the biochemistry and physiology of photosynthesis in *Prosopis juliflora*. Journal of Experimental Botany, 55(405): 2111-2120

Shrestha R K, Engel K, Becker M. 2015. Effect of transpiration on iron uptake and translocation in lowland rice. Journal of Plant Nutrition and Soil Science, 178: 365-369.

Sinclair T R, Hammer G L, Van Oosterom E J. 2005. Potential yield and water-use efficiency benefits in sorghum from limited maximum transpiration rate. Functional Plant Biology, 32(10): 945.

Singh B, Singh G. 2006. Effects of controlled irrigation on water potential, nitrogen uptake and biomass production in *Dalbergia sissoo* seedlings. Environmental and Experimental Botany, 55(1-2): 209-219.

Singsaas E L, Ort D R, Delucia E H. 2001. Variation in measured values of photosynthetic quantum yield in ecophysiological studies. Oecologia, 128(1): 15-23.

Sperry J S. 2000. Hydraulic constraints on plant gas exchange. Agricultural and Forest Meteorology, 104(1): 13-23.

Sperry J. S, Love D. M. 2015. What plant hydraulics can tell us about responses to climate-change droughts. New Phytologist, 207: 14-27.

Streck N A. 2003. Stomatal response to water vapor pressure deficit: an unsolved issue. Revista Brasileira de Agrociência, (9): 317-322.

Strzepek K, Yates D N. 1996. Adaptation to climate change impacts on water demand. International Journal of Water Resources Development, 12(2): 229-244.

Syvertsen J P, Lloyd J, McConchie C, et al. 1995. On the relationship between leaf anatomy and CO_2 diffusion through the mesophyll of hypostomatous leaves. Plant, Cell & Environment, 18(2): 149-157.

Ta T H, Shin J H, Ahn T I, et al. 2011. Modeling of transpiration of paprika (*Capsicum annuum* L.) plants based on radiation and leaf area index in soilless culture. Horticulture Environment & Biotechnology, 52(3): 265-269.

Tabassum M A, Zhu G, Hafeez A, et al. 2016. Influence of leaf vein density and thickness on hydraulic conductance and photosynthesis in rice (*Oryza sativa* L.) during water stress. Scientific Reports, 6: 36894.

Taylor S H, Franks P J, Hulme S P, et al. 2012. Photosynthetic pathway and ecological adaptation explain stomatal trait diversity amongst grasses. New Phytologist, 193(2): 387-396.

Tholen D, Boom C, Noguchi K, et al. 2008. The chloroplast avoidance response decreases internal conductance to CO_2 diffusion in *Arabidopsis thaliana* leaves. Plant, Cell & Environment, 31(11): 1688-1700.

Thongbai P, Kozai T, Ohyama K. 2010. CO_2 and air circulation effects on photosynthesis and transpiration of tomato seedlings. Scientia Horticulturae, 126(3): 338-344.

Ting I P, Loomis W E. 1963. Diffusion through stomates. American Journal of Botany, 50: 866-872.

Toida H, Kozai T, Ohyama K, et al. 2006. Enhancing fog evaporation rate using an upward air stream to improve greenhouse cooling performance. Biosystems Engineering, 93(2): 205-211.

Tolk J A, Evett S R, Xu W, et al. 2016. Constraints on water use efficiency of drought tolerant maize grown in a semi-arid environment. Field Crops Research, 186: 66-77.

Tomás M, Flexas J, Copolovici L, et al. 2013. Importance of leaf anatomy in determining mesophyll diffusion conductance to CO_2 across species: quantitative limitations and scaling up by models. Journal of Experimental Botany, 64: 2269-2281.

Tomeo N J, Rosenthal D M. 2017. Variable mesophyll conductance among soybean cultivars sets a tradeoff between photosynthesis and water-use-efficiency. Plant Physiology, 174(1): 241-257.

Tosens T, Niinemets Ü, Westoby M, et al. 2012b. Anatomical basis of variation in mesophyll resistance in eastern Australian sclerophylls: news of a long and winding path. Journal of Experimental Botany, 63(14): 5105-5119.

Tullus A, Kupper P, Sellin A, et al. 2012. Climate change at northern latitudes: rising atmospheric humidity decreases transpiration, N-uptake and growth rate of hybrid aspen. PLoS ONE, 7: e42648.

Turner N C. 1986. Crop water deficits, a decade of progress. Advances in Agronomy, 39: 1-51.

Tyagi N K, Sharma D K, Luthra S K. 2000. Determination of evapotranspiration and crop coefficients of rice and sunflower with lysimeter. Agricultural Water Management, 45(1): 41-54.

Tyree M T, Sperry J S. 1988. Do woody plants operate near the point of catastrophic xylem dysfunction caused by dynamic water stress. Plant Physiology, 88: 574-580.

Urban O, Klem K, Holišová P, et al. 2014. Impact of elevated CO_2 concentration on dynamics of leaf photosynthesis in *Fagus sylvatica* is modulated by sky conditions. Environmental Pollution, 185(4): 271-280.

Vahisalu T, Kollist H, Wang Y F, et al. 2008. Slac1 is required for plant guard cell s-type anion channel function in stomatal signalling. Nature, 452(27): 487-491.

Valentini R, Epron D, Deangelis P, et al. 1995. *In-situ* estimation of net CO_2 assimilation, photosynthetic electron flow and photorespiration in Turkey oak (*Q. cerris* L.) leaves: diurnal cycles under different levels of water supply. Plant, Cell & Environment, 18(6): 631-640.

Van de Griend A A, Van Boxel J H. 1989. Water and surface energy balance model with a multilayer canopy representation for remote sensing purposes. Water Resources Research, 25(5): 949-971.

Varone L, Ribas-Carbo M, Cardona C, et al. 2012. Stomatal and non-stomatal limitations to photosynthesis in seedlings and saplings of Mediterranean species pre-conditioned and aged in nurseries: different response to water stress. Environmental and Experimental Botany, 75: 235-247.

Vendramini F, Diaz S, Gurvich D E, et al. 2002. Leaf traits as indicators of resource-use strategy in floras with succulent species. New Phytologist, 154(1): 147-157.

Villarreal-Guerrero F, Kacira M, Fitz-Rodríguez E, et al. 2012. Simulated performance of a greenhouse cooling control strategy with natural ventilation and fog cooling. Biosystems Engineering, 111(2): 217-228.

Wang X J, Zhang J Y, Shahid S, et al. 2016. Adaptation to climate change impacts on water demand. Mitigation and Adaptation Strategies for Global Change, 21(1): 81-99.

Waring R H, Running S W. 1978. Sapwood water storage: its contribution to transpiration and effect on water conductance through the stems of old-growth *Douglas fir*. Plant, Cell & Environment, 1(2): 131-140.

Warren C R. 2008. Soil water deficits decrease the internal conductance to CO_2 transfer but atmospheric water deficits do not. Journal of Experimental Botany, 59(2): 327-334.

Weise S E, Carr D J, Bourke A M, et al. 2015. The *arc* mutants of *Arabidopsis* with fewer large chloroplasts have a lower mesophyll conductance. Photosynthesis Research, 124(1): 117-126.

Weldearegay D F, Yan F, Rasmussen S K. 2016. Physiological response cascade of spring wheat to soil warming and drought. Crop and Pasture Science, 67(5): 480-488.

Wenzhi Z, Xibin J I. 2016. Spatio-temporal variation in transpiration responses of maize plants to vapor pressure deficit under an arid climatic condition. Journal of Arid Land, 8(3): 409-421.

Weyers J D B, Lawson T, 1997. Heterogeneity in stomatal characteristics. Advances in Botanical Research, 26: 317-352.

Wheeler T D, Stroock A D. 2008. The transpiration of water at negative pressures in a synthetic tree. Nature, 455(7210): 208-212.

Williams L E, Ayars J E. 2005. Grapevine water use and the crop coefficient are linear functions of the shaded area measured beneath the canopy. Agricultural and Forest Meteorology, 132(3-4): 201-211.

Wise R R, Olson A J, Schrader S M, et al. 2010. Electron transport is the functional limitation of photosynthesis in field-grown pima cotton plants at high temperature. Plant, Cell & Environment, 27(6): 717-724.

Wong S C. 1993. Interaction between elevated atmospheric concentration of CO_2 and humidity on plant growth: comparison between cotton and radish. Vegetatio, 105(1): 211-221.

Wullschleger S D, Wilson K B, Hanson P J. 2000. Environmental control of whole-plant transpiration, canopy conductance and estimates of the decoupling coefficient for large red maple trees. Agricultural and Forest Meteorology, 104(2): 157-168.

Xie C, Zhang R X, Qu Y T, et al. 2012. Overexpression of *MTCAS31* enhances drought tolerance in transgenic *Arabidopsis* by reducing stomatal density. New Phytologist, 195(1): 124-135.

Xiong D L, Flexas J, Yu T T, et al. 2017. Leaf anatomy mediates coordination of leaf hydraulic conductance and mesophyll conductance to CO_2 in *Oryza*. New Phytologist, 213(2): 572-583.

Xiong D L, Liu X, Liu L, et al. 2015b. Rapid responses of mesophyll conductance to changes of CO_2 concentration, temperature and irradiance are affected by N supplements in rice. Plant, Cell & Environment, 38: 2541-2550.

Xiong D L, Yu T T, Zhang T, et al. 2015a. Leaf hydraulic conductance is coordinated with leaf morpho-anatomical traits and nitrogen status in the genus *Oryza*. Journal of Experimental Botany, 66(3): 741-748.

Xu C Y, Salih A, Ghannoum O, et al. 2012. Leaf structural characteristics are less important than leaf chemical properties in determining the response of leaf mass per area and photosynthesis of *Eucalyptus saligna* to industrial-age changes in CO_2 and temperature. Journal of Experimental Botany, 63(16): 5829-5841.

Xu R, Dai J, Luo W, et al. 2010. A photothermal model of leaf area index for greenhouse crops. Agricultural and Forest Meteorology, 150(4): 541-552.

Xu Z Z, Zhou G S. 2008. Responses of leaf stomatal density to water status and its relationship with photosynthesis in a grass. Journal of Experimental Botany, 59: 3317-3325.

Xue Q, Weiss A, Arkebauer T J, et al. 2004. Influence of soil water status and atmospheric vapor pressure deficit on leaf gas exchange in field. Environmental and Experimental Botany, 51(2): 167-179.

Yamori W, Sakata N, Suzuki Y, et al. 2011. Cyclic electron flow around photosystem I via chloroplast NAD(P)H dehydrogenase (NDH) complex performs a significant physiological role during photosynthesis and plant growth at low temperature in rice. Plant Journal, 68: 966-976.

Yan H, Wu L, Filardo F, et al. 2017. Chemical and hydraulic signals regulate stomatal behavior and photosynthetic activity in maize during progressive drought. Acta Physiologiae Plantarum, 39(6): 125.

Yang Y H, Zhang Q Q, Huang G J, et al. 2020. Temperature response of photosynthesis and hydraulic conductance in rice and wheat. Plant, Cell & Environment, 43: 1437-1451.

Yang Z, Sinclair T R, Zhu M, et al. 2012. Temperature effect on transpiration response of maize plants to vapour pressure deficit. Environmental and Experimental Botany, 78: 157-162.

Ye Z P, Yu Q. 2008. A coupled model of stomatal conductance and photosynthesis for winter wheat. Photosynthetica, 46(4): 637-640.

Yong J W H, Wong S C, Farquhar G D. 1997. Stomatal responses to changes in vapour pressure difference between leaf and air. Plant, Cell & Environment, 20(10): 1213-1216.

Yu L Y, Cai H J, Zheng Z, et al. 2017. Towards a more flexible representation of water stress effects in the nonlinear Jarvis model. Journal of Integrative Agriculture, 16(1): 210-220.

Zhang D, Du Q, Zhang Z, et al. 2017. Vapour pressure deficit control in relation to water transport and water productivity in greenhouse tomato production during summer. Scientific Reports, 7: 43461.

Zhang D, Jiao X, Du Q, et al. 2018. Reducing the excessive evaporative demand improved photosynthesis capacity at low costs of irrigation via regulating water driving force and moderating plant water stress of two tomato cultivars. Agricultural Water Management, 199: 22-33.

Zhang D, Zhang Z, Li J, et al. 2015. Regulation of vapor pressure deficit by greenhouse micro-fog systems improved growth and productivity of tomato via enhancing photosynthesis during summer season. PLoS ONE, 10(7): e0133919.

Zhang S Q. 2001. Abscisic acid introduced into the transpiration stream accumulates in the guard-cell apoplast and causes stomatal closure. Plant, Cell & Environment, 24: 1045.

Zhang Z Y, Wang Q L, Li Z H, et al. 2009. Effects of potassium deficiency on root growth of cotton seedlings and its physiological mechanisms. Acta Agronomica Sinica, 35: 718-723.

Zhao W, Ji X. 2016. Spatio-temporal variation in transpiration responses of maize plants to vapor pressure deficit under an arid climatic condition. Journal of Arid Land, 3(8): 409-421.

Zhou L, Wang S, Chi Y, et al. 2015. Responses of photosynthetic parameters to drought in subtropical forest ecosystem of China. Scentific Reports, 5: 18254.

Zsögön A, Alves N A C, Peres L E P, et al. 2015. A mutation that eliminates bundle sheath extensions reduces leaf hydraulic conductance, stomatal conductance and assimilation rates in tomato (*Solanum lycopersicum*). New Phytologist, 205(2): 618-626.